高等职业教育系列教材

U0367019

数 控 机 床

主　编　李新德　辛　燕
副主编　雷若楠　李景辉　孙思远　姬源浩　付　娜
参　编　李景才　韩祥凤　王　丽　董学勤　夏亚涛　马红梅

机械工业出版社
CHINA MACHINE PRESS

本书是根据《国家职业教育改革实施方案》的系统性要求进行编写的，共7个学习情境，包括数控机床概述、数控系统、数控机床的伺服系统、数控机床的机械系统、典型数控机床、数控机床的安装与维修以及特种加工数控机床。每个学习情境都先以情境导入、情境解析、学习目标及学习流程的方式来驱动，以激发学生的学习兴趣；然后通过知识导图，帮助学生建立系统的知识架构；最后设置任务实践环节，提高学生的实操能力。书中配有二维码，融入了"互联网+"，可以通过手机扫描二维码观看相关视频。此外，教材配有丰富且前沿的信息化教学资源，帮助学生理解并掌握知识或技能难点。

本书内容全面，形式新颖，适合作为高等职业教育本科和专科院校数控技术、机械制造及自动化、机电一体化技术、智能制造装备技术及其他相关专业的教材，也可作为从事加工制造业的技术人员或操作人员的参考书。

需要配套资源的教师可登录机械工业出版社教育服务网 www.cmpedu.com 免费注册后下载，或联系编辑索取（微信：13261377872；电话：010-88379739）。

图书在版编目（CIP）数据

数控机床/李新德，辛燕主编．—北京：机械工业出版社，2023.7（2024.9 重印）

高等职业教育系列教材

ISBN 978-7-111-72945-7

Ⅰ.①数… Ⅱ.①李…②辛… Ⅲ.①数控机床—高等职业教育—教材 Ⅳ.①TG659

中国国家版本馆 CIP 数据核字（2023）第 057865 号

机械工业出版社（北京市百万庄大街 22 号　邮政编码 100037）

策划编辑：曹帅鹏　　　　责任编辑：曹帅鹏　章承林

责任校对：薄萌钰　陈　越　　责任印制：郜　敏

北京富资园科技发展有限公司印刷

2024 年 9 月第 1 版第 3 次印刷

184mm×260mm · 13.75 印张 · 346 千字

标准书号：ISBN 978-7-111-72945-7

定价：49.80 元

电话服务	网络服务
客服电话：010-88361066	机　工　官　网：www.cmpbook.com
010-88379833	机　工　官　博：weibo.com/cmp1952
010-68326294	金　　书　　网：www.golden-book.com
封底无防伪标均为盗版	机工教育服务网：www.cmpedu.com

Preface

前　言

为了进一步提高职业院校人才培养质量，满足产业转型升级对高素质复合型和创新型技术技能人才的需求，《国家职业教育改革实施方案》和教育部关于“双高计划”的文件中，提出了“教师、教材、教法”三教改革的系统性要求。本书正是基于三教改革的教材。为贯彻落实党的二十大精神，培养高素质技能人才，本书以“德技并修”为原则，按照“以学生为中心、以学习成果为导向、促进自主学习”的思路进行编写，并提供了丰富且前沿的信息化教学资源。本书的编写不仅紧扣高等职业学校数控技术专业课程标准，且兼顾了企业岗位任职要求及职业技能等级标准的相关规定。

本书是根据教育部颁布的现行《高等职业学校数控技术专业教学标准》《高等职业学校机电一体化技术专业教学标准》及《高等职业学校智能制造装备技术专业教学标准》中的相关课程要求编写的。在本书编写过程中，主要贯彻了以下编写原则。

1）贯彻先进的高职教育理念，基于工作过程的课程观，倡导从生产实际的需要出发，强调高新技术条件下与工作过程有关的隐性知识——经验的重要地位。

2）充分吸收高等职业院校在培养高等技术应用型人才方面取得的成功经验和教学成果，从职业（岗位）入手，构建培养计划，确定本课程的教学目标。

3）以国家职业标准为依据，使内容涵盖国家职业技能等级标准的相关要求。

4）以培养学生职业能力为主线，以相关知识为基础，以行动为导向，强调学科体系知识不应通过灌输而是应由学生在学习过程的“行动”中自我建构而获得，较好地处理了理论教学与技能训练的关系，切实落实“教、学、做”一体化的教学模式。

此外，本书在编写过程中进行了系统化改革，对内容进行了体系化设计。本书包括7个学习情境：学习情境1，数控机床概述；学习情境2，数控系统；学习情境3，数控机床的伺服系统；学习情境4，数控机床的机械系统；学习情境5，典型数控机床；学习情境6，数控机床的安装与维修；学习情境7，特种加工数控机床。此外，本书还提供了理论试题、技能任务及丰富的教学视频等教学资源。在进行内容编写时，以学习情境为载体，通过情境导入、情境解析、知识导图、任务实践四大环节的设计，引导学生掌握理论知识、实操技能以及岗位能力等相关知识与技能，使学生在顶岗实习及未来实际工作岗位中可以快速熟练地操作数控机床。

本书由李新德、辛燕担任主编，李新德负责本书统稿，由雷若楠、李景辉、孙思远、姬源浩、付娜担任副主编，李景才、韩祥凤、王丽、董学勤、夏亚涛、马红梅参加了本书的编写工作。

本书在编写过程中，参考了国内外出版物中的相关资料以及网络资源，在此对相关作者深表感谢！尽管我们在编写过程中做出了很大努力，但由于编者的水平有限，书中难免有疏漏和不当之处，恳请各位读者多提宝贵意见与建议。

编　者

目录 Contents

学习情境 1　数控机床概述

情境导入

与发达国家相比，我国机床行业起步晚，发展时间较短，技术相对落后。我国机床产业规模虽然位居世界首位，但却面临着产业结构不合理、自主创新能力不足等多项挑战。我国机床产业在发展的过程中，既要加速弥补现实存在的短板，又要在明确的产业发展目标和发展重点的指引下，系统地推进机床产业的发展，大力推进数控机床的发展，以期实现由机床生产大国向机床生产强国的转变。前中国工程院院长周济介绍，制造业数字化、智能化是工业化和信息化深度融合的必然结果，已成为我国制造业由“大”到“大而强”的强大驱动力量。数控机床发展的大力推进，将为我国实现“大而强”提供动力。例如，图 1-1 所示为卧式数控加工中心。

图 1-1　卧式数控加工中心

情境解析

无论国防军工装备制造还是民用装备生产，都离不开数控机床，数控机床的发展水平是国家制造业整体水平的集中体现。数控机床的水平、品种和生产能力反映了国家的科技、经济和综合实力。

学习目标

序号	学习内容	知识目标	技能目标	创新目标
1	数控机床的基本知识	√		
2	数控机床的组成、工作过程和分类	√		
3	数控机床的特点和适用范围	√	√	

学习流程

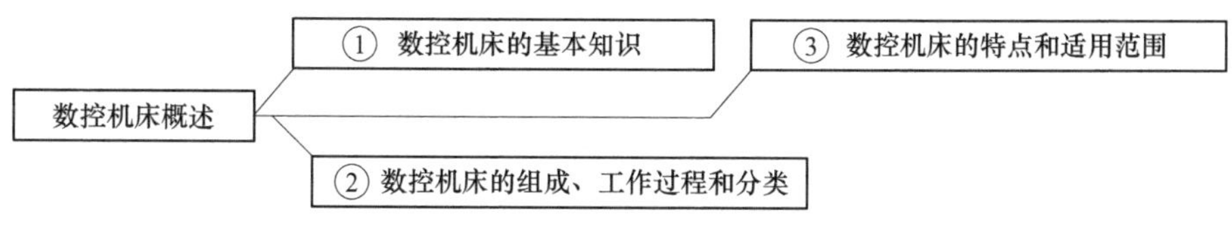

1.1 数控机床的基本知识

知识导图

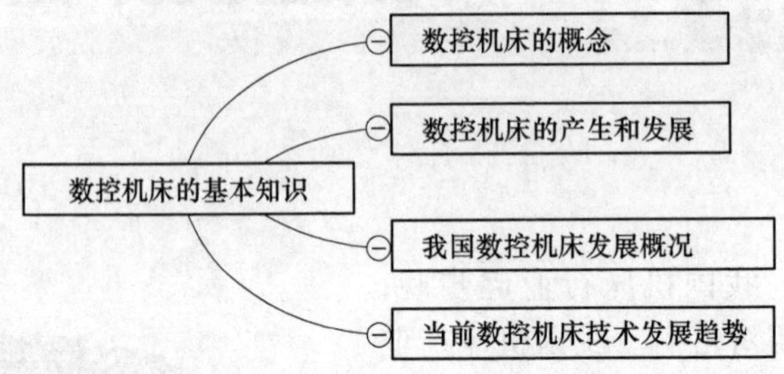

1.1.1 数控机床的概念

1. 数字控制（Numercial Control，NC）**技术**

数字控制技术是20世纪中期发展起来的一种技术，是用数字化信号进行控制的一种方法。

2. 数控机床（Numerical Control Machine Tool）

数控机床是用数字化信号对机床的运动及其加工过程进行控制的机床，或者说是装备了数控系统的机床。它是一种技术密集度及自动化程度很高的机电一体化加工设备，是数控技术与机床相结合的产物。

3. NC 机床

早期的数控机床控制系统采用各种逻辑元件、记忆元件构成随机逻辑电路，属于固定接线的硬件结构，由硬件来实现数控功能，称为硬件数控，用这种技术实现控制功能的数控机床称为NC机床。

4. CNC 机床

现代数控系统是采用微处理器中的系统程序（软件）来实现控制逻辑，以及部分或全部数控功能的，并通过接口与外围设备连接成为计算机数控（Computer Numerical Control）系统，简称CNC系统。具有CNC系统的机床称为CNC机床。

1.1.2 数控机床的产生和发展

数控机床的研制最早是从美国开始的。1948年，美国帕森斯公司（Parsons Co.）在研制加工直升机桨叶轮廓用检查样板的加工机床任务时，提出了研制数控机床的初始设想。1949年，在美国空军部门的支持下，帕森斯公司正式接受委托，与麻省理工学院伺服机构实验室（Servo Mechanism Laboratory of the Massachusetts Institute of Technology）合作，开始从事数控机床的研制工作。经过三年时间的研究，于1952年试制成功世界上第一台数控机床试验性样机。这是一台采用脉冲乘法器原理的直线插补三坐标连续控制铣床。其数控系统全部采用电子管元件，数控装置体积比机床本体还要大。后来又经过三年的改进和自动编程研究，于1955年进入实用阶段。一直到20世纪50年代末，由于价格和技术上的原因，数控机床局限在航空工业中应用，品种也多为连续控制系统。到了20世纪60年代，由于晶体管的应用，数控系统提高了可靠性且价格开始下降，一些民用工业开始发展数控机床，其中多数是钻床、冲床等点位控制的机床。数控技术不仅在机床上得到实际应用，而且逐步推广到焊接机、火焰切割机等，使数控技术不断地扩展应用范围。

20 世纪 80 年代中后期，随着加工中心功能和结构的完善，显示了这种工序集中数控机床的优越性，开始出现车削中心、磨削中心等，使复合加工得到扩展而不再局限于镗、铣等工序。20 世纪 90 年代后期又进一步发展了车铣中心、铣车中心、车磨中心等，近年来又出现由激光、电火花和超声波等特种加工方法与切削、磨削加工方法组合的复合机床，使复合加工技术成为推动机床结构和制造工艺发展的一个新热点。

自 1952 年美国研制成功第一台数控机床以来，随着电子技术、计算机技术、自动控制和精密测量等相关技术的发展，数控机床也在迅速地发展和不断地更新换代，先后经历了以下五个发展阶段。

第一代数控：1952—1959 年采用电子管元件构成的专用数控（NC）装置。

第二代数控：从 1959 年开始采用晶体管电路的 NC 系统。

第三代数控：从 1965 年开始采用小、中规模集成电路的 NC 系统。

第四代数控：从 1970 年开始采用大规模集成电路的小型通用计算机控制的数控系统（Computer Numerical Control，CNC）。

第五代数控：从 1974 年开始采用微型计算机控制的数控系统（Microcomputer Numerical Control，MNC）。

第五代微机数控系统已取代了以往的普通数控系统，形成了现代数控系统。它采用微处理器及大规模或超大规模集成电路，具有很强的程序存储能力和控制功能。这些控制功能是由一系列控制程序（即存储在系统内的管理程序）来实现的。这种数控系统的通用性很强，几乎只需改变软件，就可以适应不同类型机床的控制要求，具有很大的柔性。随着集成电路规模的日益扩大，光缆通信技术应用于数控装置中，使其体积日益缩小，价格逐年下降，可靠性显著提高，功能也更加完善，数控装置的故障已从数控机床总的故障次数中占主导地位降到了很次要的地位。

20 世纪 90 年代以来，由于计算机技术的飞速发展，推动数控机床技术出现了更快的更新换代。世界上许多数控系统生产厂家利用个人计算机丰富的软硬件资源开发开放式体系结构的新一代数控系统（也称之为第六代数控）。开放式体系结构使数控系统有更好的通用性、柔性、适应性、扩展性，并向智能化、网络化方向发展。近几年许多国家纷纷研究开发这种系统，如美国科学制造中心（NCMS）与空军共同领导的“下一代工作站/机床控制器体系结构”NGC，欧洲的“自动化系统中开放式体系结构”OSACA，日本的 OSEC 计划等。许多开发研究成果已得到应用，如 Cincinnati-Milacron 公司从 1995 年开始在其生产的加工中心、数控铣床、数控车床等产品中采用开放式体系结构的 A2100 系统。开放式体系结构可以大量采用通用微机的先进技术，如多媒体技术，实现声控自动编程、图形扫描自动编程等。数控系统继续向高集成度方向发展，每个芯片上可以集成更多个晶体管，使系统体积更小，更加小型化、微型化，可靠性大大提高。利用多中央处理器（CPU）的优势，实现故障自动排除；增强通信功能，提高进线、联网能力。开放式体系结构的新一代数控系统，其硬件、软件和总线规范都是对外开放的，由于有充足的软、硬件资源可供利用，不仅使数控系统制造商和用户进行的系统集成得到有力的支持，而且也为用户的二次开发带来极大方便，促进了数控系统多档次、多品种的开发和广泛应用，既可通过升档或剪裁构成各种档次的数控系统，又可通过扩展构成不同类型数控机床的数控系统，大大缩短开发生产周期。这种数控系统可随 CPU 升级而升级，结构上不必变动。

最新一代的数控机床是并联机床（又称 6 条腿数控机床、并联运动学机器人、虚轴机床）。1994 年，在美国芝加哥国际机床展览会上，美国 Giddings&Lewis 公司首次展出了 Variax 型并联运动机床，引起各国机床研究单位和生产厂家的重视。它是一台以 Stewart 平台为基础的五坐标立式加工中心，标志着机床设计开始采用并联机构，是机床结构重大改革的里程碑。

并联机床是以空间并联机构为基础，充分利用计算机数字控制的潜力，以软件取代部分硬件，以电气装置和电子器件取代部分机械传动，使将近两个世纪以来以笛卡儿坐标直线位移为基础的机床结构和运动学原理发生了根本变化。

1.1.3 我国数控机床发展概况

我国于 1958 年开始研制数控机床，到 20 世纪 60 年代末和 70 年代初，简易的数控机床在生产中开始使用。它们以单板机作为控制核心，多以数码管作为显示器，用步进电动机作为执行元件。20 世纪 80 年代初，由于引进了国外先进的数控技术，使我国的数控机床在质量和性能上都有了很大的提高。它们具有完备的手动操作面板和友好的人机界面，可以配直流或交流伺服驱动，实现半闭环或闭环的控制，能对 2~4 轴进行联动控制，具有刀库管理功能和丰富的逻辑控制功能。20 世纪 90 年代起，我国向高档数控机床方向发展。一些高档数控攻关项目通过国家鉴定并陆续在工程上得到应用。航天 I 型、华中 I 型、华中-2000 型等高性能数控系统，实现了高速、高精度和高效经济的加工效果，能完成高复杂度的五坐标曲面实时插补控制，可加工出高复杂度的整体叶轮及复杂刀具。图 1-2 所示为我国生产的第一台数控机床。

图 1-2 我国生产的第一台数控机床

1.1.4 当前数控机床技术发展趋势

1. 高速加工技术发展迅速

高速加工技术发展迅速，在高档数控机床中得到广泛应用。应用新的机床运动学理论和先进的驱动技术，优化机床结构，采用高性能功能部件，移动部件轻量化，减少运动惯性。

在刀具材料和结构的支持下，从单一的刀具切削高速加工，发展到机床加工全面高速化，如数控机床主轴的转速从每分钟几千转发展到几万转、几十万转；快速移动速度从每分钟十几米发展到几十米和超过百米；换刀时间从十几秒下降到 10s、3s、1s 以下，换刀速度加快了几倍到十几倍。应用高速加工技术缩短切削时间和辅助时间，从而实现加工制造的高质量和高效率。

2. 精密加工技术有所突破

通过机床结构优化、制造和装配的精密化，数控系统和伺服控制的精密化，高精度功能部件的采用，以及温度、振动误差补偿技术的应用等，从而提高机床加工的几何精度、运动精度，减小几何误差、表面粗糙度值。加工精度平均每 8 年提高 1 倍，从 1950 年至 2000 年 50 年内提升了 100 倍。目前，精密数控机床的重复定位精度可以达到 1μm，已进入亚微米超精加工时代。

3. 技术集成和技术复合趋势明显

技术集成和技术复合是数控机床技术最活跃的发展趋势之一，如工序复合型——车、铣、钻、镗、磨、齿轮加工技术复合，跨加工类别技术复合——金属切削与激光、冲压与激光、金属烧结与镜面切削复合等，目前已由机加工复合发展到非机加工复合，进而发展到零件制造和管理信息及应用软件的兼容，目的在于实现复杂形状零件的全部加工及生产过程集约化管理。技术集成和复合形成了新一类机床——复合加工机床，并呈现出复合机床多样性的创新结构。

4. 数字化控制技术进入了智能化的新阶段

数字化控制技术发展经历了三个阶段：数字化控制技术对机床单机控制；集合生产管理信息形成生产过程自动控制；生产过程远程控制，实现网络化和无人化工厂的智能化新阶段。智能化指工作过程智能化，与计算机、信息、网络等智能化技术有机结合，对数控机床加工过程实行智能监控和人工智能自动编程等。加工过程智能监控可以实现工件装夹定位自动找正，刀具直径和长度误差测量，加工过程刀具磨损和破损诊断，零件装卸物流监控，自动进行补偿、调整、自动更换刀具等，智能监控系统对机床的机械、电气、液压系统故障进行自动诊断、报警、故障显示等，直至停机处理。随着网络技术的发展，远程故障诊断专家智能系统开始应用。数控系统具有在线技术后援和在线服务后援。人工智能自动编程系统能按机床加工要求对零件进行自动加工。在线服务可以根据用户要求随时接通互联网（Internet）接受远程服务。采用智能技术来实现与管理信息融合下重构优化的智能决策、过程适应控制、误差补偿智能控制、故障自诊断和智能维护等功能，大大提高成形和加工精度、提高制造效率。信息化技术在制造系统上的应用，发展成柔性制造单元和智能网络工厂，并进一步向制造系统可重组的方向发展。

5. 极端制造扩张新的技术领域

极端制造技术是指极大型、极微型、极精密型等极端条件下的制造技术。极端制造技术是数控机床技术发展的重要方向。重点研究微纳机电系统的制造技术，超精密制造、巨型系统制造等相关的数控制造技术、检测技术及相关的数控机床研制，如微型、高精度、远程控制手术机器人的制造技术和应用；应用于制造大型电站设备、大型舰船和航空航天设备的重型、超重型数控机床的研制；IT 产业等高新技术的发展需要超精细加工和微纳米级加工技术，研制适应微小尺寸的微纳米级加工新一代微型数控机床和特种加工机床；极端制造领域的复合机床的研制等。

任务实践

1. 查阅网上相关资料，了解国内外数控机床的发展历程。
2. 结合当前先进制造业的发展现状，理解数控机床未来的发展趋势。
3. 数控技术的发展关系着“国之命脉”，结合实例，谈谈自己的见解。

1.2 数控机床的组成、工作过程和分类

知识导图

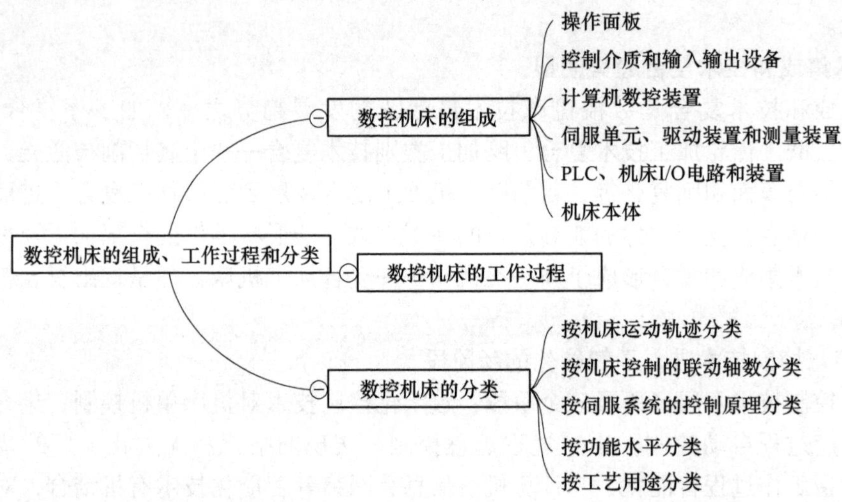

1.2.1 数控机床的组成

数控机床主要由以下几个部分组成，如图 1-3 所示。图中点画线框部分为计算机数控系统，即 CNC 系统，其中各方框为其组成模块，带箭头的连线表示各模块间的信息流向。点画线框右边的实线框部分为计算机数控系统的控制对象——机床。下面将分别介绍各模块的功能。

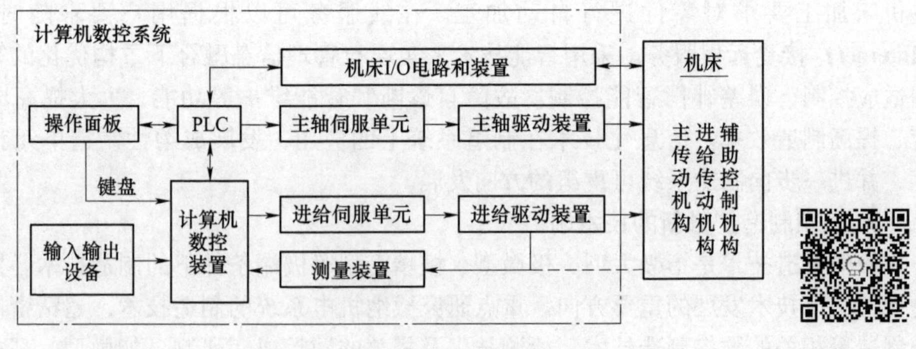

图 1-3 数控机床的组成

1. 操作面板（控制面板）

它是操作人员与数控机床（系统）进行交互的工具，一方面，操作人员可以通过它对数控机床（系统）进行操作、编程、调试或对机床参数进行设定和修改；另一方面，操作人员

也可以通过它了解或查询数控机床（系统）的运行状态。它是数控机床的一个输入输出部件，是数控机床的特有部件。它主要由按钮站、状态灯、按键阵列（功能与计算机键盘一样）和显示器等部分组成。

2. 控制介质和输入输出设备

控制介质是记录零件加工程序的媒介。输入输出设备是 CNC 系统与外部设备进行信息交互的装置。零件加工程序是交互的主要信息。它们的作用是将编制好的记录在控制介质上的零件加工程序输入 CNC 系统，或将 CNC 系统中已调试好了的零件加工程序通过输出设备存放或记录在相应的控制介质上。数控机床常用的控制介质有穿孔纸带（对应的输入输出设备分别是纸带阅读机和纸带穿孔机）、磁带（对应的输入输出设备是录音机）、磁盘（对应的输入输出设备是磁盘驱动器）。

除此之外，还可采用通信方式进行信息交换，现代数控系统一般都具有利用通信方式进行信息交换的能力。这种方式是实现 CAD/CAM 集成、柔性制造系统（FMS）和现代集成制造系统（CIMS）的基本技术。目前在数控机床上常采用的方式有：串行通信（RS-232 等接口）、自动控制专用接口和规范（DNC 方式、MAP 协议等）、网络技术（互联网、局域网等）。

3. 计算机数控（CNC）装置（或 CNC 单元）

计算机数控（CNC）装置是计算机数控系统的核心。其主要作用是根据输入的零件加工程序或操作者命令进行相应的处理（如运动轨迹处理、机床输入输出处理等），然后输出控制命令到相应的执行部件（伺服单元、驱动装置和 PLC 等），完成零件加工程序或操作者命令所要求的工作。所有这些都是由 CNC 装置协调配合、合理组织进行的，从而使整个系统能有条不紊地工作。它主要由计算机系统、位置控制板、PLC 接口板、通信接口板、扩展功能模块以及相应的控制软件等模块组成。

4. 伺服单元、驱动装置和测量装置

伺服单元和驱动装置是指主轴伺服驱动装置和主轴电动机、进给伺服驱动装置和进给电动机。测量装置是指位置和速度测量装置，它是实现速度闭环控制（主轴、进给）和位置闭环控制（进给）的必要装置。主轴伺服系统的主要作用是实现零件加工的切削运动，其控制对象为速度。进给伺服系统的主要作用是实现零件加工的成形运动，其控制量为速度和位置。能灵敏、准确地跟踪 CNC 装置的位置和速度指令是它们的共同特征。

5. PLC、机床 I/O 电路和装置

PLC（Programmable Logic Controller）用于完成与逻辑运算、顺序动作有关的 I/O 控制，它由硬件和软件组成。机床 I/O 电路和装置实现 I/O 控制的执行部件（由继电器、电磁阀、行程开关、接触器等组成的逻辑电路）。它们共同完成以下任务：接受 CNC 的 M、S、T 指令，对其进行译码并转换成对应的控制信号，控制辅助装置完成机床相应的开关动作；接收操作面板和机床侧的 I/O 信号，送给 CNC 装置，经其处理后，输出指令控制 CNC 系统的工作。

6. 机床本体

机床本体是数控机床的主体，是数控系统的被控对象，是实现制造加工的执行部件。它主要由主传动机构、进给传动机构（工作台、拖板以及相应的传动机构）、支承件（立柱、床身等）以及特殊装置（刀具自动交换系统、工件自动交换系统）和辅助控制机构（如冷却、润滑、排屑、转位和夹紧装置等）组成。数控机床机械部件的组成与普通机床相似，但传动机构和变速系统较为简单，在精度、刚度、抗振性等方面要求较高。

1.2.2 数控机床的工作过程

下面以数控车床为例说明数控机床的工作过程，如图 1-4 所示。

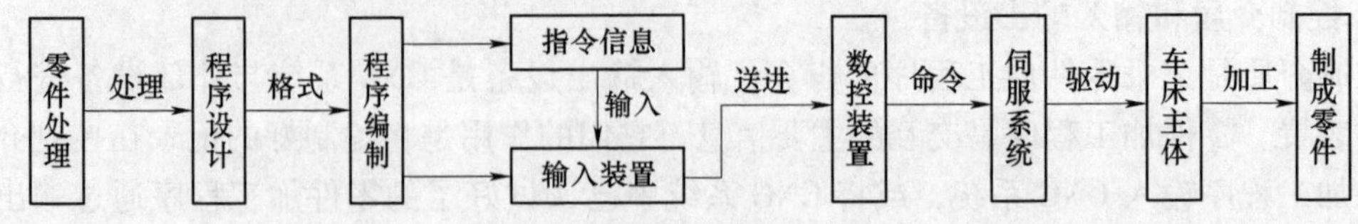

图 1-4 数控车床的工作过程

1）首先根据零件加工图样进行工艺分析，确定加工方案、工艺参数和位移数据。

2）用规定的程序代码和格式规则编写零件加工程序单；或用自动编程软件进行 CAD/CAM 工作，直接生成零件的加工程序文件。

3）将加工程序的内容以代码形式完整记录在信息介质（如磁带）上。

4）通过阅读机把信息介质上的代码转变为电信号，并输送给数控装置。由手工编写的程序，可以通过数控机床的操作面板输入程序；由编程软件生成的程序，通过计算机的串行通信接口直接传输到数控机床的数控单元（MCU）。

5）数控装置对所接收的信号进行一系列处理后，再将处理结果以脉冲信号形式向伺服系统发出执行的命令。

6）伺服系统接到执行的信息指令后，立即驱动车床进给机构严格按照指令的要求进行位移，使车床自动完成相应零件的加工。

1.2.3 数控机床的分类

当前数控机床的品种很多，结构、功能各不相同，通常可以按下述方法进行分类。

1. 按机床运动轨迹分类

按机床运动轨迹不同，数控机床可分为点位控制数控机床、直线控制数控机床和轮廓控制数控机床。

（1）点位控制数控机床　点位控制又称为点到点控制。刀具从某一位置向另一位置移动时，不管中间的移动轨迹如何，只要刀具最后能正确到达目标位置，就称为点位控制。

点位控制机床的特点是只控制移动部件由一个位置到另一个位置的精确定位，而对它们的运动过程中的轨迹没有严格要求，在移动和定位过程中不进行任何加工。因此，为了尽可能地减少移动部件的运动时间和定位时间，两相关点之间的移动先快速移动到接近新点位的位置，然后进行连续降速或分级降速，使之慢速趋近定位点，以保证其定位精度。点位控制加工示意图如图 1-5 所示。采用这种控制方案的有数控钻床、数控镗床、数控冲床等。其相应的数控装置称为点位控制数控装置。

（2）直线控制数控机床　直线控制又称平行控制。这类控制除了控制点到点的准确位置之外，还要保证两点之间移动的轨迹是一条直线，而且对移动的速度也有控制，因为这类机床在两点之间移动时要进行切削加工。

直线控制数控机床的特点是刀具相对于工件的运动不仅要控制两相关点的准确位置（距离），还要控制两相关点之间移动的速度和轨迹，其轨迹一般由与各轴线平行的直线段组成。它和点位控制数控机床的区别在于当机床移动部件移动时，可以沿一个坐标轴的方向进行切削加工，而且其辅助功能比点位控制的数控机床多。直线控制加工示意图如图 1-6 所示。

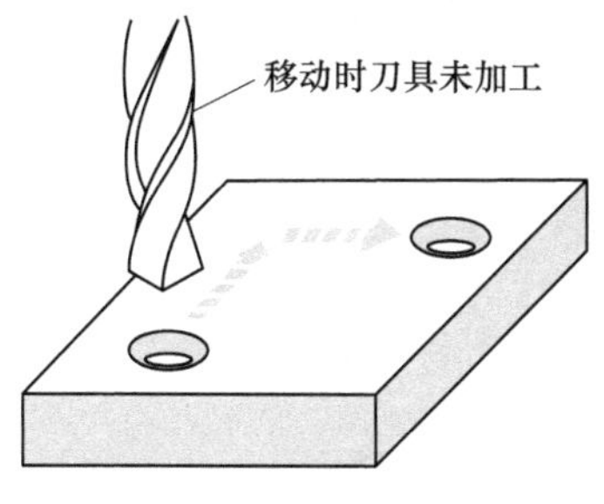

图 1-5　点位控制加工示意图

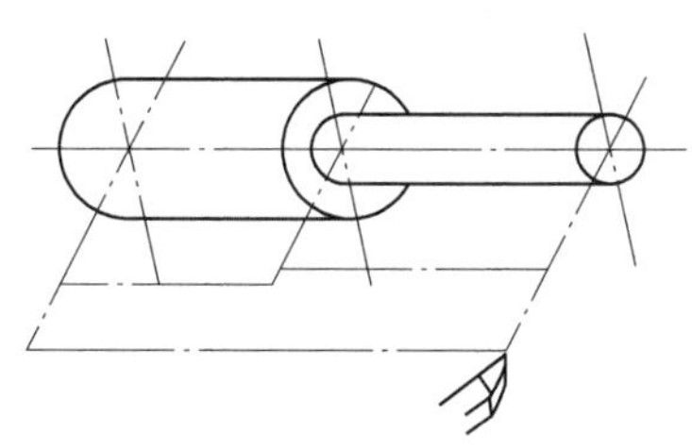

图 1-6　直线控制加工示意图

这类机床主要有经济型数控车床、数控磨床和数控镗铣床等，其相应的数控装置称为直线控制数控装置。

（3）轮廓控制数控机床　轮廓控制又称连续控制，大多数数控机床具有轮廓控制功能。轮廓控制数控机床的特点是能同时控制两个以上的轴联动，具有插补功能。它不仅要控制加工过程中每一点的位置和刀具移动速度，还要加工出任意形状的曲线或曲面。轮廓控制加工示意图如图 1-7 所示。

属于轮廓控制机床的有数控坐标车床、数控铣床、加工中心等。其相应的数控装置称为轮廓控制装置。轮廓控制装置比点位、直线控制装置结构复杂，但其功能齐全。

2. 按机床控制的联动轴数分类

若根据机床控制的联动轴数可细分为两轴联动、两轴半联动、三轴联动、四轴联动、五轴联动等。

（1）两轴联动　主要用于数控车床加工旋转曲面或数控铣床加工曲线柱面，如图 1-8 所示。

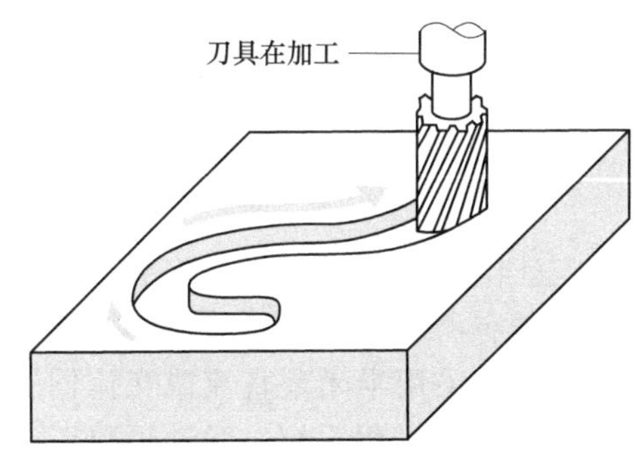

图 1-7　轮廓控制加工示意图

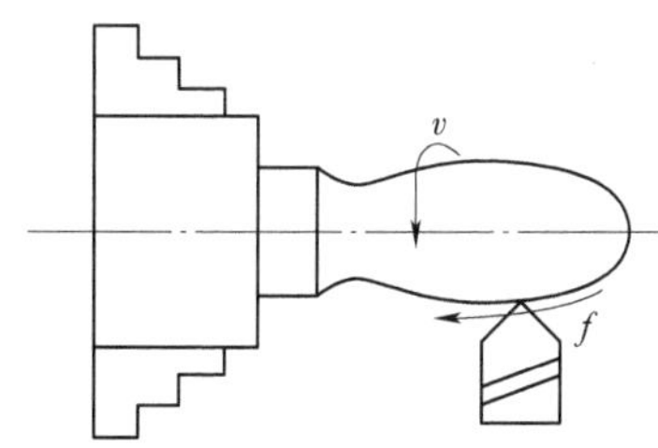

图 1-8　两轴联动加工

（2）两轴半联动　主要用于三轴以上机床的控制，其中任意两根轴联动，第三轴做周期性进给。图 1-9 所示为两轴半数控机床加工三维空间曲面。

（3）三轴联动　三个坐标轴 X、Y、Z 都同时插补，是三维连续控制，如图 1-10 所示。

（4）四轴联动　同时控制 X、Y、Z 三个直线坐标轴与某一旋转坐标轴联动，如图 1-11 所示为四轴联动加工。

（5）五轴联动　五轴联动是一种很重要的加工形式（图 1-12），三个坐标轴 X 、Y、Z

与工作台的回转、刀具的摆动同时联动（也可以是与两轴的数控转台联动，或刀具做两个方向的摆动）。由于刀尖可以按数学规律导向，使之垂直于任何双倍曲线平面，因此特别适合于加工汽轮机叶片、机翼等。

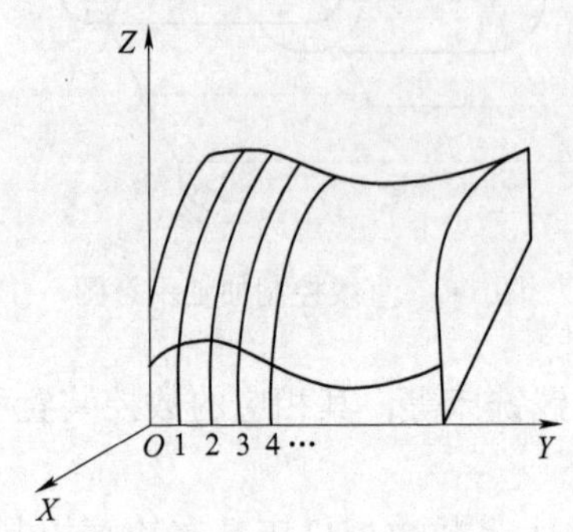

图 1-9　两轴半数控机床加工三维空间曲面

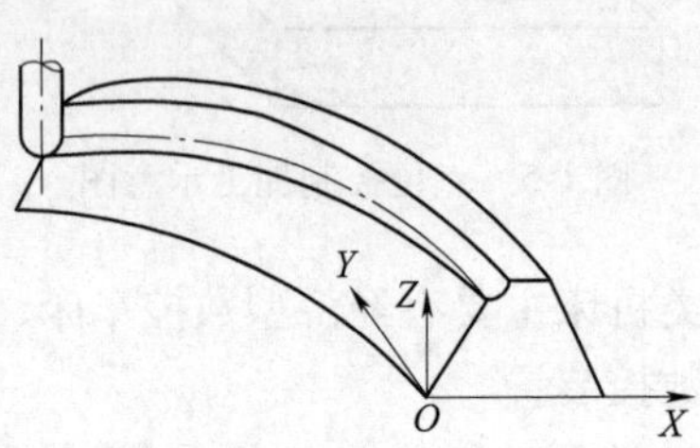

图 1-10　三轴联动加工

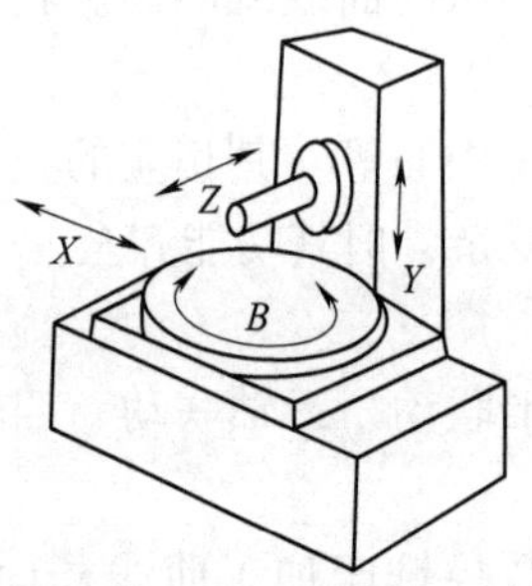

图 1-11　四轴联动加工

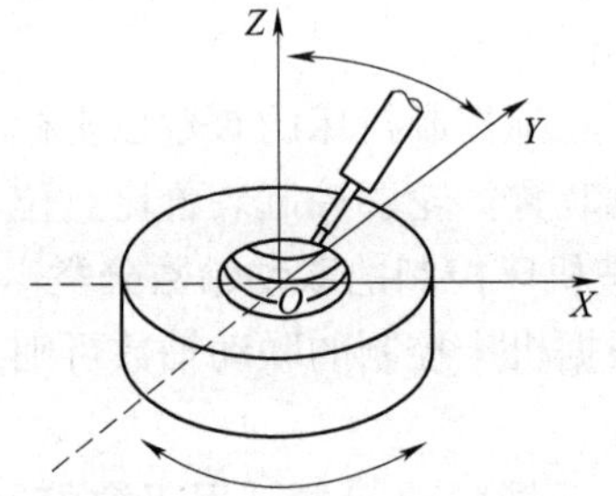

图 1-12　五轴联动加工

3. 按伺服系统的控制原理分类

按数控系统的进给伺服系统有无位置测量装置，数控机床可分为开环数控机床和闭环数控机床。在闭环数控机床中根据位置测量装置安装的位置，又可分为全闭环和半闭环两种，详细内容在以后学习情境中讲述。

4. 按功能水平分类

数控机床按数控系统的功能水平可分为低、中、高三档。这种分类方式，在我国用得很多。低、中、高档的界限是相对的，不同时期的划分标准有所不同。就目前的发展水平来看，一般开环、步进电动机系统，两轴联动机床多为低档；采用半闭环直流或交流伺服系统，联动轴数在 3~5 轴的机床多为中档；采用闭环直流或交流伺服系统，联动轴数在 3~5 轴且分辨力为 0.1μm 的多为高档。

5. 按工艺用途分类

数控机床按不同工艺用途分类，可分成数控金属切削机床、数控金属成形机床以及特种加工机床等。其中金属切削机床有数控的车床、铣床、磨床与齿轮加工机床等；在数控金属成形机床中，有数控的冲压机、弯管机、裁剪机等；在特种加工机床中，有数控的电火花切割机、火焰切割机、点焊机、激光加工机等。近年来在非加工设备中也大量采用数控技术，如数控测量机、自动绘图机、装配机、工业机器人等。

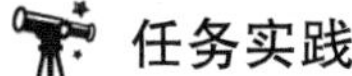

任务实践

1. 带领学生到实训车间，让学生认真观察各种类型的数控机床，并掌握数控机床的组成。

2. 由教师加工一个简单的阶梯轴，让学生认真观察数控机床的加工过程。

3. 借助于数控实训车间，讲练结合以提高学生学习的兴趣，加深对所学内容的理解。

4. 数控机床控制面板的每一个功能都体现着以人为本的个性化设计，理论结合实际，掌握控制面板各个按键的功能。

1.3 数控机床的特点和适用范围

知识导图

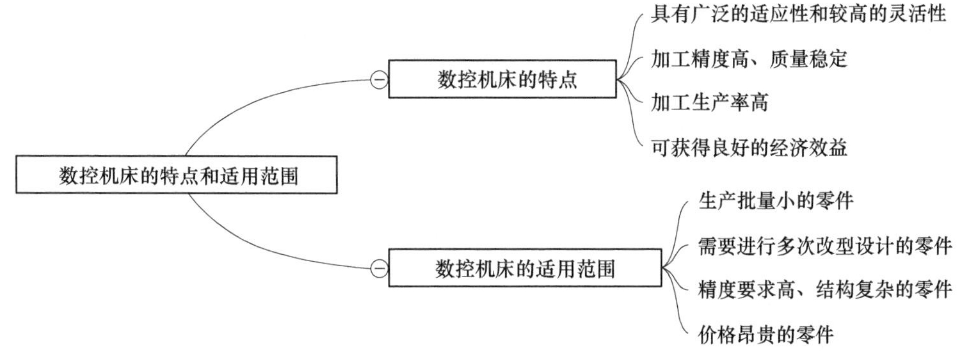

1.3.1 数控机床的特点

与普通机床相比，数控机床是一种机电一体化的高效自动机床，它具有以下特点。

1. 具有广泛的适应性和较高的灵活性

数控机床更换加工对象，只需要重新编制和输入加工程序即可实现加工，在某些情况下，甚至只要修改程序中部分程序段或利用某些特殊指令就可实现加工（例如利用缩放功能指令就可实现加工形状相同、尺寸不同的零件）。这为单件、小批量多品种生产，产品改型和新产品试制提供了极大的方便，大大缩短了生产准备及试制周期。

2. 加工精度高、质量稳定

由于数控机床采用了数字控制伺服系统，数控装置每输出一个脉冲，通过伺服执行机构使机床产生相应的位移量（称为脉冲当量），可达 0.1~1μm；机床传动丝杠采用间歇补偿，螺距误差及其传动误差可由闭环系统加以控制，因此数控机床能达到较高的加工精度。例如普通精度加工中心，定位精度一般可达到每 300mm 长度误差不超过 ±(0.005~0.008)mm，重复精度可达到 0.001mm。另外，数控机床结构刚性和热稳定性都较好，制造精度能保证，其自动加工方式避免了操作者的人为操作误差，加工质量稳定，合格率高，同批加工的零件几何尺寸一致性好。数控机床能实现多轴联动，可以加工普通机床很难加工甚至不可能加工的复杂曲面。

3. 加工生产率高

在数控机床上可选择最有利的加工参数，实现多道工序连续加工，也可实现多机看管。

由于采用了加速、减速措施，使机床移动部件能快速移动和定位，大大节省了加工过程中的空程时间。

4. 可获得良好的经济效益

虽然数控机床分摊到每个零件上的设备费（包括折旧费、维修费、动力消耗费等）较高，但生产效率高，单件、小批量生产时节省辅助时间（如划线、机床调整、加工检验等），节省直接生产费用。数控机床加工精度稳定，减少废品率，使生产成本进一步降低。

1.3.2 数控机床的适用范围

数控机床是一种可编程的通用加工设备，但是因设备投资费用较高，还不能用数控机床完全替代其他类型的设备，因此，数控机床的选用有其一定的适用范围。图 1-13 可粗略地表示数控机床的适用范围。

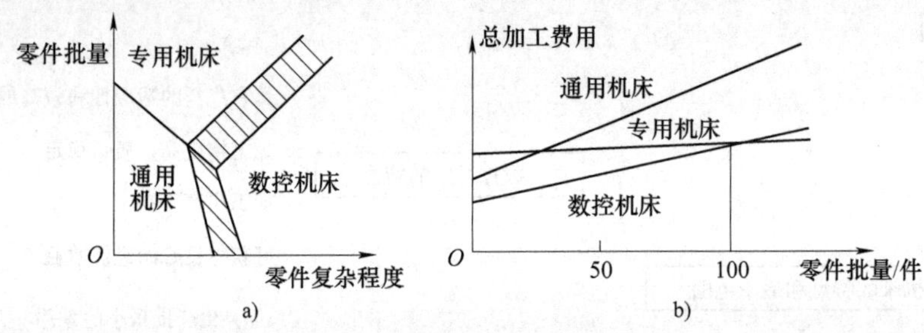

图 1-13 数控机床的适用范围

一般而言，数控机床最适宜加工以下类型的零件：

1）生产批量小的零件（100 件以下）。

2）需要进行多次改型设计的零件。

3）加工精度要求高、结构形状复杂的零件，如箱体类零件，曲线、曲面类零件。

4）需要精确复制和尺寸一致性要求高的零件。

5）价格昂贵的零件。这种零件虽然生产量不大，但是如果加工中因出现差错而报废，将产生巨大的经济损失。

任务实践

1. 带领学生到实训车间，让学生观察数控车床与普通车床的结构，分析数控机床的特点。

2. 带领学生到实训车间，通过通用机床、专用机床及数控机床的实际加工，让学生分析并总结出不同种类机床的适用范围。

3. 以实物为教具，让学生更直观地了解所学内容，提高学生的积极性。

4. 数控机床加工范围较宽，用勇于创新的眼光拓展一下数控机床的应用范围。

学习情境小结

本学习情境讲述了数控机床的基本概念，概述了数控机床的产生和发展；数控机床一般由控制介质、数控装置、伺服系统、机床和测量反馈装置等组成。数控机床可以按多种方式进行分类。按运动轨迹可分为点位控制、直线控制和轮廓控制的数控机床；按控制轴数可分两轴联动、两轴半联动、三轴联动、四轴联动和五轴联动数控机床；按伺服系统的控制原理可分开环、闭环和半闭环数控机床；按功能水平可分低、中、高三档数控机床；按工艺用途可分成数控金属切削机床、数控金属成形机床及特种加工机床等。最后介绍了数控机床的特点和适用范围。

思考与练习

1. 简述我国数控机床的产生及发展过程。
2. 简述我国数控技术的发展过程及数控加工的发展趋势。
3. 数控机床由哪些部分组成？各部分的作用是什么？
4. 简述常用数控机床的种类。
5. 从数控系统控制功能来看，数控机床分为几类？应用场合如何？试列举出各类典型机床。
6. 试述数控机床的工作过程。
7. 简述数控机床的加工特点。
8. 国产数控机床经过了几代人的艰苦奋斗，技术水平有了很大提高。结合本学习情境的内容，列举出数控机床所具备的功能。

学习情境 2　数控系统

情境导入

数控系统也叫计算机数控（Computerized Numerical Control，CNC）系统。目前数控技术是指采用计算机实现数字程序控制的技术。这种技术用计算机按事先存储的控制程序来执行对设备的控制功能。

图 2-1 所示为广州 GSK 机床数控系统，该数控系统是融合当今数控领域前沿技术，通过不断创新、持续改进研制的新一代高性能、高可靠性的 CNC 系统。该系统可以实现高速高精加工，对复杂曲面加工的有效速度可达 8m/min，最佳加工速度达 4m/min；同时具有前瞻功能，插补预处理段数高达 1000 段，最高定位速度 60m/min，最高进给速度达 15m/min。此外，该系统也同时支持多项强大功能。支持 RS-232、USB、网络三种通信接口，可实现文件传输、DNC 加工、USB 在线加工；支持斗笠式、圆盘式、伺服刀库等多种刀库；以及支持 23 位绝对式编码器实现全闭环控制，也可选配力矩电动机、电主轴，可适配自动分中仪器及自动对刀仪。广州 GSK 机床数控系统的前沿技术使得我国数控机床的功能也得到了极大的提升。

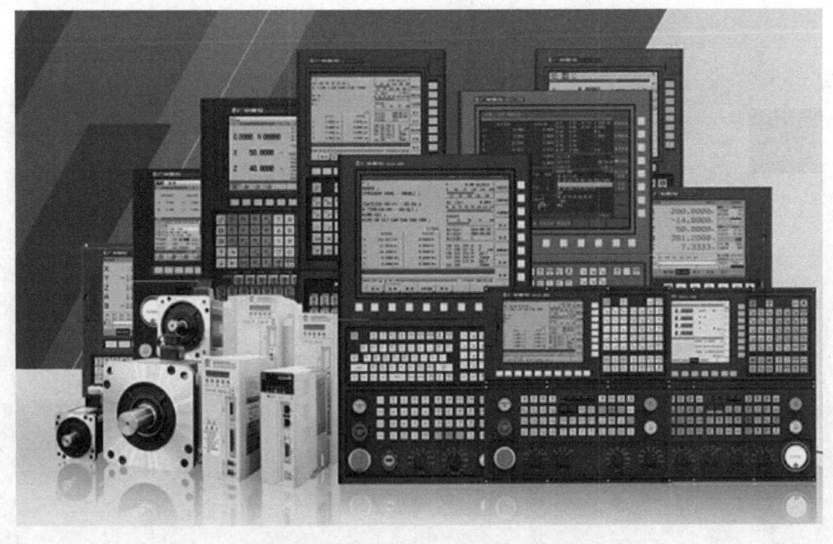

图 2-1　广州 GSK 机床数控系统

情境解析

数控技术产业是关系到国家战略地位和体现国家综合国力水平的重要基础性产业，其水平高低是衡量一个国家制造业现代化程度的核心标志，实现生产过程数字化，是当今制造业的发展方向。而数控系统正是先进制造业机械的灵魂和大脑，对于国家经济发展具有超越其巨大经济价值的战略意义。因此，掌握数控系统的应用至关重要。

此外，上述情境导入中的广州数控系统是当前中国数控系统的前沿品牌之一。然而，其功能及应用领域仍未能赶上国外的一些数控系统品牌，例如德国西门子数控系统，日本发那科数控系统以及三菱数控系统等。因此，开发出更强大的数控系统对于我国数控技术产业，乃至先进制造行业的发展都具有重要意义。

学习目标

序号	学习内容	知识目标	技能目标	创新目标
1	CNC 装置	√		
2	CNC 系统硬件	√	√	
3	CNC 系统软件	√	√	
4	数控装置中的 PLC	√	√	√
5	数控插补原理	√		

学习流程

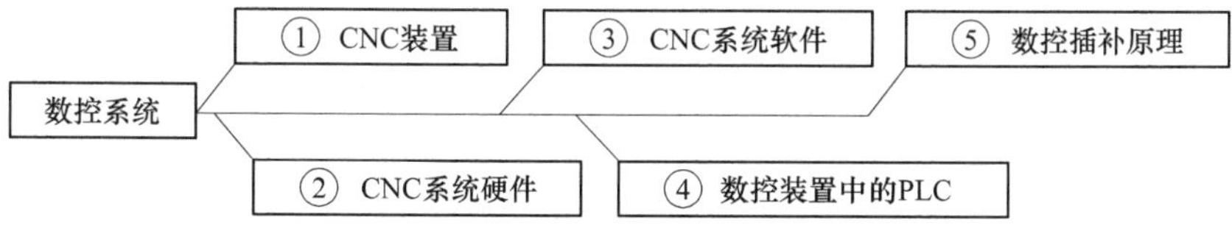

2.1 CNC 装置

知识导图

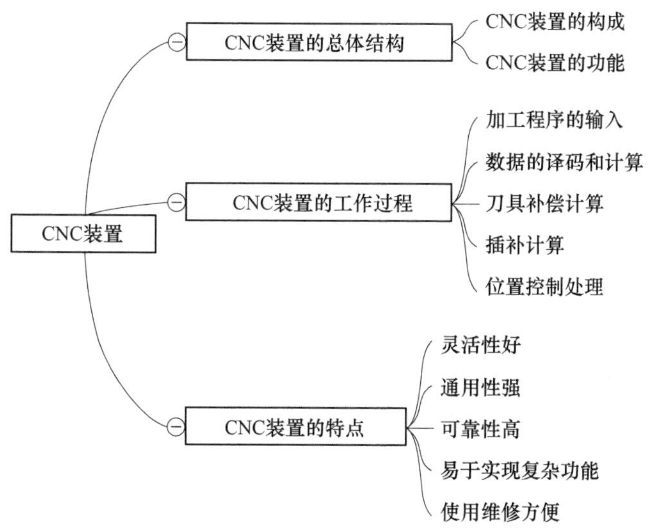

2.1.1 CNC 装置的总体结构

1. CNC 装置的构成

CNC 系统是用计算机控制加工功能，实现数值控制的系统。CNC 系统是根据计算机存储器中存储的控制程序，执行部分或全部数值控制功能，并配有接口电路和伺服驱动装置的专用计算机系统。CNC 系统由硬件和软件两部分组成。图 2-2 所示为典型的两坐标 CNC 系统框图。

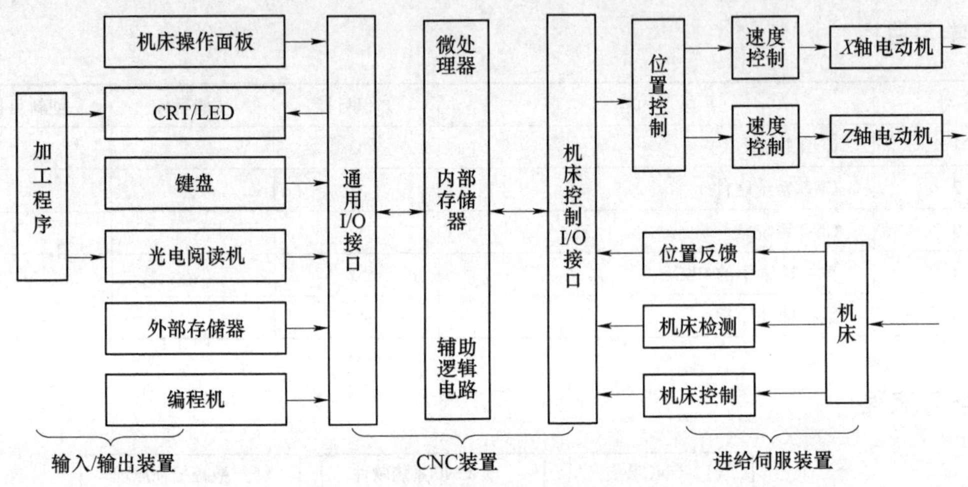

图 2-2 典型的两坐标 CNC 系统框图

（1）输入/输出装置　输入/输出装置是指能完成程序编辑、程序和数据输入、显示及打印等功能的设备，主要包括键盘、机床操作面板、显示器（CRT/LED）、外部存储器、编程机、光电阅读机等，是操作者与数控系统进行信息交流的设备。

（2）计算机数控装置（CNC 装置）　CNC 装置是 CNC 系统的核心部分。CNC 装置由通用 I/O 接口、机床控制 I/O 接口、微处理器、内部存储器、辅助逻辑电路等组成。微处理器执行存储在内部存储器中的加工程序，完成所需要的逻辑分析和数值计算，产生协调整个系统的各类控制信号指令。通用 I/O 接口是微处理器与外界联系的通路，它完成数据的格式和信号形式的转换，实现程序的输入、输出及人机对话。机床控制 I/O 接口连接专用的控制和检测装置，实现机床的位置和工作状态的控制和检测。

（3）进给伺服装置　进给伺服装置是把数控处理的加工程序信息，经过数字信号向模拟信号转换，经功率放大后驱动进给轴按要求的坐标位置和进给速度进行控制，控制的执行元件可以是交流、直流伺服电动机，也可以是步进电动机。

（4）主轴控制单元　主轴控制单元主要接收来自可编程控制器（PLC）的转向和转速指令，经功率放大后驱动主轴电动机转动。

（5）辅助控制装置　辅助控制装置是介于数控装置、机床机械、液压部件之间的控制装置，通过 PLC 来实现。PLC 和数控装置配合共同完成数控机床的控制。数控装置主要完成数字计算和程序管理等有关的功能，如程序的编辑、译码、插补运算、位置控制等，PLC 主要完成各执行机构的逻辑顺序（M、S、T 功能）控制，如更换刀具、主轴起动停止、主轴转速变换、主轴转向变换、工件装夹、切削液泵的开关等。图 2-3 所示为内装型 PLC 的 CNC

装置。

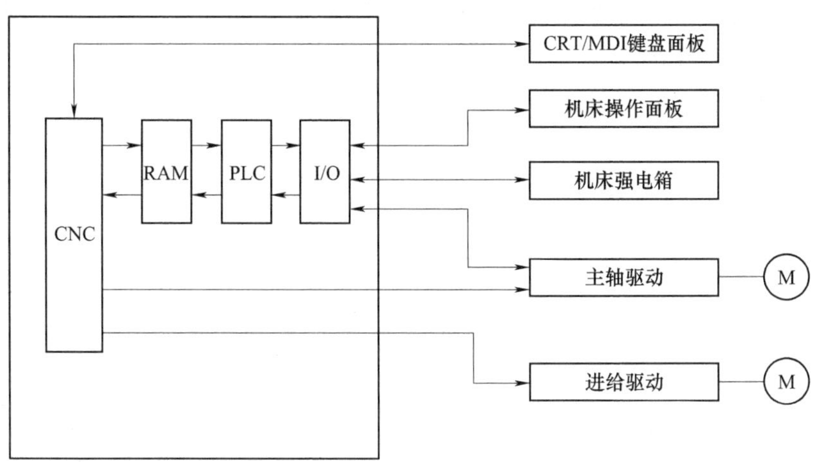

图 2-3 内装型 PLC 的 CNC 装置

（6）位置检测装置　位置检测装置与进给驱动装置组成半闭环和闭环伺服驱动系统，位置检测装置通过直接或间接测量将执行部件的实际位移量检测出来，反馈到数控装置并与指令（理论）位移量进行比较，将其误差转换放大后控制执行部件的进给运动，以提高系统精度。

2. CNC 装置的功能

CNC 装置的功能是指满足用户操作和机床控制要求的方法和手段，包括基本功能和选择功能。基本功能是必备功能，用于满足数控系统基本配置的要求；选择功能是用户可根据实际要求选择的功能。CNC 装置的主要功能有以下几方面。

（1）控制功能　控制功能能够控制和联动控制的进给轴数，包括移动轴、回转轴、基本轴、附加轴的控制，控制的进给轴越多，表明 CNC 装置的功能越强。

（2）准备功能　准备功能即 G 代码功能，其作用是使机床准备好某种加工方式，包括的指令有基本移动、程序暂停、平面选择、坐标设定、刀具补偿、固定循环加工、公英制转换、子程序调用等。

（3）插补功能和固定循环功能　插补功能是指实现零件轮廓加工轨迹运算的功能 。一般 CNC 装置具有直线插补、圆弧插补功能，高档的 CNC 装置还具有椭圆插补、正弦线插补、抛物线插补、螺旋线插补、样条曲线插补等功能。

固定循环功能是指在加工一些特定表面时（如车削台阶、切削螺纹、钻孔、镗孔、攻螺纹）时，加工动作按照一定的循环模式多次重复进行，实现上述加工轨迹运算的功能，即把若干有关的典型固定动作顺序用一个指令来表示，用 G 代码定义，直接调用，可大大简化编程。

（4）进给功能　进给功能是指数控系统对进给速度的控制功能，主要包括：

1）进给速度是指控制刀具相对工件的进给速度，单位一般是 mm/min。

2）同步进给速度是指实现切削速度和进给速度的同步，用于加工螺纹，单位是 mm/r。

3）进给倍率（进给修调率）是指通过操作面板上的波段开关，人工实时修调的进给速度。

（5）主轴功能　主轴功能是指主轴的控制功能，主要包括：

1）切削速度，即主轴转速控制功能，单位一般是 m/min 或 r/min。

2）恒线速度是指刀具切削点的切削速度为恒速的控制功能，主要用于车削端面或磨削加工，可获得较高的表面质量。

3）主轴定向控制是指主轴在径向（周向）的某一位置准确停止的功能，常用于换刀。

4）*C* 轴控制是指主轴在径向（周向）的任一位置准确停止的功能。

5）切削倍率（主轴修调率）是指通过操作面板上的波段开关，人工实时修调切削速度的功能。

（6）辅助功能　辅助功能是指机床的辅助操作功能，即 M 指令功能。辅助功能包括主轴正转、反转、停止，切削液泵的打开、关闭，工件的夹紧、松开，以及换刀。

（7）刀具管理功能　刀具管理功能是指实现刀具几何尺寸、刀具寿命、刀具号的管理功能。其中，刀具几何尺寸一般指刀具半径、长度参数，常用于刀具半径补偿、长度补偿；刀具寿命一般指刀具的使用时间；刀具号的管理用于标识、选择刀具，常和 T 指令连用。

（8）补偿功能　补偿功能主要包括以下几个方面：

1）刀具半径补偿和刀具长度补偿。

2）传动链误差补偿，一般有螺距误差补偿和反向间隙补偿。

3）智能补偿。

（9）人机对话功能　人机对话功能是指通过显示器进行字符、图形的显示，从而方便用户的操作和使用。

（10）自诊断功能　自诊断功能是指利用软件诊断程序，在故障出现后，可迅速查明故障的类型和部位，以便及时排除。

（11）通信功能　通信功能是指 CNC 装置与外界进行信息和数据交换的功能。一般 CNC 装置具有 RS-232C 接口，可与上级计算机相连；若具有 DNC 接口，则可实现直接数控加工；若具有 FMS 接口则可按 MAP（制造自动化协议）通信，实现车间和工厂的自动化。

除以上各项功能外，CNC 装置还可配置选择功能，如增加一个仿形测量头和相应的驱动模块等，可实现数字化仿形加工功能。

2.1.2　CNC 装置的工作过程

机床数控系统是一种位置控制系统。数控机床的任务是依照操作者的意愿完成所要加工的零件。操作者根据被加工零件的尺寸要求、外形要求、表面指令要求编制零件加工程序。加工程序通过输入装置输入数控系统中，存储到数控机床的存储介质上。数控系统接收到零件的加工程序后，对其进行译码和数值计算，将编程语言转换为数控机床可以直接执行的机器代码，根据这些数据计算出理论的刀具运动轨迹，然后将计算过的结果输送到执行元件，使刀具轨迹加工出所需要的形状。因此，CNC 装置在工作过程中要完成以下任务。

1. 加工程序的输入

CNC 装置中有较大容量的存储空间，有些数控机床还配有较大的外部存储，因此，CNC 装置有较强存储信息的能力。它不但可把一个加工程序转入内存，而且可以在内存中同时保存多个零件的加工程序。可以把以后需要的加工零件程序提前输入并保存到数控装置中，同时还可以通过键盘和显示器现场编辑和修改零件的加工程序。现在大多数数控机床都配有掉电保护装置，用来保护存储器中的加工程序。CNC 装置配有磁盘外部存储器，可以对磁盘上的加工程序进行存入、调出、查找、删除。通常数控机床中有专门的存储器存储零件加工程序，在机床加工零件时，再从存储器中将程序一段一段地调出，并执行程序指令。

2. 数据的译码和计算

数控机床加工时，微处理器从零件加工程序存储区逐条调出加工指令，由数控装置的译码程序和数据处理程序完成零件加工程序的译码及数据计算工作。译码程序的主要功能是将用文本格式表达的零件程序，以一个程序段为单位，根据一定的语法规则解释、翻译成后续程序，即机床能够识别的数据形式，并以一定的数据结构（格式）存放在指定的内存专用区内。该数据结构用来描述一个程序段解释后的数据信息。它主要包括 X、Y、Z 等坐标值，进给速度，主轴转速，G 代码，M 代码，刀具号，子程序处理和循环调用处理等数据或标志的存放顺序和格式。

3. 刀具补偿计算

操作者编制的零件加工程序通常是按零件轮廓编制的，而数控机床在加工过程中控制的是刀具（铣刀）中心轨迹或假想的虚拟刀尖（车刀刀尖）位置点。刀具补偿处理就是完成这种转换的程序，它主要进行以下几项工作。

1）根据绝对坐标（G90）或相对坐标（G91）计算零件轮廓的终点坐标值。

2）根据刀具半径和刀具半径补偿的方向（G41/G42），计算刀具补偿后本段刀具中心轨迹的终点坐标值。

3）根据本段与前段的连接关系，进行段间连续处理。

经过刀具补偿程序转换的数据存放在刀具补偿缓冲区中，以供后续程序使用。

4. 插补计算

插补计算的任务是确定某个坐标在规定的位移范围内进给的规律，从而获得所需要的轨迹。数控装置一般采用软件来实现插补计算，因此，要求微处理器有较高的运行速度。插补计算是周期进行的，这个周期称为插补周期。每进行一次插补计算，即形成一个微小的位移量，该位移量对应轴的进给距离，这个进给距离称为脉冲当量。

插补计算程序完成 CNC 系统中插补器的功能，即实现坐标脉冲分配功能。脉冲分配包括点位、直线以及曲线三个方面，由于现代微处理器具有完善的指令系统和相应算术子程序，所以给插补计算提供许多方便。可以采用一些更方便的数学方法提高轮廓控制的精度，而不必顾忌会增加硬件线路。插补计算是实时性很强的工作，要尽可能减少程序中的指令条数，即缩短进行一次插补运算的时间。因为这个时间直接决定了插补进给的最高速度。有些系统还采用软件完成粗插补，硬件完成精插补相结合的方法完成插补计算。

5. 位置控制处理

位置控制转换流程如图 2-4 所示，位置控制主要进行各进给轴跟随误差（Δx_3，Δy_3）的计算，并进行调节处理，其输出为位移速度控制指令值（v_x，v_y）。其计算步骤如下。

1）计算新的位置指令坐标值，即

$$x_{1新} = x_{1旧} + \Delta x_1$$
$$y_{1新} = y_{1旧} + \Delta y_1$$

2）计算新的位置实际坐标值，即

$$x_{2新} = x_{2旧} + \Delta x_2$$
$$y_{2新} = y_{2旧} + \Delta y_2$$

3）计算跟随误差，即

$$跟随误差=指令位置值-实际位置值$$

4）计算速度指令值，即

$$v_x = f(\Delta x_3)$$
$$v_y = f(\Delta y_3)$$

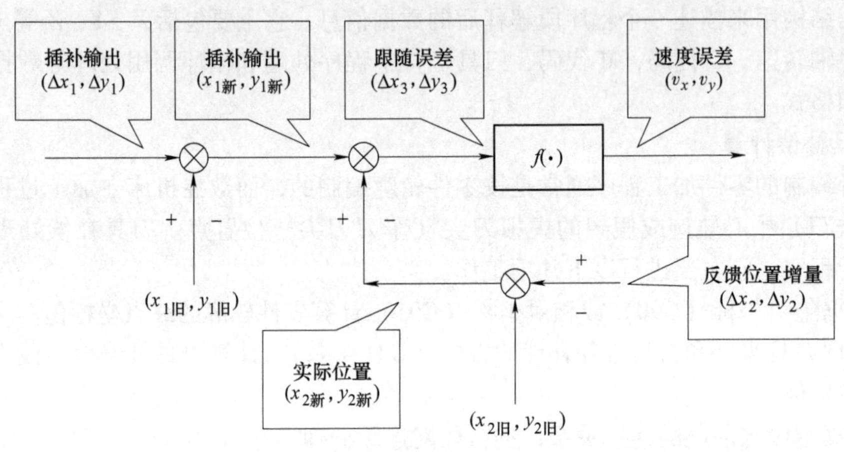

图 2-4 位置控制转换流程

2.1.3 CNC 装置的特点

CNC 是在 NC 的基础上发展起来的，它不但继承了 NC 硬件的优点，又充分利用了微处理器结合控制软件的优势。CNC 系统与 NC 系统相比，具有以下优点。

1. 灵活性好

这是 CNC 系统的突出优点。对于传统的 NC 系统，一旦提供了某些控制功能，就不能改变，除非改变相应的硬件。而对于 CNC 系统，只要改变相应的控制程序，就可以补充和开发新的功能，并不必制造新的硬件。在 CNC 系统安装之后，新的技术还可以补充到系统中去，这就延长了系统的使用期限。因此，CNC 系统具有很大的“柔性”——灵活性。

2. 通用性强

在 CNC 系统中，硬件系统采用模块进给，依靠软件变化来满足被控设备的各种不同要求。采用标准化接口电路，给机床制造厂和数控用户带来许多方便。于是，用一种 CNC 系统就可以满足大部分数控机床的要求，还能满足某些其他设备的要求。当用户要求某些特殊功能时，仅需改变某些软件即可。由于在工厂中使用同一类型的控制系统，培训和学习也十分方便。

3. 可靠性高

在 CNC 系统中，加工程序常常是一次送入计算机存储器内的。同时，由于许多功能都由软件实现，硬件系统所需元器件数目大为减少，整个系统的可靠性大大改善，特别是随着大规模集成电路和超大规模集成电路的采用，系统可靠性更为提高。据美国第 13 届 NC 系统年会统计的世界上数控系统平均无故障时间是：硬线 NC 系统为 136h，小型计算机 CNC 系统为 984h，而微处理机 CNC 系统据日本发那科公司宣称已达 23000h。

4. 易于实现复杂功能

CNC 系统可以利用计算机的高度计算能力，实现一些高级的或复杂的数控功能。刀具偏移、公英制转换、固定循环等都能用适当的软件程序予以实现；复杂的插补功能，如抛物线插补、螺旋线插补等也能用软件方法来解决；刀具补偿可以在加工过程中进行计算；大量的辅助功能都可以被编程；子程序的引入，大大简化了程序编制。

5. 使用维修方便

CNC 系统的一个吸引人的特点是有一套诊断程序，当数控系统出现故障时，能显示出故障信息，使操作和维修人员能了解故障部位，减少维修的停机时间。另外，还可以备有数控软件检查程序，防止输入非法数控程序或语句，这将给编程带来很多方便。有的 CNC 系统还有对话编程、蓝图编程，使程序编制简便，不需要很高水平的专业编程人员。零件程序编好后，可以显示程序，甚至通过空运行，将刀具轨迹显示出来，以检验程序是否正确。

任务实践

1. 借助实训室数控系统综合实验台，让学生观察并掌握数控系统组成及各部分功能。

2. 借助实训室众多数控机床，让学生了解不同数控系统的功能及主要工作过程。

3. 让学生在数控机床面板上进行简单的输入/输出等操作，提升学生的学习兴趣，并加强学生对所学内容的理解与掌握。

4. 在技术人员的努力下，我国 CNC 系统的可靠性有了很大提高，查阅资料了解一下，华中数控系统与广州数控系统的平均无故障时间各是多少小时？

2.2 CNC 系统硬件

知识导图

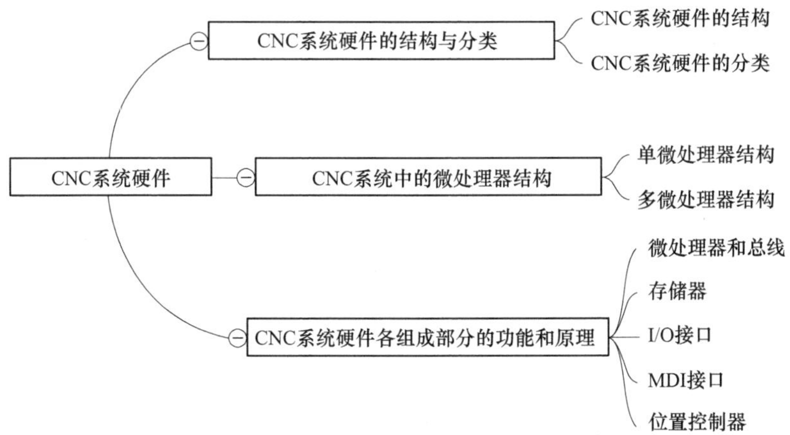

2.2.1 CNC 系统硬件的结构与分类

1. CNC 系统硬件的结构

随着大规模集成电路技术的发展和表面安装技术的发展，CNC 系统硬件模块及安装方式不断改进，从 CNC 系统的总体安装结构看，有整体式结构和分体式结构两种。

所谓整体式结构是把 CRT 和 MDI 面板、操作面板及功能模块组成的电路板等安装在同一机箱内。这种方式的优点是结构紧凑，便于安装，但有时可能造成某些信号连线过长。分体式结构通常把 CRT 和 MDI 面板、操作面板等做成一个部件，而把功能模块组成的电路板安装在一个机箱内，两者之间用导线或光纤连接。

从组成 CNC 系统的电路板的结构特点来看，有两种常见的结构，即大板式结构和模块化结构。

大板式结构的特点是一个系统一般都有一块大板，称为主板。主板上装有主 CPU 和各轴的位置控制电路。其他相关的子板，如 ROM 板、零件程序存储器板和 PLC 板都直接插在主板上面，组成 CNC 系统的核心部分。由此可见，大板式结构紧凑，体积小，可靠性高，价格低，有很高的性价比，也便于机床的一体化设计。但其硬件功能不易变动，不利于组织规模生产。

另外一种柔性比较高的结构是总线模块化的开放系统结构，其特点是将微处理器、存储器、输入输出控制部分分别做成插件板，甚至将微处理器、存储器、输入输出控制做成独立微机的硬件模块，相应的软件也是模块结构，固化在硬件模块中。硬软件模块形成一个特定的功能单元，称为功能模块。功能模块间有明确的定义接口，接口是固定的，成为工厂标准，彼此可以进行交换。于是，可以以积木式组成 CNC 系统，使设计简单，有良好的适应性和扩展性，试制周期短，调整维护方便，效率高。

2. CNC 系统硬件的分类

从 CNC 系统使用的微机及结构来分，一般分为单微处理器和多微处理器结构两大类。初期的 CNC 系统和现有一些经济型的 CNC 系统采用单微处理器结构。

2.2.2 CNC 系统中的微处理器结构

1. 单微处理器结构

单微处理器结构的 CNC 系统一般指只有一个微处理器（CPU）的 CNC 系统。由于只有一个 CPU，大多采用集中控制、分时处理的方式完成数控系统的各项任务。有的 CNC 系统虽然有两个或两个以上的 CPU，但其中只有一个 CPU 能够控制系统总线，占有总线资源，而其他 CPU 只能作为专用的智能部件，不能控制系统总线，不能访问主存储器。各 CPU 组成主、从结构，这种 CNC 系统也被归于单微处理器结构。单微处理器结构的 CNC 系统是 CNC 系统的基本组成形式，由于所有数控功能都由一个微处理器完成，受 CPU 字长、数据宽度（位数）、寻址能力、运算速度和资源调度等影响，数控功能的实现，尤其是实时性功能的实现，与微处理器的性能和处理能力的矛盾十分突出。图 2-5 所示为单微处理器系统框图。

2. 多微处理器结构

多微处理器结构的 CNC 装置中有两个或两个以上带 CPU 的功能部件对系统资源（存储器、总线）有控制权和使用权，该结构又分为多主结构和分布式结构两种。多主结构是指带有 CPU 的功能部件之间采用紧耦合方式连接，有集中的操作系统，用总线仲裁器解决总线争端，通过公共存储器交换系统信息。分布式结构是指各个带有 CPU 的功能模块有独立的运行环境（总线、存储器、操作系统），各功能模块之间采用松耦合方式连接，用通信方式交换信息。

（1）多微处理器结构的特点

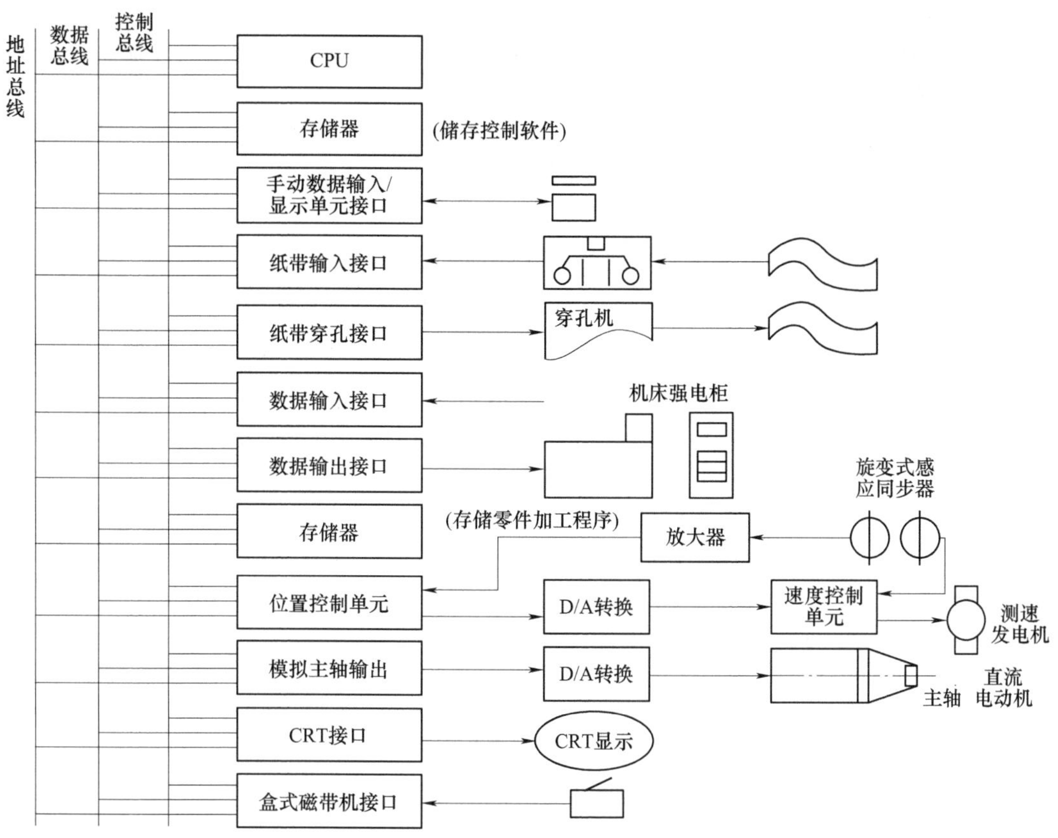

图 2-5　单微处理器系统框图

1）计算处理速度高。多微处理器结构中的每一个微处理器完成系统中指定的一部分功能，独立执行程序，并行运行，比单微处理器结构提高了计算速度。它适应多轴控制、高进给速度、高精度、高效率的数控要求。由于系统共享资源，性价比较高。

2）可靠性高。由于系统中每个微处理器分管各自任务，形成若干模块插件，模块更换方便，可使故障对系统影响减到最小。共享资源省去了重复机构，不但降低了造价，也提高了可靠性。

3）有良好的适应性和扩展性。多微处理器的 CNC 装置大都采用模块化结构。

4）硬件易于组织规模生产。一般硬件是通用的，容易配置，只要开发新软件就可构成不同的 CNC 装置，便于组织硬件规模生产，保证质量，形成批量。

（2）多微处理器结构的基本功能模块　多微处理器结构的基本功能模块有以下几种。

1）CNC 管理模块。负责管理和组织整个 CNC 系统的工作，如系统的初始化、中断管理、总线仲裁、系统软件诊断等。

2）存储器模块。该模块包括主存储器（用于存放程序和数据，是各功能模块之间进行数据传送的共享存储器）和局部存储器（在每个 CPU 模块中）。

3）CNC 插补模块。该模块可进行零件程序的译码、刀补计算、坐标位移量的计算、进给速度处理等插补前的预处理，然后进行插补计算，为各个坐标轴提供位置定量。

4）位置控制模块。其作用是将插补后的坐标位置给定值与反馈的位置实际值进行比较，并自动加减速，回基准点，监控伺服系统滞后量，补偿漂移，最后得到速度控制的模拟电路，以驱动进给电动机。

5）数据输入输出和显示模块。该模块主要是用于输入、输出、显示零件加工程序、各种参数和数据、各种操作命令所需的接口电路。

6）PLC 模块。其作用是对零件加工程序中辅助功能代码、由机床传来的信号进行逻辑处理，从而实现各功能和操作方式之间的连锁，机床电器设备的起动，刀具交换，工件数量和运转时间的计算等。

（3）多微处理器 CNC 装置的典型结构　在多微处理器组成的 CNC 装置中，可以根据具体情况合理划分其功能模块，一般来说，包括 CNC 管理模块、CNC 插补模块、位置控制模块、PLC 模块、数据输入输出和显示模块、主存储器模块这六种，其典型结构有以下两种。

1）共享总线结构。在共享总线结构中，将各功能模块插在配有总线插座的机箱内，由系统总线把各个模块有效连接在一起，按照要求交换各种控制指令和数据，实现各种预定的功能。图 2-6 所示为多微处理器共享总线结构。

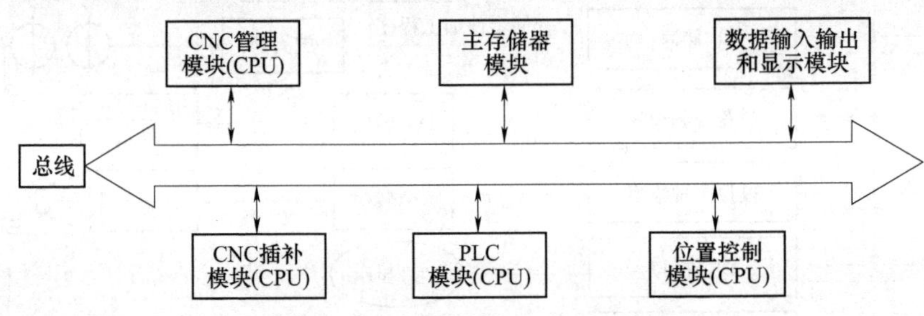

图 2-6　多微处理器共享总线结构框图

共享总线结构的优点是配置灵活，结构简单，造价低，不足之处是会引起多个主模块同时请求，而导致信息传输率低，总线一旦出现问题会影响全局。

2）共享存储器结构。这种多微处理器结构采用多端口存储器来实现各微处理器之间的互联和通信，由多端口控制电路来解决访问冲突。由于同一时刻只能有一个微处理器对多端口存储器读或写，所以功能复杂而要求微处理器数量增多时，会因争用共享存储器而造成信息传输阻塞，降低系统效率，因此扩展功能很困难。图 2-7 所示为多微处理器共享存储器结构框图。

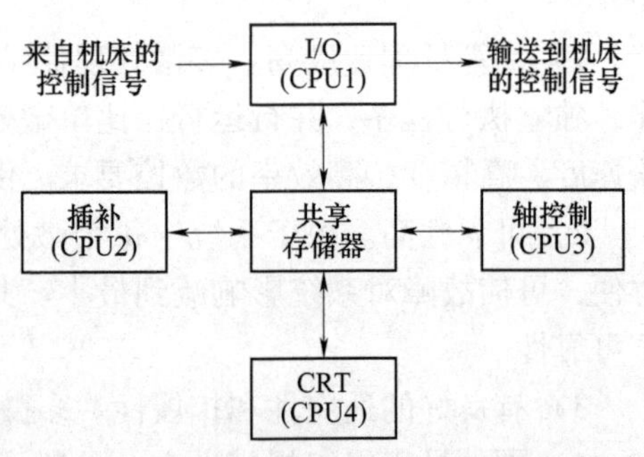

图 2-7　多微处理器共享存储器结构框图

2.2.3　CNC 系统硬件各组成部分的功能和原理

1. 微处理器和总线

微处理器是微机处理系统的中枢，系统都要在它的指挥下协调工作。微机主要由微处理器（CPU）、内部存储器和 I/O 接口电路组成。这三部分由数据总线、地址总线、控制总线的信号线连接，微处理器工作是给予一个基准脉冲，基准时钟频率越高，其运算速度就越快。

微处理器由控制器和运算器组成。控制器主要完成控制任务，运算器主要完成算术运算、逻辑运算。微处理器的选择要根据 CNC 装置进行实时控制和处理速度的要求，并考虑 CPU 在字长、寻址能力、运算速度方面的性能。

总线是由一组传送数字信息的物理导线组成。系统总线上传送的信息包括数据信息、地址信息、控制信息，因此系统总线包含有三种不同功能的总线，即数据总线 DB（Data Bus）、地址总线 AB（Address Bus）和控制总线 CB（Control Bus）。

2. 存储器

按存取速度和用途可把存储器分为两大类：把具有一定容量且存取速度快的存储器称为内部存储器，简称内存，它是计算机的重要组成部分，CPU 可对它进行访问；把存储容量大而速度较慢的存储器称为外部存储器，简称外存，在微型计算机中常见的外存有软盘、硬磁盘、盒式磁盘、光盘、U 盘等。外存容量很大，如 CD-ROM 光盘可达 650MB，硬盘可达 500GB（1GB=1024MB），而且容量还在增加，故称外存为海量存储器。不过，要配备专门设备才能完成对外存的读写功能，如软盘、硬盘要配有驱动器，磁带要有磁带机。通常将外存归入计算机外部设备一类，它所存放的信息调入内存后 CPU 才能使用。

早期的内存使用磁芯，随着大规模集成电路的发展，半导体存储器集成度大大提高，成本迅速降低，存取速度大大加快，所以在微型计算机中，内存一般都使用半导体存储器。

半导体存储器从制造工艺的角度可分为双极型、CMOS 型、HMOS 型等；从应用角度可将其分为只读存储器（ROM）和随机存储器（RAM）两大类。图 2-8 所示为半导体存储器的分类。随着半导体技术的进步，存储器的容量越来越大，速度越来越高，但体积越来越小。

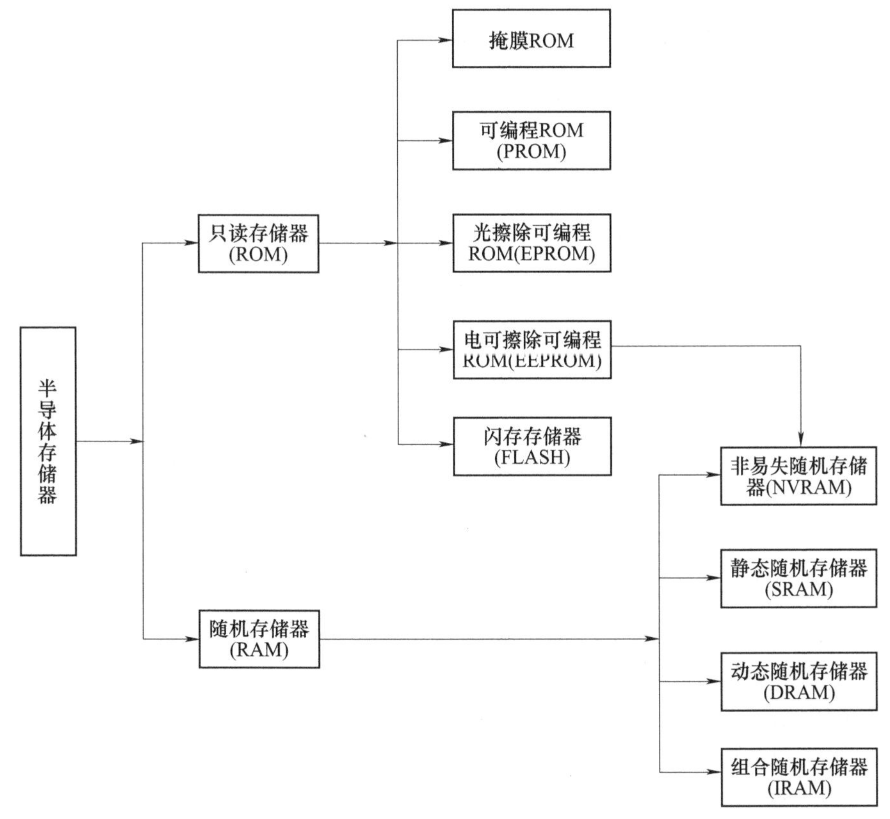

图 2-8 半导体存储器的分类

3. I/O（Input/Output）接口

微机上的所有部件都是通过总线互连的，外部设备也不例外。I/O 接口就是将外部设备连接到总线上的一组逻辑电路的总称，也称外设接口。在一个实际计算机控制系统中，CPU 与外部设备之间常需要进行频繁的信息交换，也包括数据的输入输出、外部设备状态信息的读取及控制命令的传送等，这些都是通过接口来实现的。

CPU 通过接口与外部设备的连接示意图如图 2-9 所示。通过接口传送的除数据外，还有反映当前外设工作状态的状态信息以及 CPU 向外设发出的各种控制信息。

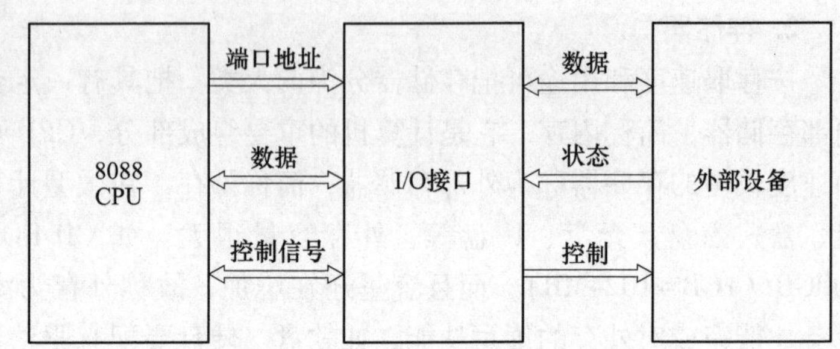

图 2-9　CPU 与外部设备之间的接口

负责把信息从外部设备送入 CPU 的接口称为输入接口（端口），而将信息从 CPU 输出到外部设备的接口则称为输出接口（端口）。在需要从外设输入数据时，由于外设处理数据的时间一般要比 CPU 长得多，数据在外部总线上保持的时间相对较长，所以要求输入接口必须要具有对数据的控制能力。即要在外部把数据准备好，CPU 可以读取时才将数据送到数据总线。

若外设具有数据保持能力，通常可以仅用一个三态门缓冲器作为输入接口，当其控制端信号有效时，三态门导通，该外设就与数据总线连通，CPU 将外设准备好的数据读入；当其控制端信号无效时，三态门断开，该外设就从数据总线脱离，数据总线又可以用于其他信息的传送。

在数据输出时，同样由于外设的速度比较慢，要使数据能正确写入外设，CPU 输出的数据一定要能够保持一段时间。如果这个“保持”的工作由 CPU 来完成，则对其资源就必然是个浪费。实际上，CPU 送到总线上的数据只能保持几微秒，因此，要求输出接口必须要具有数据的锁存能力，CPU 输出的数据通过总线送入接口锁存，由接口将数据一直保持到被外设取走。简单的输出接口一般由锁存器构成。

以上三态门和锁存器的控制端一般与 I/O 地址译码输出信号线相连，当 CPU 执行 I/O 指令时，指令中指定的 I/O 地址经译码后即可使控制信号有效，打开三态门（对外设读时）或将数据锁入锁存器（对外设写时）。一个典型的三态门芯片 74LS244 的引脚如图 2-10 所示。

74LS244 芯片有两个控制端$\overline{E_1}$和$\overline{E_2}$。每个控制端各控制 4 个三态门，共 8 个三态门。当某一控制端有效（低电平）时，相应的 4 个三态门导通；否则，相应的三态门呈现高阻状态（断开）。实际使用中，通常是将两个控制端并联，这样就可用一个控制信号来使 8 个三态门同时导通或同时断开。由于三态门具有“通断”控制能力这个特点，所以可利用其作为输入接口。利用三态门作为输入信号时，要求信号的状态是能够保持的，这是因为三态门本身没有对信号的保持和锁存能力。

74LS374 芯片是一个既可作为输入接口又能作为输出接口的芯片，其引线图和真值表如图 2-11 所示。

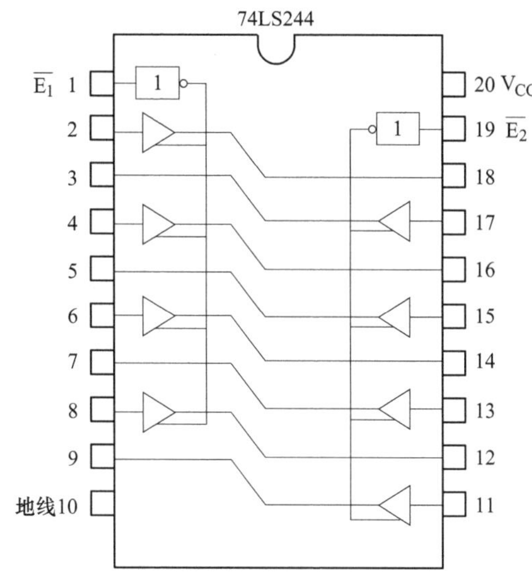

图 2-10 芯片 74LS244 的引脚

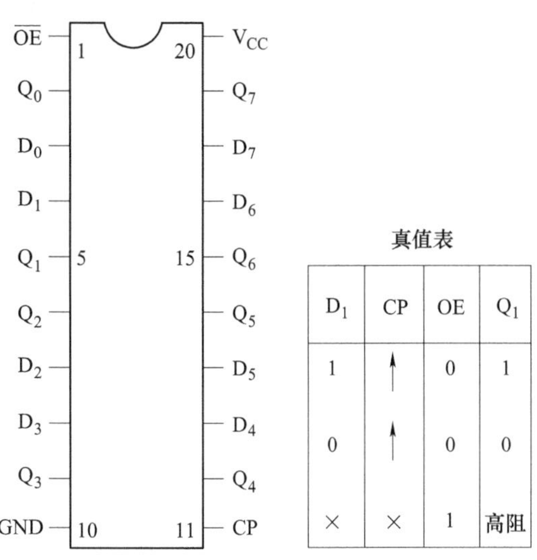

D_1	CP	OE	Q_1
1	↑	0	1
0	↑	0	0
×	×	1	高阻

图 2-11 74LS374 芯片的引线图和真值表

图 2-12 所示为 74LS374 芯片中一个锁存器的结构图，由图可知 74LS374 芯片在 D 触发器输出端加有一个三态门。只有当$\overline{OE}=0$时 74LS374 芯片的输出三态门才导通，当$\overline{OE}=1$时，74LS374 芯片则呈高阻状态。

74LS374 芯片在用作输入接口时，端口地址信号经译码电路接到$\overline{OE}$端，外设数据由外设提供的选通脉冲锁存在 74LS374 芯片内部。当 CPU 读该接口时译码器输出低电平，使 74LS374 芯片的输出三态门打开，读出外设的数据；如果用作输出接口，也可将$\overline{OE}$端接地，使其输出三态门一直处于导通状态，用 74LS374 芯片作为输入输出接口的电路如图 2-13 所示。

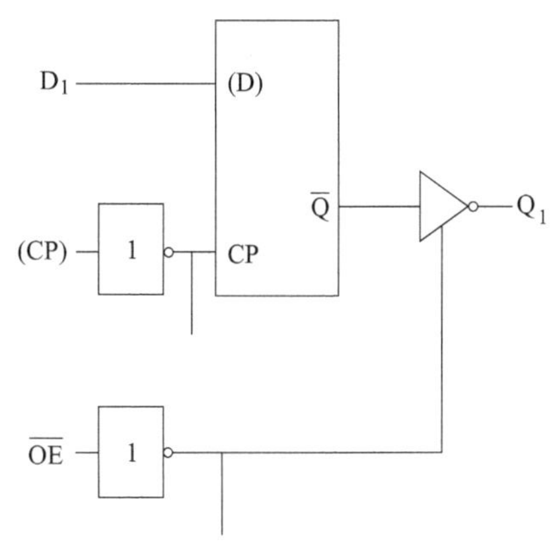

图 2-12 74LS374 芯片中一个锁存器的结构图

简单接口电路芯片在结构上比较简单，使用也很方便，常作为一些简单功能的外部设备的接口电路，对比较复杂的功能要求就难以胜任。

（1）I/O 接口需要解决的问题 外部设备的种类繁多，有机械式、电动式、电子式和其他形式。它们涉及的信息类型也不相同，可以是数字量、模拟量和开关量。因此，CPU 与外设之间交换信息时需要解决以下问题。

1）速度匹配问题。CPU 速度很高，而外设的速度有高有低，而且不同的外设速度差别很大。

2）信号电平和驱动能力问题。CPU 的信号都是 TTL 电平（一般在 0~5V 之间），而且提供的功率很小，而外设需要的电平要比这个范围宽得多，需要的驱动功率也较大。

3）信号形式匹配问题。CPU 只能处理数字信号，而外设的信号形式多种多样，有数字量、开关量、模拟量（电流、电压、频率、相位），甚至还有非电量，如压力、流量、速度、温度等。

4）信息格式问题。CPU 在系统总线传送的是 8 位、16 位或 32 位并行二进制数据，而外设使用的信号形式、信息格式各不相同。有些外设是数字量或开关量，而有些外设使用的是

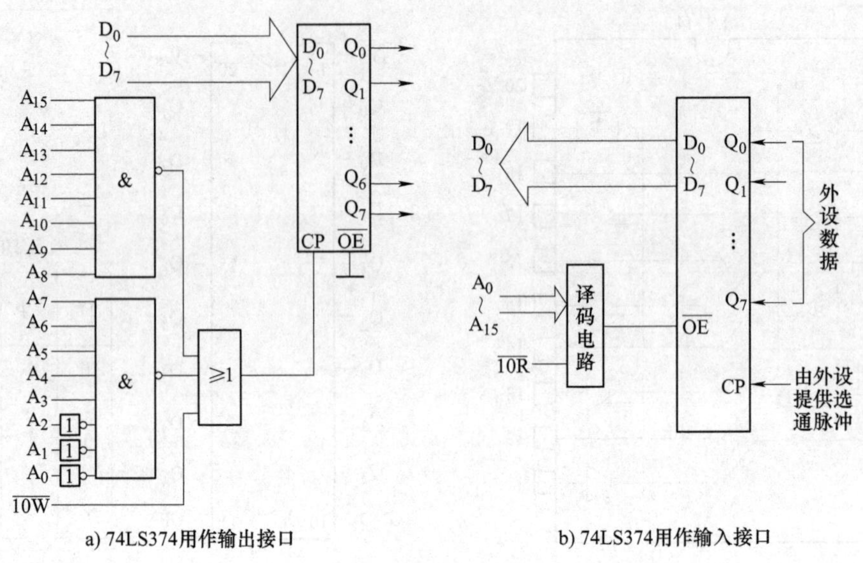

图 2-13 74LS374 芯片用作输入输出接口的电路

模拟量；有些外设采用电流量，而有些外设是电压量，有些外设采用并行数据，而有些外设采用串行数据。

5）时序匹配问题。CPU 的各种操作都是在统一的时钟信号作用下完成的，各种操作都有自己的时间周期，而各种外设也有自己的定时与控制逻辑，大都与 CPU 时序不一致。因此各种各样的外设不能直接与 CPU 的系统总线相连。

上述问题是通过在 CPU 与外设之间设置相应的 I/O 接口电路来予以解决的。

（2）I/O 接口的功能

1）I/O 地址译码与设备选择。所有外设都通过 I/O 接口挂接在总线上，在同一时刻，总线只允许一个外设与 CPU 进行数据传送。因此，只有通过地址译码选中的 I/O 接口才允许与总线相通，而未被选中的 I/O 接口呈现高阻状态，与总线隔离。

2）信息的输入输出。通过 I/O 接口，CPU 可以从外设输入各种信息，也可将处理结果输出到外设；CPU 可以控制 I/O 接口的工作，还可以随时监测与管理 I/O 接口和外设的工作状态；必要时，I/O 接口还可以通过接口向 CPU 发出中断请求。

3）命令、数据和状态的缓冲与锁存。因为 CPU 与外设之间的时序和速度差异很大，为了能够确保计算机和外设之间可靠地进行信息传送，要求接口电路应具有信息缓冲能力。接口不仅应缓存 CPU 送给外设的信息，也要缓存外设送给 CPU 的信息，以实现 CPU 与外设之间信息交换的同步。

4）信息转换。I/O 接口还要实现信息格式变换、电平转换、码制转换、传送管理以及联络控制等功能。

（3）数控机床上的接口规范　按 ISO 4336：1982（E）标准，数控机床上的接口分为 4 类。

1）与驱动命令有关的连接电路。

2）数控机床与检测系统和测量传感器的连接电路。

3）电源及保护电路。

4）通断信号和代码信号连接电路。

其中，前两类接口传送的是数控系统与伺服系统（即速度控制环）、伺服电动机、位置检测和速度检测之间的控制信息及反馈信息，它们属于数字控制、伺服控制及检测控制。

电源及保护电路由数控机床的强电线路中的电源控制电路构成。它的作用是为驱动单元、主轴电动机、辅助电动机、电磁铁、电磁阀、离合器等功率执行元件供电。强电线路不能与低压下工作的控制电路或弱电线路直接连接，只能通过中间继电器、断路器、热动开关等器件转换成直流低压下工作的触点开、合动作，才能成为继电器逻辑电路和 PLC 可接收的电信号。反之，由 CNC 系统输出的信号，应先去驱动小型中间继电器，然后用中间继电器的触点接通强电线路中的功率继电器/接触器，从而接通主电路（强电电路）。

通断信号和代码信号连接电路是 CNC 系统与机床参考点、限位、面板开关的连接信号电路。

4. MDI 接口

MDI 是指手动数据输入。在该方式下，可直接通过数控机床操作面板上的键盘，输入单段程序，或进行各种参数的设置和修改等操作。MDI 接口的任务之一是对键盘按键进行处理，在 CNC 装置中一般配有键盘扫描程序。

5. 位置控制器

一般位置控制模块由软件和硬件两部分组成，主要对进给运动坐标轴的位置进行控制。进给运动是数控机床上要求最高的位置控制，其不仅对单个坐标轴的运动和位置精度有严格要求，而且在多轴联动时，要求各坐标轴有很好的动态配合。

在每个采样周期内，将插补计算的指令位置与实际位置相互比较，用其差值控制伺服电动机。

1. 结合计算机微处理器硬件结构的组成，引申到数控系统微处理器硬件结构的组成，并通过直观展示 FANUC-0i-TC 数控系统的硬件组成，提升学生对数控系统的硬件组成的理解。

2. 通过让学生查阅相关资料并分享各自的理解，使学生进一步掌握现代数控系统硬件的发展趋势，以及 CNC 系统硬件的结构、分类、功能及原理等相关知识。

2.3 CNC 系统软件

知识导图

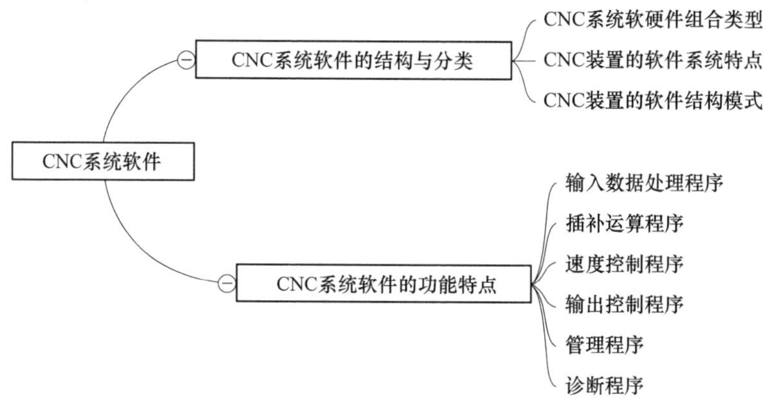

2.3.1 CNC系统软件的结构与分类

1. CNC 系统软硬件组合类型

CNC 装置是由软件和硬件组成的，硬件为软件的运行提供支持环境。在信息处理方面，软件与硬件在逻辑上是等价的，即硬件能完成的功能从理论上讲也可以由软件来完成。但是，硬件和软件在实现这些功能时各有不同的特点：硬件处理速度快，但灵活性差，实现复杂控制的功能困难；软件设计灵活，适应性强，但处理速度相对较慢。

如何合理确定软硬件的功能分担是 CNC 装置结构设计的重要任务。这就是所谓软件和硬件的功能界面如何划分的概念。划分准则是系统的性价比高。图 2-14 所示为 CNC 系统软件硬件组合类型。

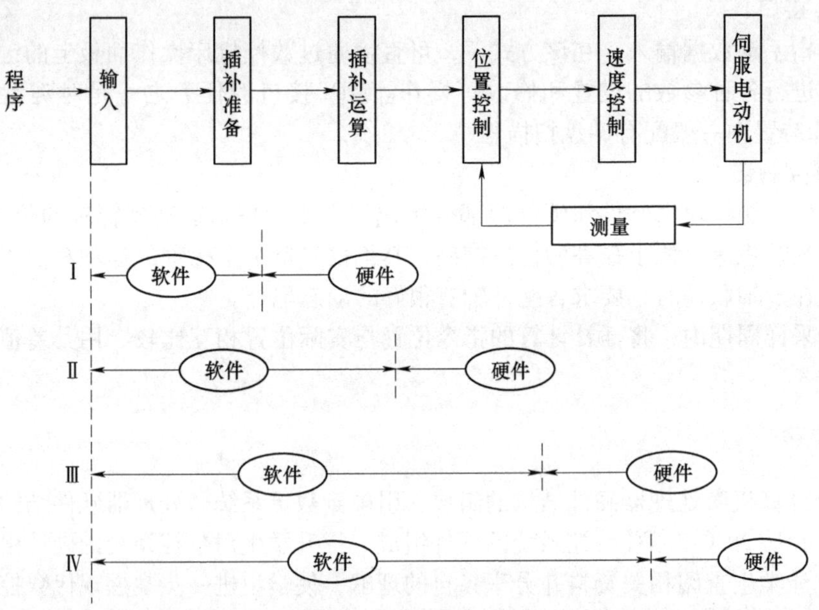

图 2-14 CNC 系统软硬件组合类型

这几种组合类型是 CNC 装置不同时期不同产品的划分。其中后面两种是现在的 CNC 系统常用的方案。这两种方案反映出软件承担的任务越来越多，硬件承担的任务越来越少。产生这种现象的原因有两方面：一是计算机技术的发展，计算机运算处理能力不断增强，软件的运行效率大大提高，这为用软件实现数控功能提供了技术支持；二是数控技术的发展，对数控功能的要求越来越高，若用硬件来实现这些功能，不仅结构复杂，而且柔性差，甚至不可能实现，而用软件实现则具有较大的灵活性，且能方便实现较复杂的处理和运算。因而，用相对较少且标准化程度较高的硬件，配以功能丰富的软件模块构成 CNC 系统是当今数控技术的发展趋势。

2. CNC 装置的软件系统特点

（1）多任务性与并行处理技术

1）CNC 装置的多任务性。CNC 装置的任务：管理任务，如程序管理、显示、诊断、人机交互等；控制任务，如译码、刀具补偿、速度预处理、插补运算、位置控制等。

上述任务不是顺序执行的，而是需要多个任务并行处理，如：当机床正在加工时（执行控制任务），CRT 要实时显示加工状态（管理任务）。此时，控制任务与管理任务并行。

当加工程序送入系统（输入）时，CRT 实时显示输入内容（显示）。此时是管理任务之间的并行。

为了保证加工的连续性，译码、刀具补偿、速度处理、插补运算、位置控制必须同时不间断地执行。此时是控制任务之间的并行。

图 2-15 所示为 CNC 系统软件任务分解图。

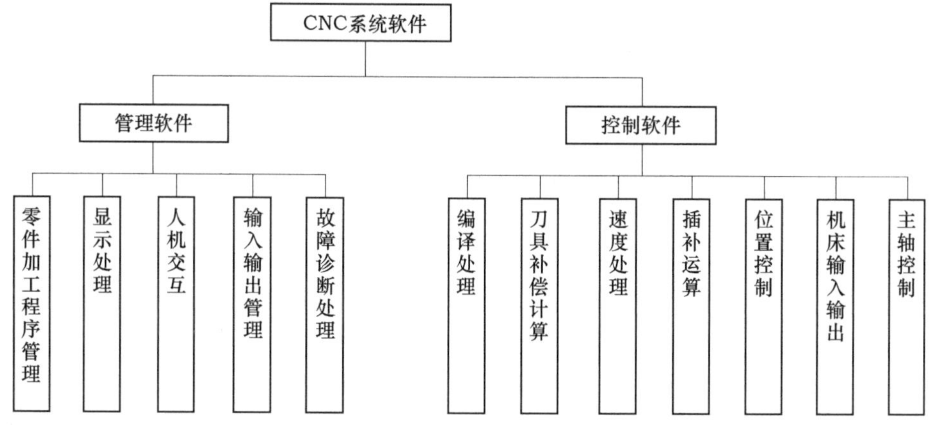

图 2-15 CNC 系统软件任务分解图

2）基于并行处理的多任务调度技术。并行处理是指软件系统在同一时刻或同一时间间隔内完成两个或两个以上任务处理的方法。采用并行处理技术的目的是提高 CNC 装置资源的利用率和系统处理速度。并行处理的实现方式与 CNC 系统硬件结构密切相关，常采用以下方法：

①资源分时共享。对单 CPU 装置，采用“分时”来实现多任务的并行处理。其方法是：在一定的时间长度（常称时间片）内，根据各任务的实时性要求程度，规定它们占用 CPU 的时间，使它们按规定的顺序和规则分时共享系统的资源。

解决各任务占用 CPU（资源）时间的分配原则，主要有两个问题：其一，各任务何时占用 CPU，即任务的优先级分配问题；其二，各任务占用 CPU 的时间长度，即时间片的分配问题。

在单 CPU 的 CNC 装置中，通常采用循环调度和优先抢占调度相结合的方法来解决上述问题。图 2-16 所示为典型的多任务 CPU 分时共享和中断优先级。

循环调度是指将若干个任务（显示、译码、刀补、I/O 等）在一个时间片内顺序轮流执行。

优先抢占调度是指将任务按实时性要求的程度，分为不同的优先级，优先级别高的任务优先执行（优先），优先级别高的任务可随时中断优先级别低的任务的运行（抢占）。运行过程是：在初始化后，自动进入背景程序，轮流反复执行各子任务。当位置控制和插补运算需要执行时，随时中断循环调度中运行的程序（背景程序）。

②并发处理和流水处理。在多 CPU 结构的 CNC 装置中，根据各任务间的关联程度，可采用两种策略实现多任务并行处理。

其一，如果任务之间的关联程度不高，则将各任务分别安排一个 CPU，使其同时执行，

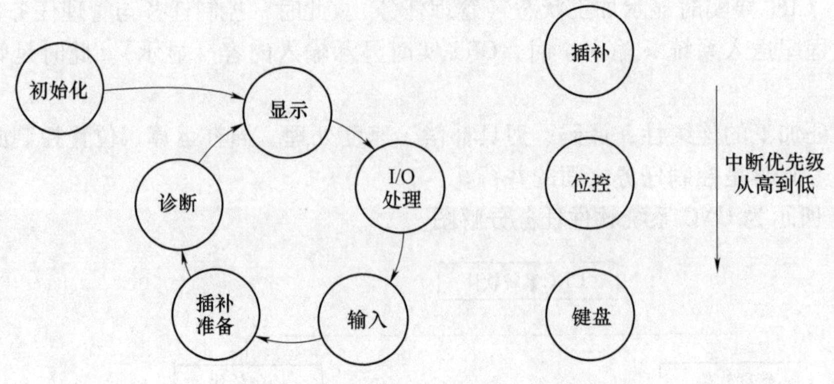

图 2-16 CPU 分时共享和中断优先级

这就是所谓的“并发处理”。

其二，如果各任务之间的关联程度较高，即一个任务的输出是另一个任务的输入，则采用流水处理的方法。它是利用重复的资源，将一个大任务分成若干个彼此关联的子任务（如将插补准备分为译码、刀补处理、速度预处理三个子任务），然后按一定顺序安排每个资源执行一个任务，如 CPU1 执行译码、CPU2 执行刀补处理、CPU3 执行速度预处理。t_1 时间 CPU1 执行第一个程序段的译码；t_2 时间 CPU2 执行第一个程序段的刀补处理，同时 CPU1 执行第二个程序段的译码；t_3 时间 CPU3 执行第一个程序段的速度预处理并输出第一个程序段插补预处理后的数据，同时，CPU2 执行第二个程序段的刀补处理，CPU1 执行第三个程序段的译码；t_4 时间 CPU3 执行第二个程序段的速度预处理并输出第二个程序段插补预处理后的数据，同时，CPU2 执行第三个程序段的刀补处理，CPU1 执行第四个程序段的译码；……。这个处理过程与生产线上分不同工序加工零件的流水作业一样，这样可以大大缩短两个程序段之间输出的间隔时间。可以看出，在任何时刻均有两个或两个以上的任务在并发执行。

流水处理的关键是时间重叠，以资源重复为代价换取时间上的重叠，以空间复杂性换取时间上的快速性。

（2）实时性任务的分类和优先抢占调度机制　实时性是指某任务的执行有严格的时间要求，即必须在系统的规定时间内完成，否则将导致执行结果错误和系统故障。

1）实时性任务的分类。从各任务对实时性要求的角度看，实时性任务基本上可分为强实时性任务和弱实时性任务。强实时性任务又分为实时突发性任务和实时周期性任务。

①实时突发性任务。这类任务的特点是任务的发生具有随机性和突发性，是一种异步中断事件，往往有很强的实时性要求，如故障中断（急停、机械限位、硬件故障）、机床 PLC 中断。

②实时周期性任务。这类任务是按一定的事件间隔发生的，如插补运算、位置处理。为保证加工精度和加工过程的连续性，这类任务的实时性是关键。这类任务除系统故障外，不允许被其他任务中断。

③弱实时性任务。这类任务的实时性相对较弱，只需要在某一段时间内得以运行即可。在系统设计时，安排在背景程序中或根据重要性设置为级别较低的优先级，由调度程序进行合理的调度。如显示、加工程序编辑、插补预处理等。

2）优先抢占调度机制。为了满足 CNC 装置实时任务的要求，系统的调度机制必须具有能根据外界的实时信息以足够快的速度进行任务调度的能力。优先抢占调度机制是使系统具有这一能力的调度技术。它是基于实时中断技术的任务调度机制。中断技术是计算机响应外部事件的一种处理技术，特点是能按任务的重要程度和轻重缓急对其进行响应，而CPU也不必为其开销过多的时间。

优先抢占调度机制有两个功能：

①优先调度：在CPU空闲时，若同时有多个任务请求执行，优先级别高的任务将优先执行。

②抢占方式：在CPU正在执行某任务时，若另一优先级别更高的任务请求执行，CPU将立即终止正在执行的任务，转而响应优先级别更高的任务的请求。

优先抢占调度机制是由硬件和软件共同实现的。硬件主要产生中断请求信号，由提供中断功能的芯片和电路组成（中断管理芯片：8259；定时计数器：8263、8254）。软件主要完成硬件芯片的初始化、任务优先级定义方式、任务切换处理（断点的保护与恢复、中断向量的保持与恢复）等。

3. CNC装置的软件结构模式

CNC装置的软件结构模式是指软件的组织管理方式，即任务的划分方式、任务调度机制、任务间的信息交换机制、系统集成方法。它要解决的问题是：如何协调各任务的执行，使其满足一定的时序配合要求和逻辑关系，以满足CNC装置的各种控制要求。

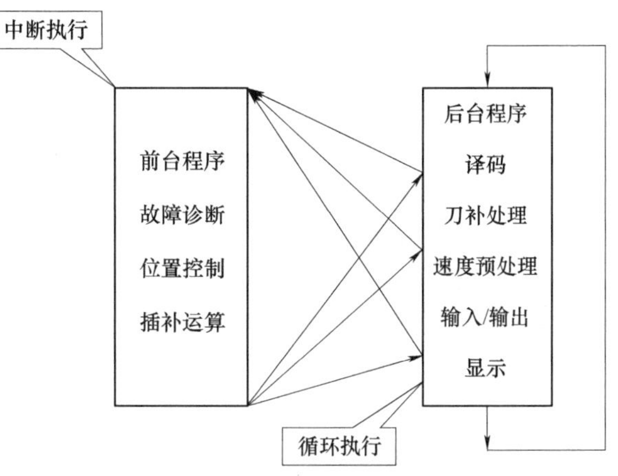

图2-17 前后台型结构模式

CNC装置的软件结构模式有下列几种。

（1）前后台型结构模式 如图2-17所示。

1）任务划分方式：

①前台程序：强实时性任务，包括插补运算、位置控制、故障诊断等任务。

②后台程序：弱实时性任务，包括显示、加工程序的编辑和管理、系统的输入和输出、插补预处理等。

2）任务调度机制：前台程序为中断服务程序，采用优先抢占调度机制；后台程序为循环运行程序，采用顺序调度机制；在运行中，后台程序不断地定时被前台中断程序所打断。

3）信息交换：通过缓冲区实现。

（2）中断型结构模式 如图2-18所示。

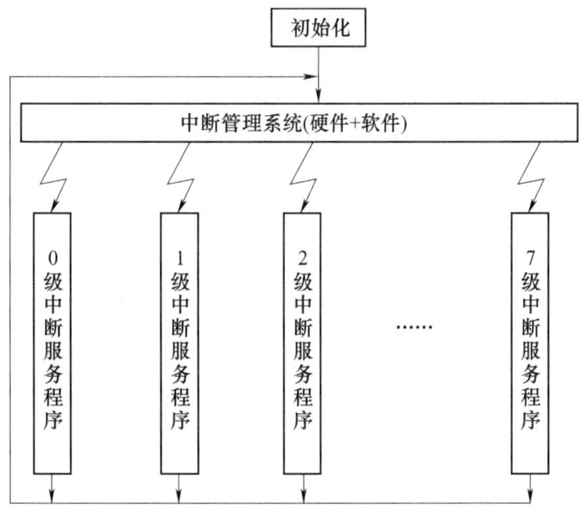

图2-18 中断型结构模式

1）任务划分方式：除初始化程序外，所有任务按实时性强弱，分别划分到不同优先级别的中断服务程序中。

2）任务调度机制：采用优先抢占调度机制，由中断管理系统对各级中断服务程序进行管理。

3）信息交换：通过缓冲区实现。

整个软件是一个大的中断管理系统。系统实时性好，但模块关系复杂、耦合度大、不利于系统的维护与扩充。

（3）基于实时操作系统的结构模式　实时操作系统（PTOS）是操作系统的一个分支，它除具有通用操作系统的功能外，还具有任务管理、多种实时任务调度机制（优先抢占调度、时间片轮转调度等）、任务间的通信机制等功能。CNC 软件完全可以在实时操作系统的基础上进行开发，形成基于实时操作系统的结构模式，其优点有：①弱化功能模块间的耦合关系；②系统的开放性和可维护性好；③减少系统开发的工作量。

2.3.2 CNC 系统软件的功能特点

CNC 系统软件是为实现 CNC 系统各项功能所编制的专用软件，也叫控制软件，存放在计算机 EPROM 中。各种 CNC 系统的功能设置和控制方案各不相同，它们的系统软件在结构上和规模上差别很大，但是一般都包括输入数据处理程序、插补运算程序、速度控制程序、输出控制程序、管理程序和诊断程序。

1. 输入数据处理程序

它接收输入的零件加工程序，将标准代码表示的加工指令和数据进行译码、数据处理，并按规定的格式存放。有的系统还要进行补偿计算，或为插补运算和速度控制等进行预计算。通常，输入数据处理程序包括输入、译码和数据处理三项内容。

2. 插补运算程序

CNC 系统根据工件加工程序中提供的数据，如曲线的种类、起点、终点等进行运算。根据运算结果，分别向各坐标轴发出进给脉冲。这个过程称为插补运算。进给脉冲通过伺服系统驱动工作台或刀具做相应的运动，完成程序规定的加工任务。

CNC 系统一边进行插补运算，一边进行加工，是一种典型的实时控制方式，所以，插补运算的快慢直接影响机床的进给速度，因此应该尽可能地缩短运算时间，这是编制插补运算程序的关键。

3. 速度控制程序

速度控制程序根据给定的速度值控制插补运算的频率，以保证预定的进给速度。在速度变化较大时，需要进行自动加减速控制，以避免因速度突变而造成驱动系统失步。

4. 输出控制程序

输出控制程序主要进行伺服控制、反向间隙的补偿、丝杠螺距补偿及 M、S、T 等辅助功能的输出。

5. 管理程序

管理程序负责对数据输入、数据处理、插补运算等为加工过程服务的各种程序进行调度管理。管理程序还要对面板命令、时钟信号、故障信号等引起的中断进行处理。

6. 诊断程序

诊断程序的功能是在程序运行中及时发现系统的故障，并指出故障的类型；也可以在运行前或故障发生后，检查系统各主要部件（CPU、存储器、接口、开关、伺服系统等）的功能是否正常，并指出发生故障的部位。

（1）运行中诊断　主要有用代码检查内存、格式检查、双向传送数据校验及清单校验等方法。

（2）停机诊断　是指在系统开始运行前，或发生故障（包括故障先兆）系统停止运行后，利用计算机进行诊断。

（3）通信诊断　是指由用户经电话线路与通信诊断中心联系，由该中心的计算机给用户的计算机发送诊断程序，程序指示 CNC 系统进行某种运行，同时收集数据，分析系统状态，将其与存储的应有工作状态以及某些极限参数做比较，以确定系统是否正常。

对于 PC+I/O 系统而言，由于是软件化结构，就必须具有操作系统平台，目前公众使用最多的 Windows 操作系统是非实时操作系统，优势在于多任务处理调度和资源管理，不适合直接用于数控系统实时控制，而实时控制系统由于必须具备强实时操作，不能实现多任务处理调度和资源管理，因此出现了“鱼和熊掌不可兼得”的问题，因此 PC+I/O 系统首先要解决这个问题才能充分实现实时控制、非实时调度、网络通信、多媒体、通用 CAD/CAM 软件兼容、远程状态监测和故障诊断、对于温度补偿、变形补偿、力矩补偿、应变补偿等复合控制功能。国内外的一些科技公司在这方面各有独特的实现方法，分别实现了 Windows 操作系统和实时操作系统的合理同步运行。

任务实践

1. 结合计算机的微处理器软件的特点，引申到数控系统的微处理器软件的特点，并借助实训室 FANUC-0i-TC 数控系统软件功能的直观展示，提升学生对 CNC 系统软件的理解。

2. 通过让学生自主查阅相关资料并分享各自的观点，使学生进一步掌握现代数控系统软件的发展趋势。

2.4　数控装置中的 PLC

知识导图

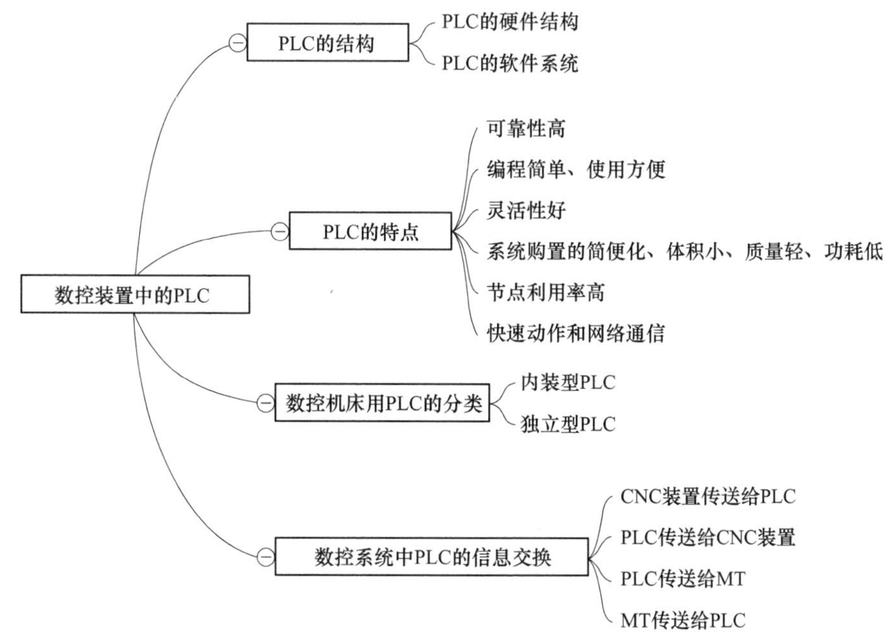

可编程控制器（Programmable Controller，PC）是一种数字运算电子系统，专为工业环境下运行而设计。国际电工委员会（IEC）对可编程控制器定义为：它采用可编程的存储器，用于存储执行逻辑运算、顺序控制、定时、计数和算术运算等特定功能的用户指令，并通过数字式或模拟式的输入或输出，控制各种类型的机械或生产过程。为了与个人计算机（Personal Computer，PC）相区别，仍采用旧称 PLC（Programmable Logic Controller），以下采用 PLC 这一简称。

数控机床除了对机床各坐标轴的位置进行连续控制外，还需要对机床主轴正反转与起停，工件的夹紧与松开，切削液开关，刀具更换，工件与工作台交换，液压与气动以及润滑等辅助功能进行顺序控制。以上控制功能由 PLC 实现。

2.4.1 PLC 的结构

PLC 实际上是一种工业控制用专用计算机，它与微机基本相同，也由硬件系统和软件系统两大部分组成。

1. PLC 的硬件结构

PLC 的种类型号很多，大、中、小型 PLC 的功能不尽相同，但它们的基本结构大体上是相同的，都是由中央处理单元（CPU）、存储器、输入/输出（I/O）模块、编程器、电源模块和外部设备等组成，并且内部采用总线结构，如图 2-19 所示。

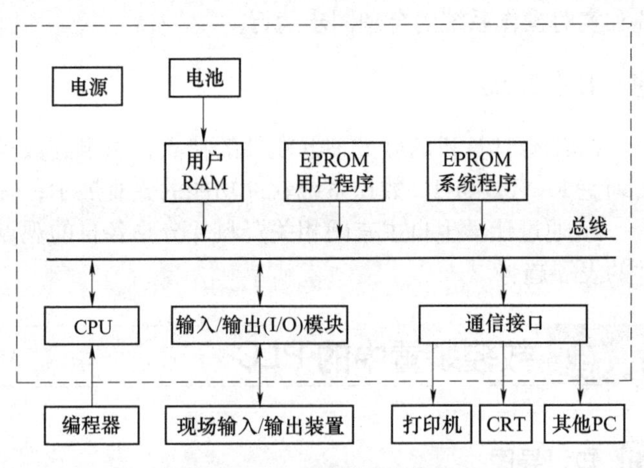

图 2-19 PLC 控制系统的组成

（1）中央处理单元 PLC 中的 CPU 与通用微机中的 CPU 一样，是 PLC 的核心部分。CPU 按照系统程序赋予的功能，接收并存储从编程器输入的用户程序和数据，用扫描方式查询现场输入状态以及各种信号状态或数据，并存入输入状态寄存器或数据寄存器中；诊断电源、PLC 内部电路、编程语句正确无误后，PLC 进入运行状态。在 PLC 进入运行状态后，从存储器逐条读取用户程序，完成用户程序中的逻辑运算或算术运算等任务。根据运算结果，更新有标志位的状态和输出状态寄存器的内容，再由输出状态寄存器的位状态或数据寄存器的有关内容实现输出控制、数据通信和制表打印等功能。

由于 PLC 实现的控制任务主要是动作速度要求不是特别快的顺序控制，在一般情况下，不需要使用高速的微处理器。为了进一步提高 PLC 的功能，通常采用多 CPU 控制方式，如用一个 CPU 来管理逻辑运算和专用功能指令；另一个 CPU 专用来管理 I/O 接口和通信。中、小型 PLC 常用 8 位或 16 位微处理器，大型 PLC 则采用高速单片机。

（2）存储器 PLC 存储器一般有随机存储器（RAM）和只读存储器（ROM、EPROM）。RAM 中一般存放用户程序，如梯形图和语句表等。EPROM 用于存储 PLC 控制的系统程序，如检查程序、键盘输入处理程序、指令译码程序及监控程序等，这些程序由制造厂家固化在 EPROM 中。有时用户程序也可固化到 EPROM 中，避免 RAM 中存储的用户程序丢失。

（3）I/O 模块 I/O 模块是 PLC 与现场 I/O 装置或其他外部设备之间进行信息交换的桥

梁。其任务是将 CPU 处理产生的控制信号输出传送到被控设备或生产现场，驱动各种执行机构动作，实现实时控制；同时将被控对象或被控生产过程的各种变量转换成标准的逻辑电平信号，送入 CPU 处理。

现场输入装置有控制按钮、转换开关、行程开关、接近开关、压力开关及温控开关等，这些信号经接口电路接入 PLC 后，还要经过抗强电干扰的光电耦合、消抖动电路、滤波电路才能送到 PLC 输入数据寄存器。PLC 通常有继电器、双向晶闸管和晶体管的输出形式，因此，PLC 提供了各种操作电平、驱动能力以及不同功能的 I/O 模块供用户选用。现场输出装置有指示灯、中间继电器、接触器、电磁阀及电磁制动器等，输出模块同样也具备与输入模块相同的抗干扰措施。

（4）编程器　编程器一般由键盘、显示屏、智能处理器、外部设备（如硬盘、软盘驱动器等）组成，用于用户程序的编制、编辑、调试和监视，还可调用和显示 PLC 的一些内部状态和系统参数。它通过接口与 PLC 相连，完成人机对话功能。

编程器分为简易型和智能型两种。简易型编程只能在线编程，它通过一个专用接口与 PLC 连接；智能型编程器既可在线编程也可离线编程，还可与微机接口或与打印机接口相连，实现程序的存储、打印、通信等功能。

（5）电源模块　电源模块的作用是将外部提供的交流电源转换成为 PLC 内部所需的直流电源。一般地，电源模块有三路输出，一路供给 CPU 模块，一路供给编程器接口，还有一路供给各种接口模板。由于 PLC 直接用于工业现场，因此对电源单元的技术要求较高，不但要求具有较好的电磁兼容性能，还要求工作电源稳定，以适应电网波动和温度变化的影响，并且要有过电流和过电压的保护功能，以防止在电压突变时损坏 CPU。另外，电源单元一般还装有后备电池，用于掉电时能及时保护 RAM 区中重要的信息和标志。

2. PLC 的软件系统

PLC 的软件系统包括系统软件和用户应用软件。

系统软件一般包括操作系统、语言编译系统和各种功能软件等。其中操作系统管理 PLC 的各种资源，协调系统各部分之间、系统与用户之间的关系，为用户应用软件提供了一系列管理手段，使用户应用程序能正确地进入系统，正常工作。

用户应用软件是用户根据现场控制的需要，采用 PLC 程序语言编写的逻辑处理软件，由用户用编程器输入 PLC 内存。

PLC 内部一般采用循环扫描工作方式，在大、中型 PLC 中还增加了中断工作方式。当用户将应用软件设计、调试完成后，用编程器写入 PLC 的用户程序存储器中，并将现场的输入信号和被控制的执行元件相应地连接在输入模块的输入端和输出模块的输出端上，然后通过 PLC 的控制开关使其处于运行工作方式，接着 PLC 就以循环顺序扫描的工作方式进行工作。在输入信号和用户程序的控制下，产生相应的输出信号，完成预定的控制任务。图 2-20 所示是一个行程开关 LS1 被压下（指示灯灭）时 PLC 的控制过程。

1）当按下按钮 PB1 时，输入继电器 X401 的线圈接通，X401 常开触点闭合，输出继电器 Y430 通电，其常开触点闭合，形成自锁保持；外部输出点 Y430 闭合，指示灯亮。

2）当松开 PB1 时，输入继电器 X401 失电，其对应的触点 X401 断开，由于自保持作用，输出继电器 Y430 仍保持接通。

3）当按下行程开关 LS1 时，继电器 X403 的线圈接通，X403 的常闭触点断开，使得继电器 Y430 的线圈断电，指示灯灭，输出继电器 Y430 的自锁功能复位。

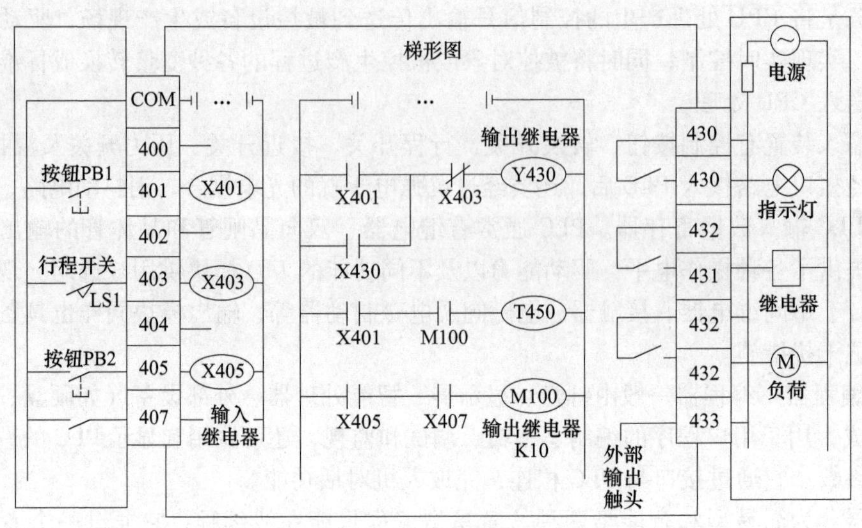

图 2-20 PLC 的控制过程

2.4.2 PLC 的特点

1. 可靠性高

由于 PLC 针对恶劣的工业环境设计，在其硬件和软件方面均采取了很多有效措施来提高其可靠性。在硬件方面采取了屏蔽、滤波、光电隔离、模块化设计等措施；在软件方面采取了故障自诊断、信息保护和恢复等手段；另外，PLC 采用软继电器控制，不会出现继电器触点接触不良、触点熔焊、线圈烧断等故障，运行时无振动、无噪声，可以在环境较差的条件下稳定可靠地运行，运行过程可监视。

2. 编程简单、使用方便

由于 PLC 沿用了梯形图编程简单的优点，便于从事继电器控制工作的技术人员掌握，另外可以进行模拟调试。

3. 灵活性好

由于 PLC 是利用软件来处理各种逻辑关系的，当在现场装配和调试过程中需要改变控制逻辑时就不必改变外部线路，只要改写程序重新固化即可。另外，PLC 产品也易于系列化、通用化，稍做修改就可应用于不同的控制对象。

4. 系统购置的简便化、体积小、质量轻、功耗低

PLC 是一个完整的系统，购置一台 PLC 就相当于购买了系统所需要的所有继电器、计数器、计时器等器件。由于 PLC 采用半导体集成电路，与传统控制系统相比，其体积小、质量轻、功耗低。

5. 节点利用率高

传统电路中一个继电器只能提供几个节点用于联锁，在 PLC 中，一个输入中的开关量或程序中的一个“线圈”可提供用户所需用的任意的联锁节点，节点在程序中可以不受限制的使用。

6. 快速动作和网络通信

传统继电器节点的响应时间一般需要几百毫秒，而 PLC 里的节点反应更快，可以达到微秒级，并且 PLC 的网络通信功能可实现计算机网络控制。

2.4.3 数控机床用PLC的分类

数控机床用PLC可分为内装型PLC和独立型PLC两种。

1. 内装型PLC

内装型PLC是指PLC内置于CNC装置中，从属于CNC装置，与CNC装置集于一体，PLC与CNC装置间的信号传送在CNC装置内部即可实现。PLC与MT（机床侧）则通过CNC装置I/O接口电路实现传送，如图2-21所示。内装型PLC的性能指标是根据所从属的CNC装置的规格、性能、适用机床的类型等确定的。其硬件和软件都是作为CNC装置的基本功能与CNC装置统一设计制造的，因此结构十分紧凑。在系统的结构上，内装型PLC可与CNC装置共用一个CPU，也可单独使用一个CPU；内装型PLC一般单独制成一块电路板，插装到CNC装置主板插座上，不单独配备I/O接口，而使用CNC装置本身的I/O接口；PLC控制部分及部分I/O电路所用电源由CNC装置提供。

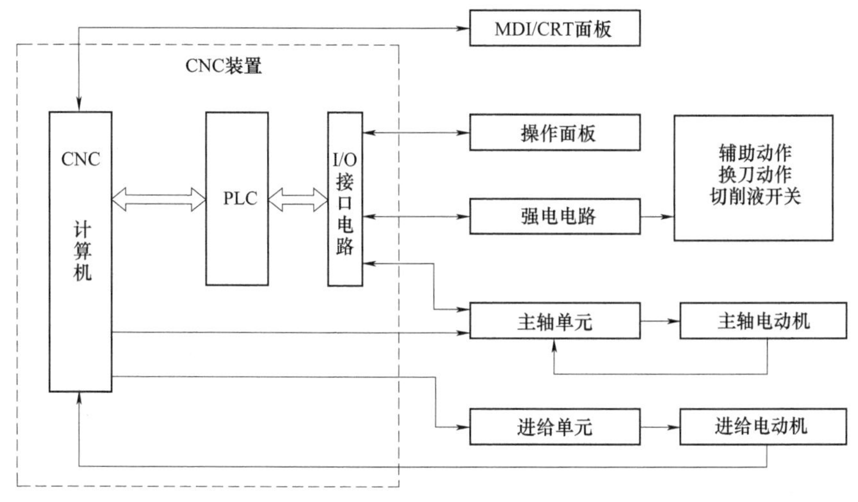

图2-21 内装型PLC

2. 独立型PLC

独立型PLC（也称通用型PLC）独立于CNC装置，具有完备的硬件和软件功能，是能够独立完成规定控制任务的装置，如图2-22所示。

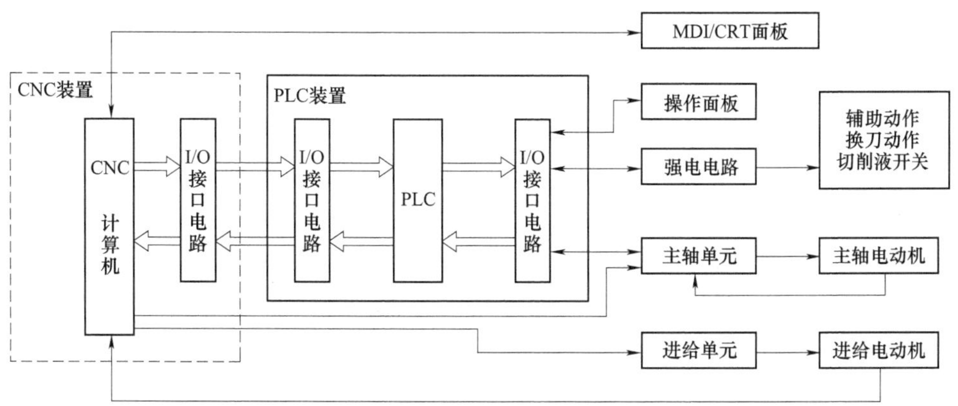

图2-22 独立型PLC

独立型 PLC 的 CNC 装置中不但要进行机床侧的 I/O 连接，而且还要进行 CNC 装置侧的 I/O 连接，CNC 装置和 PLC 均具有各自的 I/O 接口电路。独立型 PLC 一般采用模块化结构，装在插板式机箱内，I/O 点数和规模可通过 I/O 模块的增减灵活配置。

生产通用型 PLC 的厂家很多，应用较多的有 SIEMENS 公司的 SIMATIC S5、S7 系列，FANUC 公司的 PMC 系列，三菱公司的 FX 系列等。

2.4.4 数控系统中 PLC 的信息交换

数控系统中 PLC 的信息交换是指以 PLC 为中心，在 PLC、CNC 装置和 MT（机床侧）三者之间的信息交换。CNC 装置侧包括 CNC 装置的硬件和软件、与 CNC 装置连接的外部设备。MT 侧包括机床机械部分及其液压、气动、切削液、润滑、排屑等辅助装置，机床操作面板及继电器线路、机床强电线路等。PLC 处于 CNC 装置和 MT 之间，对 CNC 装置侧和 MT 侧的输入、输出信号进行处理，它们之间信息交换包括以下四个部分。

1. CNC 装置传送给 PLC

CNC 装置传送给 PLC 的信息可由 CNC 装置侧的开关量输出信号完成，也可由 CNC 装置直接送入 PLC 的寄存器中，主要包括各种功能代码 M、S、T 的信息及手动/自动方式信息等。

2. PLC 传送给 CNC 装置

PLC 传送给 CNC 装置的信息由开关量输入信号完成，所有 PLC 送至 CNC 装置的信息地址与含义由 CNC 装置生产厂家确定，PLC 编程者只可使用，不可改变和增删，主要包括 M、S、T 功能的应答信息和各坐标轴对应的机床参考点信息等。

3. PLC 传送给 MT

PLC 控制机床的信号通过 PLC 的开关量输出接口送至 MT 中，主要用来控制机床的执行元件，如电磁阀、继电器、接触器以及各种状态指示和故障报警等。

4. MT 传送给 PLC

机床侧的开关量信号可通过 PLC 的开关量输入接口送入 PLC 中，主要是机床操作面板输入信息和其上各种开关、按钮等信息，如机床的起停、主轴正反转和停止、各坐标轴点动、刀架卡盘的夹紧与松开、切削液的开与关、倍率选择及各运动部件的限位开关信号等信息。

对于不同的数控机床，上述信息交换的内容和数量都有所区别，功能强弱差别很大，不能一概而论。但其最基本的功能是 CNC 装置将所需执行的 M、S、T 功能代码送到 PLC，再由 PLC 控制完成相应的动作。

任务实践

1. 通过数控机床两类控制量的介绍引出数控机床 PLC 的配置方式及控制对象，并借助于软件模拟功能，直观展示数控机床 PLC 信号的处理过程，提升学生对 PLC 功能的理解。

2. 借助数控综合实验台，让学生实际操作 PLC，提升学生对所学内容的理解，并激发学生浓厚的学习兴趣。

3. 自动化和智能化是社会发展的趋势，自动化和智能化减轻了工人的劳动强度，结合课程内容叙述 PLC 在自动化生产中的作用。

2.5 数控插补原理

 知识导图

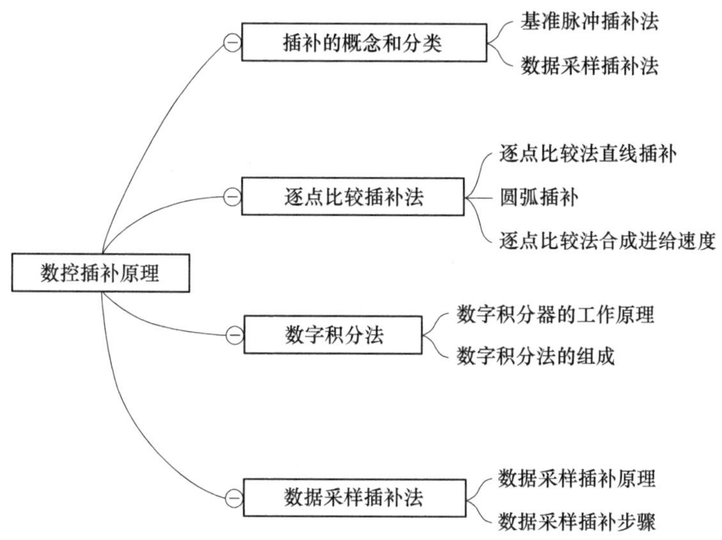

2.5.1 插补的概念和分类

在数控加工中，若已知运动轨迹的起点坐标、终点坐标和曲线方程，则数控系统会根据这些信息实时地计算出各个中间点的坐标，使切削加工运动沿着预定的轨迹移动，通常把这个过程称为“插补”。

所谓插补亦可看作是数据密化的过程。在对数控系统输入有限坐标点（起点、终点）的情况下，计算机根据线段的特征（直线、圆弧、椭圆），运用一定的算法，自动地在有限坐标点之间生成一系列坐标数据，即数据密化，从而自动地对各坐标轴进行脉冲分配，完成整个线段的轨迹运行，以满足几何尺寸的要求。在机床的实际加工中，被加工工件的轮廓形状千差万别，严格地说，为了满足几何尺寸的精度要求，刀具中心轨迹应该准确地依照工件的轮廓形状来生成。然而，对于简单的曲线，如直线和圆弧，数控装置易于实现，但对于较复杂的形状，若直接生成，势必会使算法变得很复杂，计算机的工作量也相应地大大增加。因此，在实际应用中，常常采用一小段直线或圆弧去进行逼近，有些场合也可以用抛物线、椭圆、双曲线和其他高次曲线去逼近（或称为拟合）。因此，数控机床在加工时，刀具的运动轨迹不是严格的直线或圆弧曲线，而是以折线轨迹逼近所要加工的曲线。

在早期的数控系统中，插补是由专门设计的硬件数字电路完成的。而在现代计算机数控（Computer Numerical Control，CNC）系统中，常用的插补实现方法有两种：一种由硬件和软件的结合来实现；另一种全部采用软件实现。

插补的任务就是根据进给速度的要求，完成轮廓起点和终点之间中间点的坐标值计算。对于轮廓控制系统来说，插补运算是最重要的计算任务。插补对机床控制必须是实时的。插补运算速度直接影响系统的控制速度，而插补计算精度又影响到整个 CNC 系统的精度。人们一直在努力探求计算速度快且计算精度高的插补算法。目前普遍应用的两类插补方法为基

准脉冲插补法和数据采样插补法。

1. 基准脉冲插补法

基准脉冲插补法又称行程标量插补法或脉冲增量插补法，这类插补算法是以脉冲形式输出，每进行一次插补计算，最多给每个轴一个进给脉冲，再把每次插补运算产生的指令脉冲输出到伺服系统，以驱动工作台运动。每发出一个脉冲，工作台运动一个基本长度单位，也叫脉冲当量，脉冲当量是脉冲分配的基本单位。

早期的脉冲增量式插补算法有逐点比较法、单步跟踪法、数字积分法（DDA）等。插补精度为一个脉冲当量，DDA 还伴有运算误差，20 世纪 80 年代后期，插补算法有改进逐点比较法、直线函数法、最小偏差法等，使插补精度提高到半个脉冲当量，但执行精度不理想，在插补精度和运动速度较高的 CNC 系统中应用不广泛，一般应用于一些中等精度和中等速度要求的经济型数控系统中。

2. 数据采样插补法

数据采样插补法又称时间标量插补法或数字增量插补法，这类算法插补结果输出的不是脉冲，而是二进制数。根据编程中的进给速度，把轮廓曲线按插补周期将其分割为一系列微小的直线段，然后将这些微小直线段对应的位置增量数据进行输出，以控制伺服系统实现坐标轴的进给。

数控插补最常用的方法是逐点比较插补法、数字积分法、数据采样插补法。

2.5.2 逐点比较插补法

所谓逐点比较插补法，就是机床每走到一个坐标位置，都要和给定的轨迹上的坐标值比较一次，看实际加工点在给定轨迹的什么位置，判断其偏差，然后决定下一步的走向，如果加工点走到图形外面去了，那么下一步就要向图形里面走；如果加工点在图形里面，那么下一步就要向图形外面走，以缩小偏差。逐点比较法是以阶梯折线来逼近直线和圆弧的。最大偏差不超过一个脉冲当量，因此，只要把脉冲当量控制得足够小，就能达到加工精度的要求。

逐点比较插补法

1. 逐点比较法直线插补

（1）直线插补偏差计算公式　偏差计算是逐点比较法关键的一步。下面以第一象限直线为例导出其偏差计算公式，如图 2-23 所示为动点与直线位置关系。第一象限中的直线 OE，起点 O 为坐标原点，用户编程时，给出直线的终点坐标 $E(x_e,\ y_e)$，则直线方程为

$$x_e y - y_e x = 0$$

直线 OE 为给定轨迹，$P(x,\ y)$ 为动点坐标，动点与直线的位置关系有三种情况：动点在直线上方、在直线上和在直线下方。

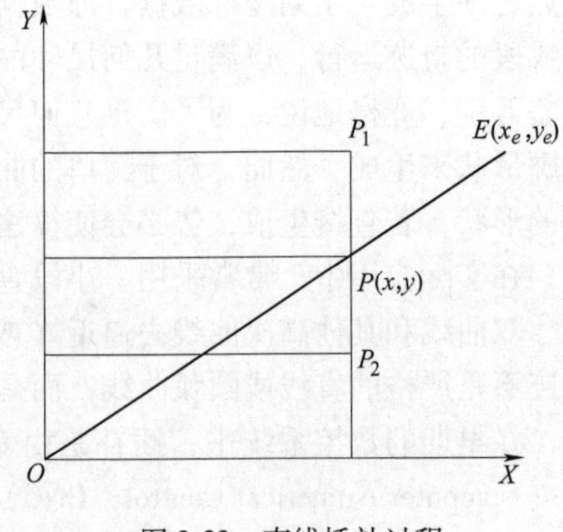

图 2-23　直线插补过程

1）若点 P_1 在直线上方，则有

$$x_e y - y_e x > 0$$

2）若点 P 在直线上，则有

$$x_e y - y_e x = 0$$

3）若点 P_2 在直线下方，则有

$$x_e y - y_e x < 0$$

因此，可以构造偏差函数为

$$F = x_e y - y_e x$$

对于第一象限直线，其偏差符号与进给方向的关系为：当 $F=0$ 时，表示动点在 OE 上，如点 P，可向+X 方向进给，也可向+Y 方向进给；当 $F>0$ 时，表示动点在 OE 上方，如点 P_1，应向+X 方向进给；当 $F<0$ 时，表示动点在 OE 下方，如点 P_2，应向+Y 方向进给。

这里规定动点在直线上时，可归入 $F>0$ 的情况一同考虑。插补工作从起点开始，走一步，算一步，判别一次，再走一步，当沿两个坐标方向走的步数分别等于 x_e 和 y_e 时，停止插补。下面将 F 的运算采用递推算法予以简化，动点 $P_i(x_i，y_i)$ 的 F_i 值为

$$F_i = x_e y_i - y_e x_i$$

若 $F_i \geqslant 0$，表明点 $P_i(x_i，y_i)$ 在 OE 直线上方或在直线上，应沿+X 方向走一步，假设坐标值的单位为一个脉冲当量，走一步后新的坐标值为（x_{i+1}，y_{i+1}），且 $x_{i+1}=x_i+1$，$y_{i+1}=y_i$，新点偏差为

$$\begin{aligned}F_{i+1} &= x_e y_{i+1} - y_e x_{i+1}\\ &= x_e y_i - y_e(x_i + 1)\\ &= x_e y_i - y_e x_i - y_e\end{aligned}$$

即
$$F_{i+1} = F_i - y_e$$

若 $F_i<0$，表明点 $P_i(x_i，y_i)$ 在 OE 的下方，应向+Y 方向进给一步，新点坐标值为（x_{i+1}，y_{i+1}），且 $x_{i+1}=x_i$，$y_{i+1}=y_i+1$，新点的偏差为

$$\begin{aligned}F_{i+1} &= x_e y_{i+1} - y_e x_{i+1}\\ &= x_e(y_i + 1) - y_e x_i\\ &= x_e y_i - y_e x_i + x_e\end{aligned}$$

即
$$F_{i+1} = F_i + x_e$$

偏差计算通常采用的是迭代法，或称递推法，即每走一步后新加工点的加工偏差值用前一点的进给偏差递推出来。

机床开始加工工件时，首先将刀具移到起点，刀具正好处于直线上，偏差为零，即 $F=0$，根据这一点偏差可求出新一点偏差，随着加工的进行，依据递推公式每走一步后新加工点的加工偏差值都可以用前一点的加工偏差值递推出来。

（2）终点判别　在插补计算、进给的同时还要进行终点判别。常用终点判别方法有两种：一种是设置一个长度计数器，从直线的起点走到终点，刀具沿 X 轴应走的步数为 x_e，沿 Y 轴走的步数为 y_e，计数器中存入 X 和 Y 两坐标进给步数总和 $\Sigma=|x_e|+|y_e|$，当 X 或 Y 坐标进给时，计数长度减一，当计数长度减到零时，即 $\Sigma=0$ 时，停止插补，到达终点；另一种是如果在两个轴上的插补数不一样多，则将插补步数较大的轴设为计数轴，步数值设为计数长度，当在计数轴上每进给一步计数长度减一，当 $\Sigma=0$ 时，停止插补，到达终点。

（3）插补计算过程　图 2-24 所示为逐点比较法直线插补流程，逐点比较法直线插补过程为每走一步要进行以下 4 个节拍：

1）偏差判别：根据偏差值确定刀具位置是在直线的上方（或线上），还是在直线的下方。

2）坐标进给：根据判别的结果，决定控制哪个坐标（x 或 y）移动一步。

3）偏差计算：计算出刀具移动后的新偏差，提供给下一步作为判别依据。根据偏差计算公式来计算新加工点的偏差，使运算大大简化。但是每一个新加工点的偏差是由前一点偏差推算出来的，并且一直递推下去，这样就要知道开始加工时那一点的偏差是多少。当开始加工时，人们是以人工方式将刀具移到加工起点的，这一点自然没有偏差，所以开始加工点的 $F=0$。

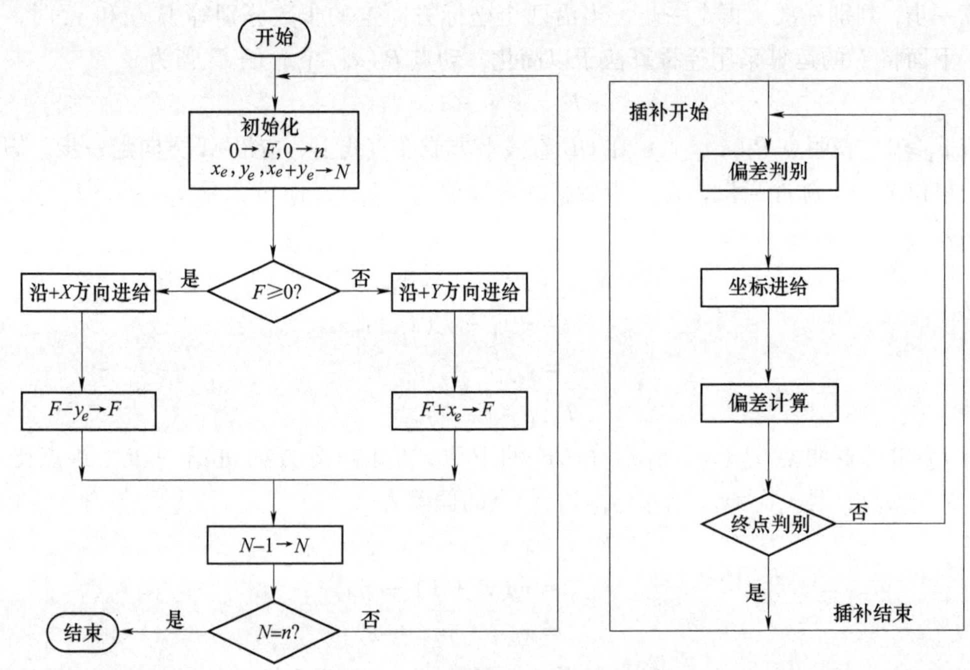

图 2-24　逐点比较法直线插补流程

4）终点判别：在计算偏差的同时，还要进行一次终点比较，以确定是否到达了终点。若已经到达，就不再进行运算，并发出停机或转换新程序段的信号。

例 2-1　加工第一象限直线 OE，如图 2-25 所示，起点为坐标原点 $O(0,\ 0)$，终点坐标为 $E(5,\ 3)$。试用逐点比较法对该段直线进行插补，并画出插补轨迹。

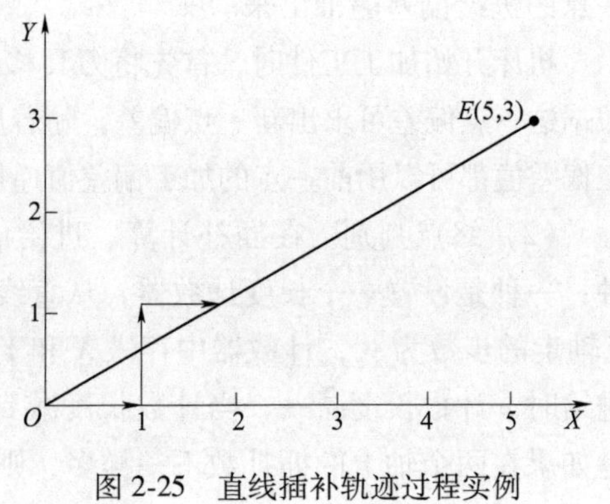

图 2-25　直线插补轨迹过程实例

初始点 $O(0,\ 0)$，终点 $E(5,\ 3)$，应用递推公式进行偏差计算。

终点判断：$\Sigma=|x_e|+|y_e|=5+3=8$，插补需要七个循环。

其直线插补计算过程见表 2-1。

表 2-1　直线插补计算过程

插补循环	偏差判别	进给方向	偏差计算	终点判别
0			$F_0=0$，$x_e=5$，$y_e=3$	$\Sigma=0$，$N=8$
1	$F_0=0$	$+X$	$F_1=F_0-y_e=0-3=-3$	$\Sigma=0+1=1<N$
2	$F_1=-3<0$	$+Y$	$F_2=F_1+x_e=-3+5=2$	$\Sigma=1+1=2<N$
3	$F_2=2>0$	$+X$	$F_3=F_2-y_e=2-3=-1$	$\Sigma=2+1=3<N$
4	$F_3=-1<0$	$+Y$	$F_4=F_3+x_e=-1+5=4$	$\Sigma=3+1=4<N$
5	$F_4=4>0$	$+X$	$F_5=F_4-y_e=4-3=1$	$\Sigma=4+1=5<N$
6	$F_5=1>0$	$+X$	$F_6=F_5-y_e=1-3=-2$	$\Sigma=5+1=6<N$
7	$F_6=-2<0$	$+Y$	$F_7=F_6+x_e=-2+5=3$	$\Sigma=6+1=7<N$
8	$F_7=3>0$	$+X$	$F_8=F_7-y_e=3-3=0$	$\Sigma=7+1=8=N$

四个象限直线的偏差符号和插补进给方向如图 2-26 所示，用 L_1、L_2、L_3、L_4 分别表示Ⅰ、Ⅱ、Ⅲ、Ⅳ象限的直线。为适用于四个象限直线插补，插补运算时用$|x|$和$|y|$代替 x 和 y，偏差符号确定可将其转化到第Ⅰ象限，动点与直线的位置关系按第Ⅰ象限判别方式进行判别。

在图 2-26 中，靠近 Y 轴区域偏差大于零。靠近 X 轴区域偏差小于零。当 $F_i\geqslant0$ 时，进给都是沿 X 轴，不管是$+X$ 方向还是$-X$ 方向，X 的绝对值增大；当 $F_i\leqslant0$ 时进给都是沿 Y 轴，不论$+Y$ 方向还是$-Y$ 方向，Y 的绝对值增大。图 2-27 所示为四个象限直线插补流程，直线插补公式及进给方向见表 2-2。

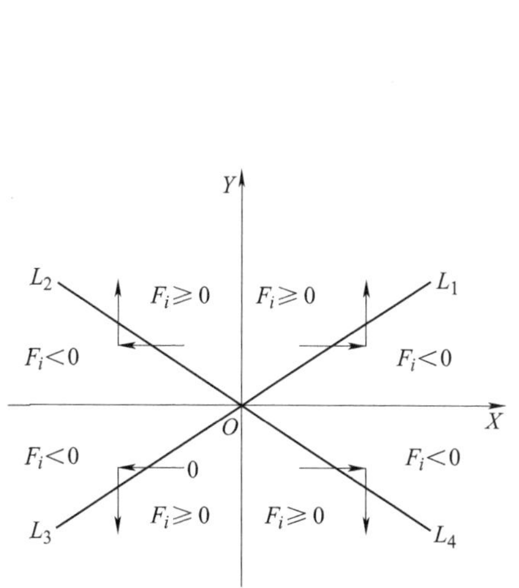

图 2-26　四个象限直线的偏差符号和插补进给方向

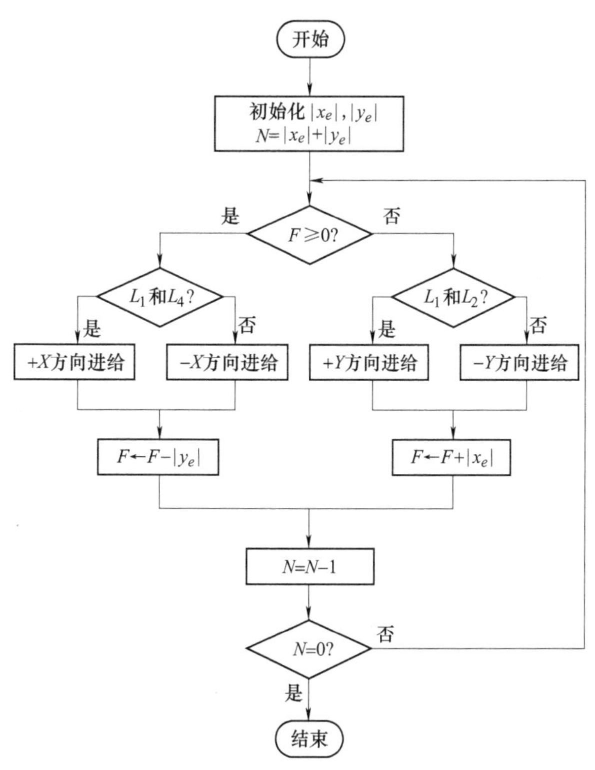

图 2-27　四个象限直线插补流程

表 2-2 直线插补公式及进给方向

$F_i \geqslant 0$			$F_i<0$		
直线线型	进给方向	偏差计算	直线线型	进给方向	偏差计算
L_1, L_4	$+X$	$F_{i+1}=F_i-\|y_e\|$	L_1, L_4	$+Y$	$F_{i+1}=F_i+\|x_e\|$
L_2, L_3	$-X$		L_2, L_3	$-Y$	

2. 圆弧插补

(1) 圆弧插补偏差计算公式　在圆弧加工过程中，可用动点到圆心的距离来描述刀具位置与被加工圆弧之间关系。图 2-28 所示为圆弧插补过程，设圆弧圆心在坐标原点，已知圆弧起点 $A(x_a, y_a)$，终点 $B(x_b, y_b)$，圆弧半径为 R，加工点可能在三种情况出现，即在圆弧上、圆弧外、圆弧内。当动点 $P_i(x_i, y_i)$ 位于圆弧上时有

$$x_i^2 + y_i^2 - R^2 = 0$$

点 P 在圆弧外侧时，则 OP 大于圆弧半径 R，即

$$x_i^2 + y_i^2 - R^2 > 0$$

点 P 在圆弧内侧时，则 OP 小于圆弧半径 R，即

$$x_i^2 + y_i^2 - R^2 < 0$$

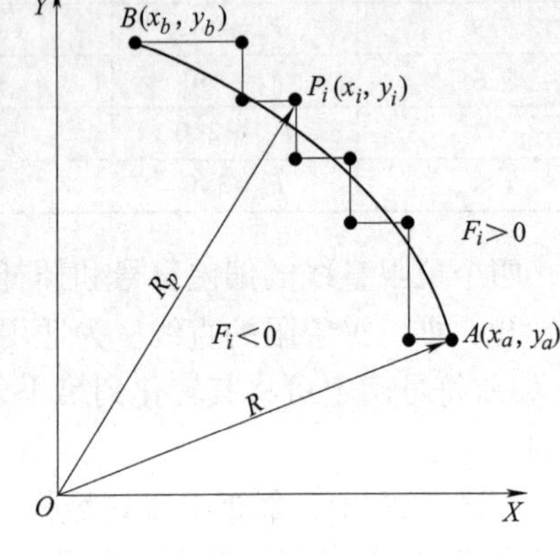

图 2-28 圆弧插补过程

用 F_i 表示点 P 的偏差值，定义圆弧偏差函数判别式为

$$F_i = x_i^2 + y_i^2 - R^2$$

当动点落在圆弧上时，一般约定将其和 $F_i>0$ 一并考虑。

图 2-29a 中 AB 为第一象限顺圆弧 SR_1，若 $F_i \geqslant 0$ 时，动点在圆弧上或圆弧外，向 $-Y$ 方向进给，计算出新点的偏差；若 $F_i<0$，表明动点在圆内，向 $+X$ 方向进给，计算出新点的偏差，如此走一步，算一步，直至终点。

图 2-29b 中 AB 为第一象限逆圆弧 NR_1，若 $F_i \geqslant 0$ 时，动点在圆弧上或圆弧外，向 $-X$ 方向进给，计算出新点的偏差；若 $F_i<0$，表明动点在圆内，向 $+Y$ 方向进给，计算出新点的偏差，如此走一步，算一步，直至终点。

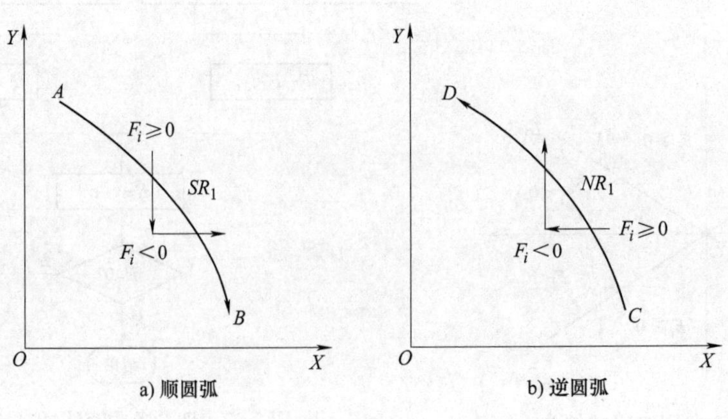

图 2-29 第一象限顺、逆圆弧

由于偏差计算公式中有二次方值计算，下面采用递推公式给予简化，对第一象限顺圆，$F_i \geqslant 0$，动点 $P_i(x_i, y_i)$ 应向 $-Y$ 方向进给，新的动点坐标为 (x_{i+1}, y_{i+1})，且 $x_{i+1}=x_i$，$y_{i+1}=y_i-1$，则新点的偏差值为

$$
\begin{aligned}
F_{i+1} &= x_{i+1}^2 + y_{i+1}^2 - R^2 \\
&= x_i^2 + (y_i - 1)^2 - R^2
\end{aligned}
$$

即

$$F_{i+1} = F_i - 2y_i + 1$$

若 $F_i<0$ 时，则沿 $+X$ 方向前进一步，到达点 (x_{i+1}, y_i)，新点的偏差值为

$$
\begin{aligned}
F_{i+1} &= x_{i+1}^2 + y_{i+1}^2 - R^2 \\
&= (x_i + 1)^2 + y_i^2
\end{aligned}
$$

即

$$F_{i+1} = F_i + 2x_i + 1$$

进给后新点的偏差计算公式除与前一点偏差值有关，还与动点的坐标有关，动点坐标值随着插补的进行是变化的，所以在圆弧插补的同时还必须修正新的动点坐标。

（2）终点判别　圆弧插补终点判别：将 X、Y 轴走的步数总和存入一个计数器，$\Sigma=|x_b-x_a|+|y_b-y_a|$，每走一步 Σ 减 1，当 $\Sigma=0$ 时发出停止信号。

（3）插补计算过程　圆弧插补过程与直线插补过程基本相同，但由于其偏差计算公式不仅与前一点偏差有关，还与前一点的坐标有关，故在偏差计算的同时要进行坐标计算，以便为下一点的偏差计算做好准备。即圆弧插补过程分为偏差判别、坐标进给、偏差计算、坐标计算及终点判别 5 个步骤。圆弧插补流程如图 2-30 所示。

例 2-2　现欲加工第一象限顺圆弧 AB，如图 2-31 所示，起点坐标为 $A(0, 4)$，终点坐标为 $B(4, 0)$，试用逐点比较法进行插补。计算过程见表 2-3。

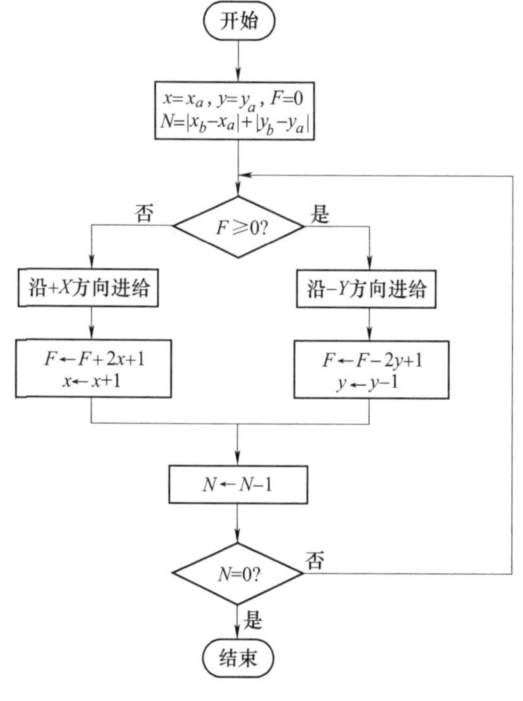

图 2-30　圆弧插补流程

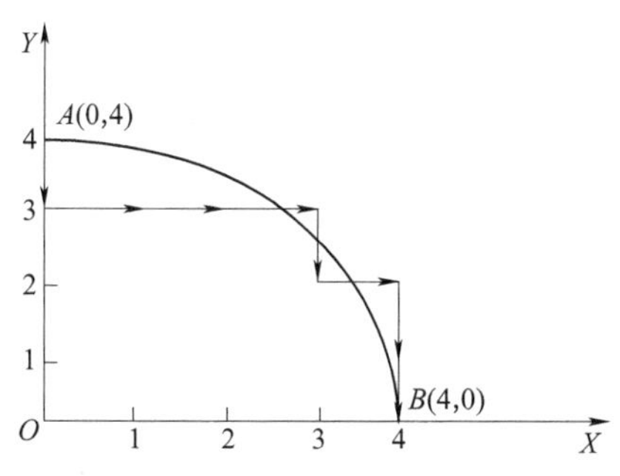

图 2-31　圆弧插补实例

表 2-3　圆弧插补计算过程

步数	偏差判别	进给方向	偏差计算	坐标计算	终点判别
0			$F_0=0$	$x_0=0$，$y_0=4$	$\Sigma=8$
1	$F_0=0$	$-Y$	$F_1=F_0-2y_0+1=-7$	$x_1=0$，$y_1=3$	$\Sigma=7$
2	$F_1<0$	$+X$	$F_2=F_1+2x_1+1=-6$	$x_2=1$，$y_2=3$	$\Sigma=6$
3	$F_2<0$	$+X$	$F_3=F_2+2x_2+1=-3$	$x_3=2$，$y_3=3$	$\Sigma=5$
4	$F_3<0$	$+X$	$F_4=F_3+2x_3+1=2$	$x_4=3$，$y_4=3$	$\Sigma=4$
5	$F_4>0$	$-Y$	$F_5=F_4-2y_4+1=-3$	$x_5=3$，$y_5=2$	$\Sigma=3$
6	$F_5<0$	$+X$	$F_6=F_5+2x_5+1=4$	$x_6=4$，$y_6=2$	$\Sigma=2$
7	$F_6>0$	$-Y$	$F_7=F_6-2y_6+1=1$	$x_7=3$，$y_7=1$	$\Sigma=1$
8	$F_7>0$	$-Y$	$F_8=F_7-2y_7+1=0$	$x_8=4$，$y_8=0$	$\Sigma=0$

（4）四个象限圆弧插补　用 SR_1、SR_2、SR_3、SR_4 分别表示第Ⅰ、Ⅱ、Ⅲ、Ⅳ象限的顺时针圆弧，用 NR_1、NR_2、NR_3、NR_4 分别表示第Ⅰ、Ⅱ、Ⅲ、Ⅳ象限逆时针圆弧，四个象限圆弧的进给方向如图 2-32 所示。

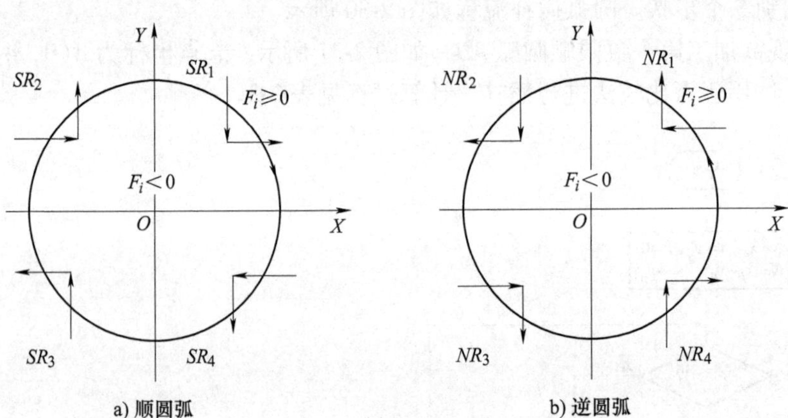

图 2-32　四个象限圆弧的进给方向

圆弧过象限，即圆弧的起点和终点不在同一象限内时，若坐标采用绝对值进行插补运算，应先进行过象限判断，当 $X=0$ 或 $Y=0$ 时过象限。如图 2-33 所示，需将圆弧 AC 分成两段圆弧 AB 和 BC，到 $X=0$ 时进行处理，对应调用顺圆弧 AB 和顺圆弧 BC 的插补程序。

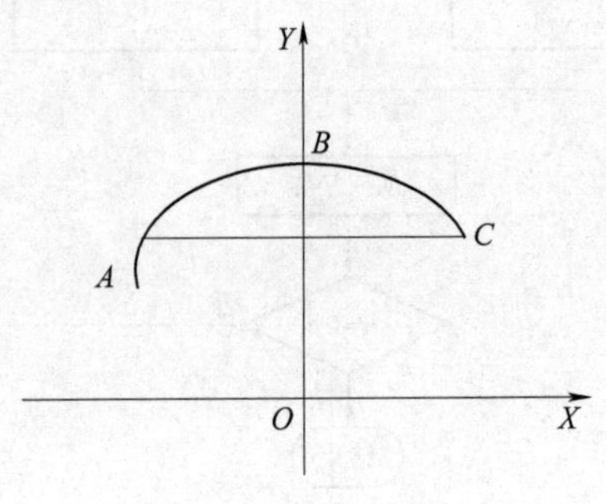

图 2-33　跨象限圆弧

用绝对值进行插补计算，四象限顺圆、逆圆的圆弧插补偏差计算公式见表 2-4，x_i、y_i 为绝对值。

表 2-4　圆弧插补偏差计算

圆弧方向	$F_i \geq 0$		$F_i<0$	
	进给方向	偏差判别	进给方向	偏差判别
SR_1 SR_3 NR_2 NR_4	$-Y$ $+Y$ $-Y$ $+Y$	$F_{i+1}=F_i-2y_i+1$ $x_{i+1}=x_i$ $y_{i+1}=y-1$	$+X$ $-X$ $-X$ $+X$	$F_{i+1}=F_i+2x_i+1$ $x_{i+1}=x_i+1$ $y_{i+1}=y_i$
NR_1 NR_3 SR_2 SR_4	$-X$ $+X$ $+X$ $-X$	$F_{i+1}=F_i-2x_i+1$ $x_{i+1}=x_i-1$ $y_{i+1}=y_i$	$+Y$ $-Y$ $+Y$ $-Y$	$F_{i+1}=F_i+2y_i+1$ $x_{i+1}=x_i$ $y_{i+1}=y_i+1$

3. 逐点比较法合成进给速度

由上文可知，插补器向各个坐标分配进给脉冲，这些脉冲造成坐标的移动。因此，对于某一坐标而言，进给脉冲的频率就决定了进给速度。以 X 坐标为例，设 f_x 为以“脉冲/s”表示的脉冲频率，v_x 为以“mm/min”表示的进给速度，它们有如下的比例关系：

$$v_x = 60\delta f_x$$

式中，δ 为脉冲当量，以“mm/脉冲”表示。

各个坐标进给速度的合成线速度称为合成进给速度或插补速度。对三坐标系统来说，合成进给速度 v 为

$$v = \sqrt{v_x^2 + v_y^2 + v_z^2}$$

式中，v_x、v_y、v_z 分别为 X、Y、Z 三个方向的进给速度。

合成进给速度直接决定了加工时的表面粗糙度和精度。人们希望在插补过程中，合成进给速度恒等于指令进给速度或只在允许的范围内变化。但是实际上，合成进给速度 v 与插补计算方法、脉冲源频率及程序段的形式和尺寸都有关系。也就是说，不同的脉冲分配方式，指令进给速度 F 和合成进给速度 v 之间的换算关系各不相同。

下面来计算逐点比较法的合成进给速度。

由上文可知，逐点比较法的特点是脉冲源每产生一个脉冲，不是发向 X 轴（Δx），就是发向 Y 轴（Δy）。令 f_g 为脉冲源频率，单位为“脉冲/s”，则有

$$f_g = f_x + f_y$$

从而 X 和 Y 方向的进给速度 v_x 和 v_y（单位为 mm/min）分别为

$$v_x = 60\delta f_x,\quad v_y = 60\delta f_y$$

合成进给速度 v 为

$$v = \sqrt{v_x^2 + v_y^2} = 60\delta\sqrt{f_x^2 + f_y^2}$$

当 $f_x=0$（或 $f_y=0$）时，也就是进给脉冲按平行于坐标轴的方向分配时有最大速度，这个速度由脉冲源频率决定，所以称其为脉冲源速度 v_g（实质是指循环节拍的频率，单位为 mm/min）。其计算公式为

$$v_g = 60\delta f_g$$

合成进给速度 v 与 v_g 之比为

$$\frac{v}{v_g} = \frac{\sqrt{f_x^2 + f_y^2}}{f_g} = \frac{\sqrt{x^2 + y^2}}{x + y}$$

其插补速度 v 的变化范围为 $(0.707\sim1)v_g$，最大速度与最小速度之比为

$$K_v=\frac{v_{max}}{v_{min}}=1.414$$

这样的速度变化范围，对一般机床来说已可满足要求，所以逐点比较法的进给速度是较平稳的。

2.5.3 数字积分法

数字积分法又称数字微分分析法（Digital Differential Analyzer，DDA），是在数字积分器的基础上建立起来的一种插补算法。数字积分法的优点是，易于实现多坐标联动，较容易地实现二次曲线、高次曲线的插补，并具有运算速度快、应用广泛等特点。

1. 数字积分器的工作原理

如图 2-34 所示，设有一函数 $y=f(t)$，求此函数在 $[t_0, t_n]$ 区间的积分，就是求出此函数曲线与横坐标 t 在区间 $[t_0, t_n]$ 所围成的面积。如果将横坐标区间段划分为间隔为 Δt 的很多小区间，当 Δt 取足够小时，此面积可近似地视为曲线下许多小矩形面积之和。

如图 2-34 所示，求函数 $y=f(t)$ 在区间 $[t_0, t_n]$ 的定积分，就是求函数在该区间内与 t 轴所包围的面积，即

$$S=\sum_{i=1}^{n} y_i\Delta t$$

若将积分区间 $[t_0, t_n]$ 等分成很多小区间 Δt（其中 $\Delta t=t_{i+1}-t_i$），则面积 S 可近似看成为很多小长方形面积之和，即

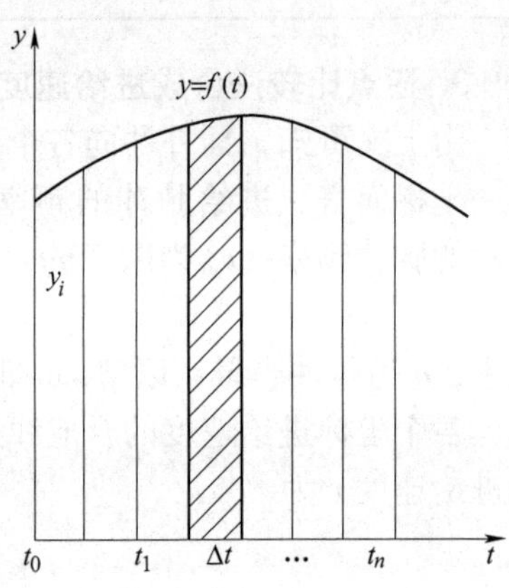

图 2-34 函数 $y=f(t)$ 的积分

$$S=\sum_{i=1}^{n} y_i\Delta t$$

若将 Δt 取为一个最小单位时间（即一个脉冲周期时间），即 $\Delta t=1$，则

$$S=\sum_{i=1}^{n} y_i$$

因此函数的积分运算变成了函数值的累加运算，当 Δt 足够小时，则累加求和运算代替积分运算所引入的误差可以不超过所允许的误差。

2. 数字积分法的组成

数字积分器通常由函数寄存器 J_V、累加器 J_R、计数器 J_E 和与门等组成。其工作过程为：每隔 Δt 时间发一个脉冲，与门打开一次，将函数寄存器中的函数值送累加器里累加一次，令累加器的容量为一个单位面积，当累加和超过累加器的容量一个单位面积时，便发出溢出脉冲，这样累加过程中产生的溢出脉冲总数就等于所求的总面积，也就是所求的积分值。数字积分器结构框图如图 2-35 所示。

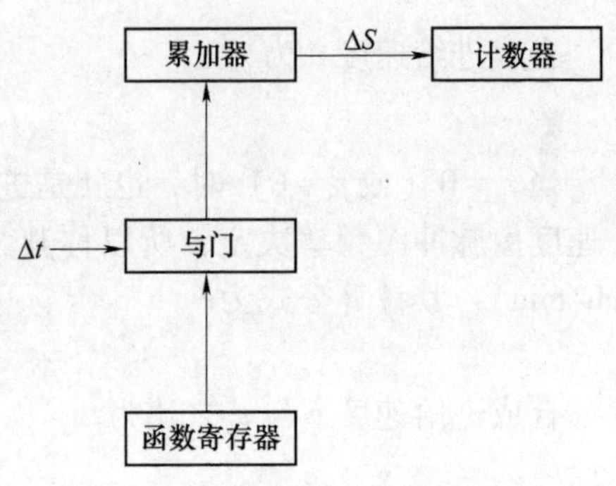

图 2-35 数字积分器结构框图

2.5.4 数据采样插补法

1. 数据采样插补原理

前文介绍的逐点比较插补法和数字积分法，都有一个共同的特点，就是插补计算的结果是以一个一个脉冲的方式输出给伺服系统的，这种方法既可用于 CNC 系统，又常见于 NC 系统，尤其适于以步进电动机为伺服元件的数控系统。

在 CNC 系统中较广泛采用的另一种插补计算方法即数据采样插补法，或称为时间分割法。它尤其适合于闭环和半闭环以直流或交流电动机为执行机构的位置采样控制系统。这种方法是把加工一段直线或圆弧的整段时间细分为许多相等的时间间隔，称为单位时间间隔（或插补周期）。每经过一个单位时间间隔就进行一次插补计算，算出在这一时间间隔内各坐标轴的进给量（二进制数），边计算，边加工，直至加工终点。

2. 数据采样插补步骤

数据采样插补是分两步完成的，即粗插补和精插补。第一步为粗插补，它是在给定起点和终点的曲线之间插入若干个点，即用若干条微小直线段来逼近给定曲线，粗插补在每个插补计算周期中计算一次。第二步为精插补，它是在粗插补计算出的每一条微小直线段上再做“数据点的密化”工作，这一步相当于对直线的脉冲增量插补。

任务实践

1. 根据数控系统的一般工作过程及数控系统的核心技术引申到插补技术，并借助于插补算法软件，让学生直观感受到不同插补算法的特点，加深对所学内容的理解，并提高学生学习的兴趣。

2. 给出实例，让学生采用常用的逐点比较插补算法进行实际的插补计算，并借助于实训车间进行零件加工，提升学生的综合能力。

3. 插补可看作是数据密化的过程，也可以看作是把一件事情做好做细的过程，请结合本节内容谈谈插补的含义。

学习情境小结

本学习情境介绍了 CNC 的一些基本概念。由于 CNC 是在普通 NC 的基础上发展起来的，因此，在实施对机床的数字控制方面有一些共同之处，如输入格式、插补方式、译码处理等过程，在插补运算方面可以采取一些复杂的高精度算法，还可以采用数据采样方法计算位置增量，而并不直接计算输出脉冲；由于 CNC 具有存储系统，CNC 系统还能预先根据两相邻程序段数据进行刀补计算及插补预处理等工作；在伺服控制方面又多采用实时性的中断处理等。

CNC 系统的硬件结构从使用的微机及结构来分，有单微处理器和多微处理器结构。为了实现机床的控制任务，还必须设置一些输入、输出装置，这些装置通常称为外部设备，它们通过相应的接口与数控机床连接，实施信息交换与控制。

为了完成控制机床的任务，CNC 系统都有一套专用软件，这就是系统软件，它一般包括输入数据处理、插补计算、位置控制、速度控制、管理和诊断等软件。输入数据处理软件包括对程序段的输入、存储、译码、修改、编辑以及预计算（如刀补计算）等内容。插补计算是 CNC 系统中实时性很强的一项任务，CNC 系统可以采用逐点比较法、DDA 等基准脉冲插补法，还常采用数据采样插补法。即在每个采样周期内计算出下个周期中机床工作台应到达的位置值，将此位置坐标输出给伺服系统，然后伺服系统根据具体情况做具体的处理（如步进系统时再算出插补脉冲；闭环系统时求出跟随误差）以带动机床操作。管理软件和诊断程序的设置使 CNC 系统的性能更可靠，工作更稳定，提高了使用效率。常见的系统软件结构有前后台型和中断型两种。

PLC 是数控机床的重要控制部分。在本学习情境主要介绍了 PLC 的结构、分类、特点及工作方式，详细描述了“循环扫描”工作过程。

本学习情境着重介绍了逐点比较法、数字积分法以及数据采样法等多种插补方法。插补方法有多种方式进行分类。以插补输出的信号形式，可以将插补分为基准脉冲插补法和数据采样插补法两类。本学习情境介绍的数字积分法（DDA）、逐点比较法均属于基准脉冲插补法，其特点是以脉冲方式产生输出。数据采样插补法又称时间分割法，其特点是计算出轮廓线段在每一插补周期内的进给量，边计算边控制加工。

思考与练习

1. CNC 系统有哪些功能？能完成哪些工作？
2. 单微处理器结构和多微处理器结构各有哪些特点？
3. CNC 系统软件一般包括哪几部分？
4. CNC 系统软件处理中的两个突出特征是什么？
5. CNC 装置的主要功能有哪些？
6. 利用逐点比较法插补直线 OE，起点 $O(0, 0)$，终点 $E(12, 15)$，试写出插补过程并绘出轨迹。
7. 利用逐点比较法插补圆弧 PQ，起点 $P(8, 0)$，终点 $Q(0, 8)$，半径为 R8mm，试写出插补过程并绘出轨迹。
8. PLC 采取什么样的工作方式？
9. 数据采样插补和基准脉冲插补的区别是什么？

学习情境 3　数控机床的伺服系统

情境导入

数控机床的伺服系统主要用于实现数控机床的进给伺服控制和主轴伺服控制。数控伺服系统的作用是接收来自数控装置的指令信息，经功率放大、整形处理后，转换成机床执行部件的直线位移或角位移运动。由于数控伺服系统是数控机床的最后环节，其性能直接影响数控机床的精度和速度等技术指标。

20 世纪 50 年代出现数控机床以来，作为数控机床重要组成部分的伺服系统，随着新材料、电子电力、控制理论等相关技术的发展，经历了从步进伺服系统到直流伺服系统再到今天的交流伺服系统的过程。在交流伺服研究领域，日本、美国和欧洲的研究一直走在世界前列。日本的安川公司在 20 世纪 80 年代中期成功研制出世界上第一台交流伺服驱动器。随后 FANUC、三菱、松下等公司也先后推出各自的交流伺服系统。国内基于异步电动机交流伺服系统的研究较晚。我国广州数控公司率先生产出 DA98 全数字式交流伺服驱动装置，为我国的高精度数控伺服驱动行业打开了局面，打破了外国公司垄断的格局，开创了民族品牌新纪元。图 3-1 所示为数控机床的伺服系统。

图 3-1　数控机床的伺服系统

情境解析

从上述情境导入中可知，各国对于数控机床伺服系统的研究从未止步，甚至竞争愈演愈烈。究其原因正是由于数控机床的精度和速度等技术指标往往主要取决于伺服系统。

伺服系统是以驱动装置——电动机为控制对象，以控制器为核心，以电力电子功率变换装置为执行机构，在自动控制理论的指导下组成的电气传动自动控制系统，它包括伺服驱动器和伺服电动机。数控机床伺服系统的作用在于接收来自数控装置的指令信号，驱动机床移动部件跟随指令脉冲运动，并保证动作的快速和准确，这就要求高质量的速度和位置伺服。因此，保证伺服系统的性能对于提升数控机床的精度具有重要意义。

学习目标

序号	学习内容	知识目标	技能目标	创新目标
1	伺服系统概述	√		
2	伺服电动机	√		√
3	位置检测装置	√	√	√

学习流程

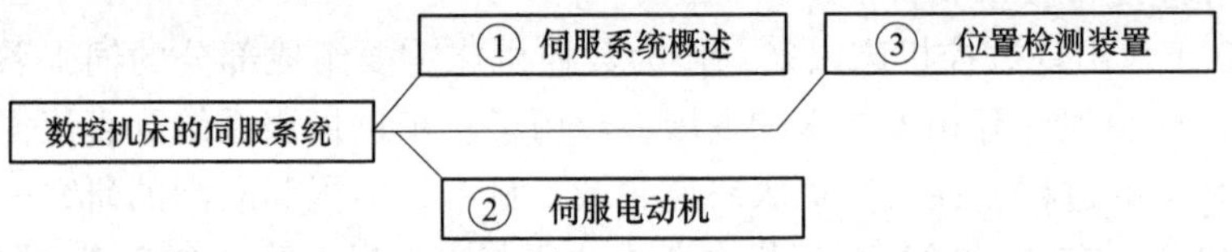

3.1 伺服系统概述

知识导图

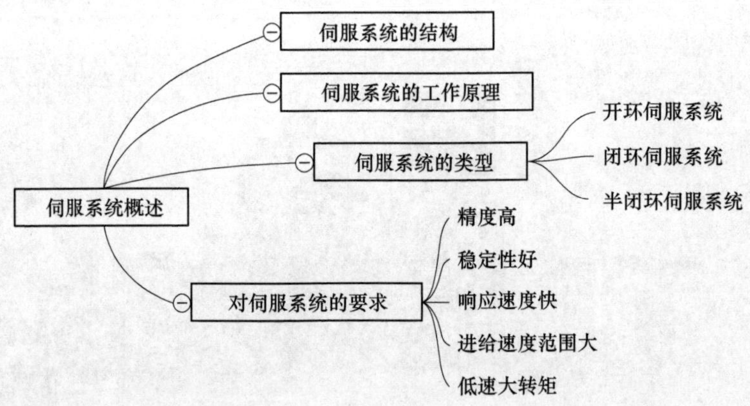

3.1.1 伺服系统的结构

从基本结构来看，伺服系统主要由控制器、功率驱动装置、测量与反馈装置和电动机组成，如图 3-2 所示。控制器按照数控系统的给定值和通过反馈装置检测的实际运行值的差，调节控制量。功率驱动装置作为系统的主回路，一方面按控制量的大小将电网中的电能作用到电动机之上，调节电动机转矩的大小；另一方面按电动机的要求把恒压恒频的电网供电转换为电动机所需的交流电或直流电。电动机则按供电大小拖动机械运转。

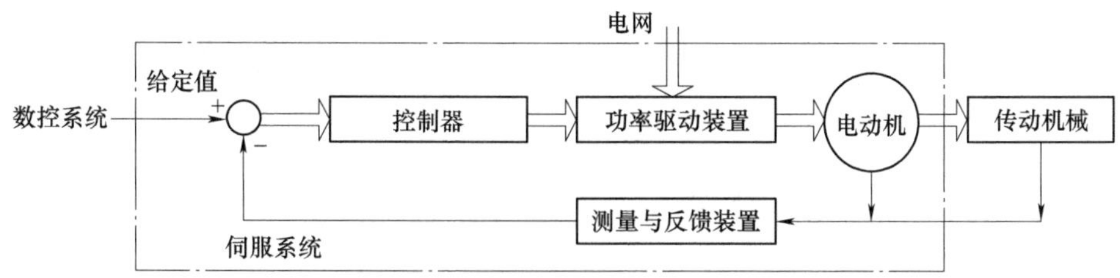

图 3-2　伺服系统的基本结构

3.1.2　伺服系统的工作原理

伺服系统是以机械运动为驱动设备，以电动机为控制对象，以控制器为核心，以电力电子功率变换装置为执行机构，在自动控制理论的指导下组成的电气传动自动控制系统。这类系统控制电动机的转矩、转速和转角，将电能转换为机械能，实现驱动机械运动的要求。具体在数控机床中，伺服系统接收数控系统发出的位移、速度指令，经变换、调整与放大后，由电动机和机械传动机构驱动机床坐标轴、主轴等，带动工作台及刀架，通过轴的联动使刀具相对工件产生各种复杂的机械运动，从而加工出用户所要求的复杂形状的工件。

3.1.3　伺服系统的类型

伺服系统的主要组成部分多种多样，其中任何部分的变化都可构成不同种类的伺服系统。例如可根据电动机的类型，将其分为直流伺服系统和交流伺服系统；根据控制器实现方法的不同，可将其分为模拟伺服系统和数字伺服系统；根据执行机构的控制方式，可将其分为开环伺服控制系统、闭环伺服控制系统和半闭环伺服控制系统。

1. 开环伺服系统

开环伺服系统即为无位置反馈系统，如图 3-3 所示。其驱动元件主要为步进电动机，功能是每接收一个指令脉冲，步进电动机就旋转一定角度，步进电动机的旋转速度取决于指令脉冲的频率，转角的大小则取决于脉冲数目。由于系统中没有位置检测装置和反馈电路，工作台是否移动到位，取决于步进电动机的步角距、齿轮传动间隙、丝杠螺母副精度等。因此，开环伺服系统的精度低，但由于其结构简单，易于调整，主要用于轻载且负载变化不大的机床或经济型的数控机床。

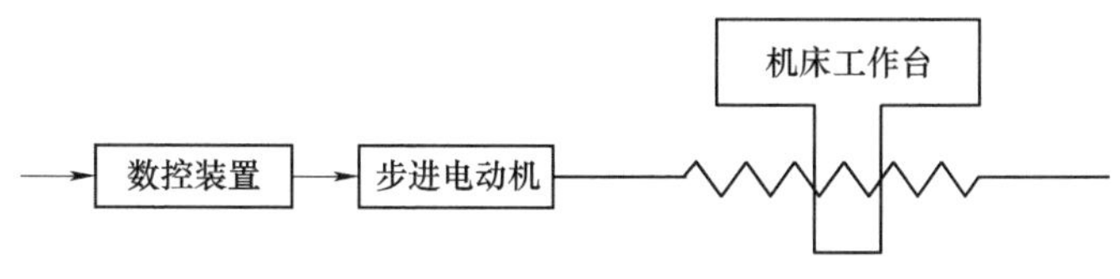

图 3-3　开环伺服系统

2. 闭环伺服系统

闭环伺服系统是误差随动控制系统，如图 3-4 所示。它由伺服电动机、位置反馈单元、驱动线路、比较环节等部分组成。检测反馈单元安装在机床工作台上，直接将测量的工作台位移量转换为电信号，反馈给比较环节，使之与指令信号比较，并将其差值经伺服控制系统放大。此时，控制伺服电动机带动工作台移动，直至两者差值为零为止。

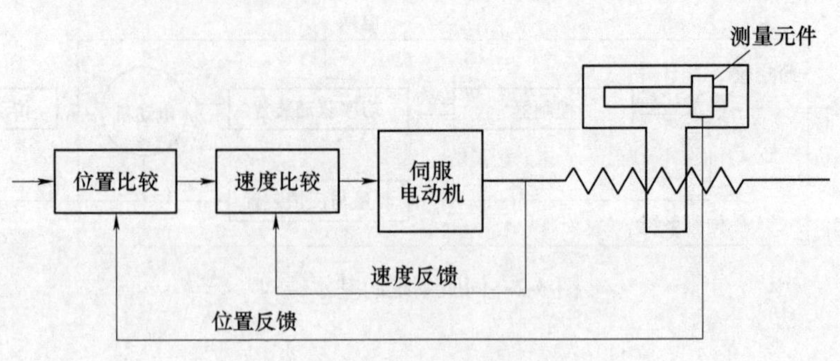

图 3-4　闭环伺服系统

由于闭环伺服系统是反馈控制，反馈测量装置的精度很高，所以系统传动链的误差、环内各元件的误差以及运动中造成的误差都可以得到补偿，从而大大提高了跟随精度和定位精度。系统精度只取决于测量装置的制造精度和安装精度。

然而由于各个环节都包含在反馈回路内，所以机械传动系统的刚度、间隙、制造误差和摩擦阻尼等非线性因素都直接影响系统的调节参数。由此可见，闭环伺服系统的结构复杂，其调试、维护都有较高的技术难度，价格也较昂贵，常用于精密机床。

3. 半闭环伺服系统

半闭环伺服系统的位置检测元件不直接安装在进给坐标的最终运动部件上，而是需要经过机械传动部件的位置转换（称为间接测量），如图 3-5 所示。与闭环伺服系统的区别在于，半闭环伺服系统的反馈环节不在机床工作台上，而安装在中间某一部位（如电动机轴上）。由于这种系统抛开了机械传动系统的刚度、间隙、制造误差和摩擦阻尼等非线性因素，所以这种系统调试比较容易，稳定性好。由于这种系统不反映反馈回路之外的误差，所以这种伺服系统的精度低于闭环系统；但由于其采用了高分辨力的检测元件，也可以获得比较满意的精度。

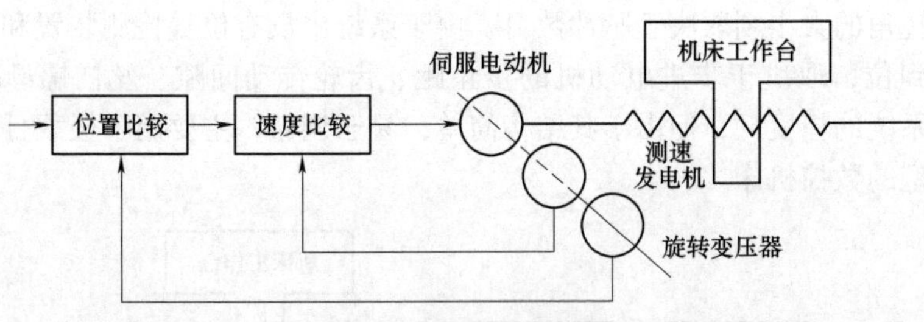

图 3-5　半闭环伺服系统

半闭环伺服系统和闭环伺服系统的控制结构是一样的，不同点只是闭环伺服系统内包括较多的传动部件，各种传动误差均可补偿，理论上精度可以达到很高，但由于受机械变形、温度变化、振动以及其他因素的影响，系统的稳定性难以调整。此外，机床运行一段时间后，由于机械传动部件的磨损变形及其他因素的改变，容易使系统稳定性改变，精度发生变化。因此目前使用半闭环伺服系统较多，只在具备传动部件精度高、性能稳定、使用过程温差变化不大的高精度数控机床上才使用全闭环伺服系统。

3.1.4　对伺服系统的要求

1. 精度高

伺服系统的精度是指输出量能重复输入量的精确程度。不同类型的伺服系统有不同的精度要求。

2. 稳定性好

稳定性是指系统在给定输入或外界干扰的作用下，能较快地调节达到新的或恢复原来的平衡状态的性能。对伺服系统要求有较强的抗干扰能力，可保证进给速度均匀、平稳。稳定性直接影响数控加工的精度和表面粗糙度。

3. 响应速度快

快速响应是衡量伺服系统动态品质的重要指标。它反映系统的跟踪精度。为了保证轮廓切削的形状精度和小的表面粗糙度值，要求其响应速度快。

4. 进给速度范围大

伺服系统不仅要满足低速切削进给要求，同时还要满足高速切削进给要求。

5. 低速大转矩

数控机床加工的特点是低速时进行重切削。因此，要求伺服系统在低速时有大的转矩输出。

任务实践

1. 借助实训车间的数控机床，让学生观察伺服系统的组成部分，继而理解开环伺服系统、闭环伺服系统以及半闭环伺服系统的区别。

2. 采用实训车间的数控机床进行零件加工，让学生观察加工过程，并进行零件尺寸测量，继而理解数控伺服系统在精度、稳定性、响应速度、进给速度范围等方面的要求。

3.2　伺服电动机

知识导图

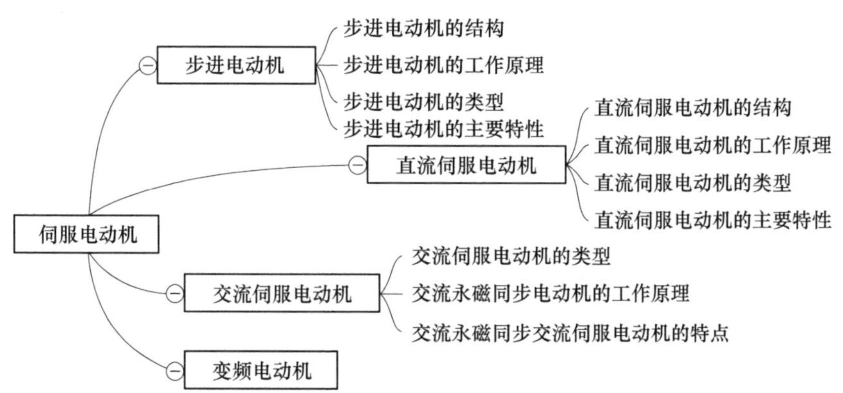

3.2.1 步进电动机

步进电动机是一种将电脉冲转化为角位移的执行机构。通俗地讲，当步进驱动器接收到一个脉冲信号，它就驱动步进电动机按设定的方向转动一个固定的角度（即步进角）。可以通过控制脉冲个数来控制角位移量，从而达到准确定位的目的；也可以通过控制脉冲频率来控制电动机转动的速度和加速度，从而达到调速的目的。

在非超载的情况下，电动机的转速、停止的位置只取决于脉冲信号的频率和脉冲数，而不受负载变化的影响，即给电动机加一个脉冲信号，电动机则转过一个步距角。这一线性关系的存在，加上步进电动机只有周期性的误差而无累积误差等特点，使得在速度、位置等控制领域用步进电动机来控制变得非常简单。从原理上讲，步进电动机是一种低速同步电动机。

1. 步进电动机的结构

目前，我国使用的步进电动机多为反应式步进电动机。在反应式步进电动机中，有轴向分相和径向分相两种。

图 3-6 所示为典型的单定子、径向分相、反应式伺服步进电动机的结构原理。它与普通电动机一样，分为定子和转子两部分，其中定子又分为定子铁心和定子绕组。定子铁心由电工硅钢片叠压而成，其形状如图 3-6 中所示。定子绕组是绕置在定子铁心 6 个均匀分布的齿上的线圈，在直径方向上相对的两个齿上的线圈串联在一起，构成一相控制绕组。图 3-6 所示的步进电动机可构成三相控制绕组，故也称三相步进电动机。若任一相绕组通电，便形成一组定子磁极，其方向即图中所示的 NS 极。在定子的每个磁极上，即定子铁心上的每个齿上又开了 5 个小齿，齿槽等宽，齿间夹角为 9°，转子上没有绕组，只有均匀分布的 40 个小齿，齿槽也是等宽的，齿间夹角也是 9°，与磁极上的小齿一致。此外，三相定子磁极上的小齿在空间位置上依次错开 1/3 齿距，如图 3-7 所示。当 A 相磁极上的小齿与转子上的小齿对齐时，B 相磁极上的齿刚好超前（或滞后）转子齿 1/3 齿距角，C 相磁极齿超前（或滞后）转子齿 2/3 齿距角。

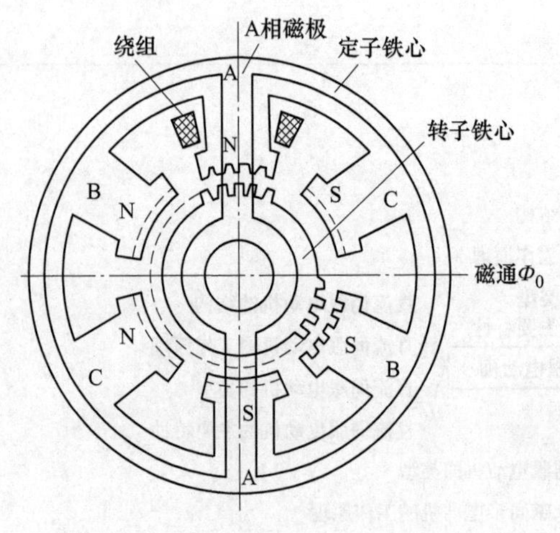

图 3-6 单定子、径向分相、反应式伺服步进电动机的结构原理

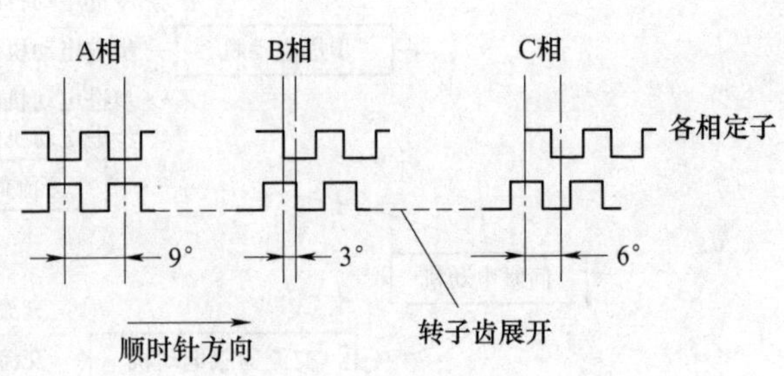

图 3-7 步进电动机的齿距

2. 步进电动机的工作原理

图 3-8 所示为最简单的反应式步进电动机的工作原理，下面以它为例来说明。

图 3-8a 中，当 A 相绕组通以直流电流时，根据电磁学原理，便会在 AA 方向上产生一磁场，在磁场电磁力的作用下，吸引转子，使转子的齿与定子 AA 磁极上的齿对齐。若 A 相绕组断电，B 相绕组通电，这时新磁场的电磁力又吸引转子的两极与 BB 磁极上的齿对齐，使转子沿顺时针转过 60°。通常，步进电动机绕组的通断电状态每改变一次，其转子转过的角度 α 称为步距角。因此，图 3-8a 所示步进电动机的步距角 α 等于 60°。如果控制线路不停地按 A→B→C→A⋯的顺序控制步进电动机绕组的通电，步进电动机的转子便不停地顺时针转动。若通电顺序改为 A→C→B→A⋯，同理，步进电动机的转子将逆时针不停地转动。

上面所述的这种通电方式称为三相三拍。还有一种三相六拍的通电方式，它的通电顺序是：顺时针为 A → AB → B → BC → C → CA → A ⋯ ；逆时针为 A → AC → C→ CB → B→ BA→A⋯。

若以三相六拍通电方式工作，当 A 相通电转为 A 相绕组和 B 相绕组同时通电时，转子的磁极将同时受到 A 相绕组产生的磁场和 B 相绕组产生的磁场的共同吸引，转子的磁极只好停在 A 和 B 两相磁极之间，这时它的步距角 α 等于 30°。当由 A 和 B 两相绕组同时通电转为 B 相绕组通电时，转子磁极再沿顺时针旋转 30°，与 B 相磁极对齐，其余依此类推。采用三相六拍通电方式，可使步距角 α 缩小一半。

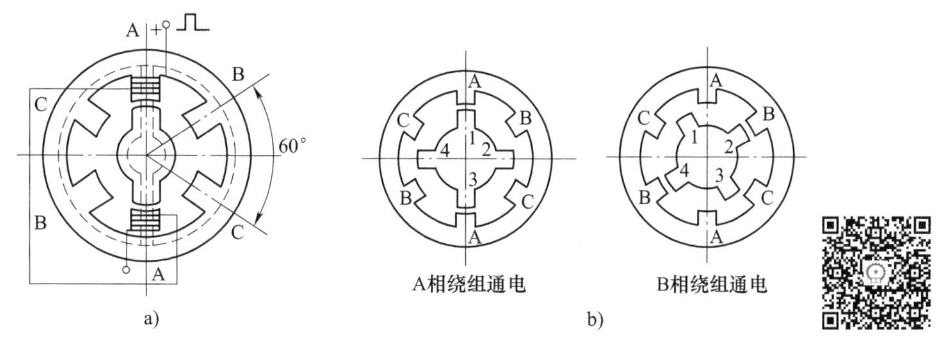

图 3-8　步进电动机的工作原理

图 3-8b 中的步进电动机，定子仍是 A、B、C 三相，每相两极，但转子不是两个磁极而是四个。当 A 相绕组通电时，是 1 极和 3 极与 A 相两极绕组对齐。很明显，当 A 相绕组断电、B 相绕组通电时，2 极和 4 极将与 B 相两极绕组对齐。这样，在三相三拍的通电方式中，步距角 α 等于 30°，在三相六拍通电方式中，步距角 α 则为 15°。

综上所述，可以得到如下结论：

1）步进电动机定子绕组的通电状态每改变一次，它的转子便转过一个确定的角度，即步进电动机的步距角 α。

2）改变步进电动机定子绕组的通电顺序，转子的旋转方向随之改变。

3）步进电动机定子绕组通电状态的改变速度越快，其转子旋转的速度越快，即通电状态的变化频率越高，转子的转速越高。

4）步进电动机步距角 α 与定子绕组的相数 m、转子的齿数 z、通电方式 k 有关，可表示为

$$\alpha = \frac{360°}{mzk} \tag{3-1}$$

式中，m 相 m 拍时，$k=1$；m 相 $2m$ 拍时，$k=2$；依此类推。

对于图 3-6 所示的单定子、径向分相、反应式伺服步进电动机，当它以三相三拍通电方式工作时，其步距角为

$$\alpha = \frac{360°}{mzk} = \frac{360°}{3 \times 40 \times 1} = 3°$$

若按三相六拍通电方式工作，则步距角为

$$\alpha = \frac{360°}{mzk} = \frac{360°}{3 \times 40 \times 2} = 1.5°$$

3. 步进电动机的类型

步进电动机的分类方式很多，常见的分类方式有按力矩产生的原理、按输出力矩的大小、按定子数以及按各相绕组分布进行分类等。根据不同的分类方式，可将步进电动机分为多种类型，见表 3-1。

表 3-1　步进电动机的分类

分类方式	具 体 类 型
按力矩产生的原理	反应式：转子无绕组，由被励磁的定子绕组产生反应力矩实现步进运行 永磁式：定子、转子均有励磁绕组（或转子用永久磁钢），由电磁力矩实现步进运行
按输出力矩大小	伺服式：输出力矩在百分之几至十分之几牛米，只能驱动较小的负载，要与液压扭矩放大器配合使用，才能驱动机床工作台等较大的负载 功率式：输出力矩在 5N · m 以上，可以直接驱动机床工作台等较大的负载
按定子数	单定子式；双定子式；三定子式；多定子式
按各相绕组分布	径向分布式：电动机各相按圆周依次排列 轴向分布式：电动机各相按轴向依次排列

通常步进电动机在使用过程中可分为以下三种。

（1）永磁式步进电动机　永磁式步进电动机是一种由永磁体建立励磁磁场的步进电动机，也称为永磁转子型步进电动机，有单定子结构和双定子结构两种类型。其缺点是步距角大，起动频率低；优点是控制功率小，在断电情况下有定位转矩。这种步进电动机从理论上讲可以制成多相，而实际上多为一相或两相，也有制成三相的。

（2）反应式步进电动机　反应式步进电动机是一种定子、转子磁场均由软磁材料制成，只有控制绕组，基于磁导的变化产生反应转矩的步进电动机，因此有的国家又称为变磁阻步进电动机。它的结构按绕组的排序可分为径向分相和轴向分相两种。轴向分相又分为两种类型：磁通路径为径向（和径向分相结构的磁路相通）和磁通路径为轴向。按铁心分段不同，则有单段式和多段式之分。

反应式步进电动机的步距角与转子的齿数和相数成反比，因此，根据所要求的步距角的大小，反应式步进电动机有两相、三相、四相、五相、六相乃至更多相。由于这种电动机结构简单且经久耐用，目前应用最为普遍。

（3）永磁感应电子式步进电动机　永磁感应电子式步进电动机定子结构与反应式步进电动机相同，而转子由环形磁钢和两段铁心组成。这种步进电动机与反应式步进电动机一样，

可以使其具有小步距角和较高的起动频率，同时又有永磁式步进电动机控制功率小的优点。其缺点是由于采用的磁钢分成两段，致使制造工艺和结构比反应式步进电动机复杂。

三种常用步进电动机的性能比较见表 3-2。

表 3-2 三种常用步进电动机的性能比较

类型	步距角	起动频率	运行频率	消耗功率	定位转矩
永磁式	大	低	低	小	有
反应式	小	高	高	大	无
永磁感应电子式	小	高	高	小	有

4. 步进电动机的主要特性

(1) 步距角　步进电动机的步距角是反映步进电动机定子绕组的通电状态每改变一次，转子转过的角度。它是决定步进伺服系统脉冲当量的重要参数。数控机床中常见的反应式步进电动机的步距角一般用 α 表示。步距角越小，数控机床的控制精度越高。

(2) 矩角特性、最大静态转矩 T_{jmax} 和起动转矩 T_q　矩角特性是步进电动机的一个重要特性，它是指步进电动机产生的静态转矩与失调角的变化规律。

(3) 起动频率 f_q　空载时，步进电动机由静止突然起动，并进入不失步的正常运行所允许的最高频率，称为起动频率或突跳频率。若起动时频率大于突跳频率，步进电动机就不能正常起动。空载起动时，步进电动机定子绕组通电状态变化的频率不能高于该突跳频率。

(4) 最高工作频率 f_{max}　最高工作频率是指步进电动机连续运行时，它所能接受的，即保证不失步运行的极限频率。它是决定定子绕组通电状态最高变化频率的参数，决定了步进电动机的最高转速。

(5) 加减速特性　加减速特性是描述步进电动机由静止到工作频率 f_w 和由工作频率到静止的加减速过程中，定子绕组通电状态的变化频率与时间的关系。当要求步进电动机起动到大于突跳频率的工作频率时，变化速度必须逐渐上升；同样，从最高工作频率或高于突跳频率的工作频率停止时，变化速度必须逐渐下降。逐渐上升和下降的加速时间、减速时间不能过小，否则会出现失步或超步。用加速时间常数 T_a 和减速时间常数 T_d 来描述步进电动机的加速和减速特性，如图 3-9 所示。

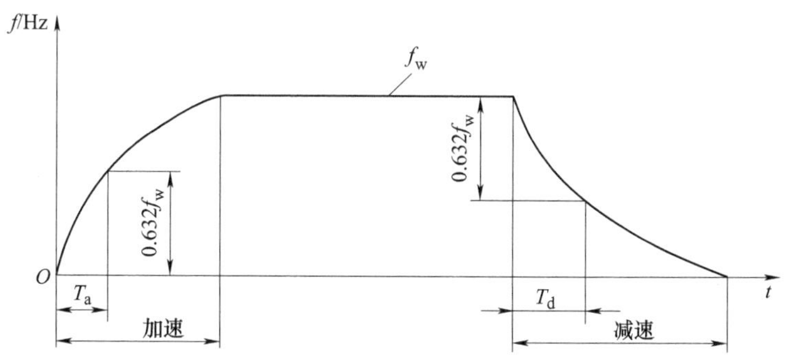

图 3-9 步进电动机的加减速特性曲线

3. 2. 2 直流伺服电动机

直流伺服电动机具有良好的起动、制动和调速特性，可以很方便地在较宽范围内实现平滑无级调速，故多采用在对伺服电动机的调速性能要求较高的生产设备中，其结构如图 3-10 所示。

1. 直流伺服电动机的结构

(1) 定子　定子磁极磁场由定子的磁极产生。根据产生磁场的方式，直流伺服电动机可分为永磁式和他励式。永磁式磁极由永磁材料制成，他励式磁极由冲压硅钢片叠压而成，外绕线圈通以直流电流便产生恒定磁场。

(2) 转子　转子又称为电枢，由硅钢片叠压而成，表面嵌有线圈，通以直流电流时，在定子磁场作用下产生带动负载旋转的电磁转矩。

(3) 电刷与换向器　为使所产生的电磁转矩保持恒定方向，转子能沿固定方向均匀地连续旋转，电刷与外加直流电源相接，换向器与电枢导体相接。

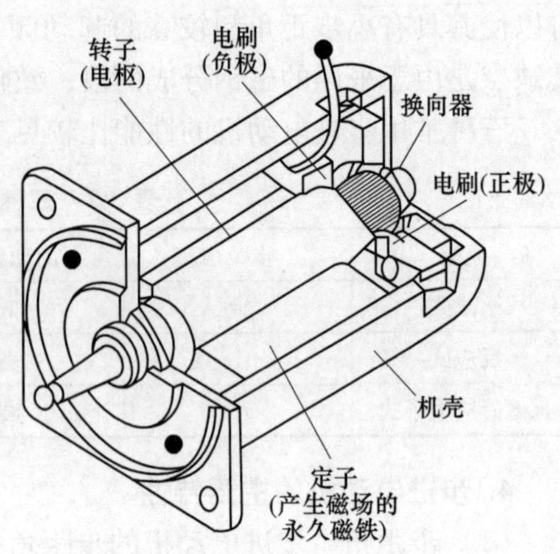

图 3-10　直流伺服电动机的结构

2. 直流伺服电动机的工作原理

直流伺服电动机的工作原理与一般直流电动机的工作原理是完全相同的。他励直流电动机转子上的载流导体（即电枢绕组）在定子磁场中受到电磁转矩 T 的作用，使电动机转子旋转。由直流电动机的基本原理分析得到其调速方法有以下三种。

(1) 改变电枢电压　调速范围较大，直流伺服电动机常用此方法调速。

(2) 变磁通量　改变励磁回路的电阻以改变励磁电流，可以达到改变磁通量的目的；调磁调速因其调速范围较小，常常作为调速的辅助方法，而主要的调速方法是调压调速。若采用调压与调磁两种方法互相配合，可以获得很宽的调速范围，又可充分利用电动机的容量。

(3) 在电枢回路中串联调节电阻 R　电枢回路中串联电阻的办法，只能调低转速，而且电阻上的铜耗较大，这种方法并不经济，仅用于较少的场合。

3. 直流伺服电动机的类型

在数控机床中，进给传动系统常用直流伺服电动机主要有以下几种。

(1) 低惯量直流伺服电动机　低惯量直流伺服电动机因转动惯量小而得名。这类电动机一般为水磁式，电枢绕组有无槽电枢式、印制电枢式和空心杯电枢式三种。因为小惯量直流电动机最大限度地减小了电枢的转动惯量，所以能获得最快的响应速度。在早期的数控机床上，这类伺服电动机应用得比较多。

(2) 直流力矩伺服电动机　直流力矩伺服电动机又称大惯量宽调速直流伺服电动机。一方面，由于它的转子直径较大，线圈绕组匝数增加，力矩大，转动力矩比其他类型电动机大，且能够在较大过载转矩时工作。因此可以直接与丝杠相连，不需要中间传动装置。另一方面，由于它没有励磁回路的损耗，它的外形尺寸比类似的其他直流伺服电动机小。它还有一个突出的特点，是能够在较低转速下实现平稳运行，最低转速可以达到 1r/min，甚至 0.1r/min。因此，这种伺服电动机在数控机床上得到了广泛的应用。

(3) 无刷直流伺服电动机　这种伺服电动机又称无换向器电动机。它没有换向器，由同步电动机和逆变器组成，逆变器由装在转子上的转子位置传感器控制。它实质是一种交流调速电动机，由于其调速性能可达到直流伺服电动机的水平，又取消了换向装置和电刷部件，大大地提高了电动机的使用寿命。

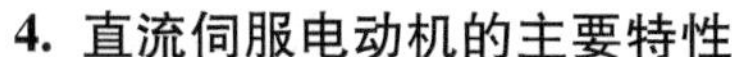

4. 直流伺服电动机的主要特性

（1）机械特性　当控制电压一定时，输出转矩 T 与转速 n 的关系称为机械特性。机械特性线性度越高，则系统的起动误差越小。

（2）空载始动电压　空载始动电压在空载和一定励磁条件下，使转子在任意位置开始连续旋转所需的最小空载电压称为空载始动电压，用 U_{s0} 表示，一般为额定电压的 2%～12%。空载始动电压值越小，表示伺服电动机的灵敏度越高。

（3）调节特性　在一定励磁条件下，当输出转矩恒定时，稳态转速与电枢控制电压的关系称为调节特性。负载越大，电动机的始动电压也越大，调节特性的线性度越高，系统的动态误差越小。

（4）机电时间常数　直流伺服电动机在空载和额定励磁电压下，加一阶跃的额定控制电压，转速从零升到空载转速的 63.2% 所需的时间称为机电时间常数，用 τ_j 表示。机电时间常数值小，可提高系统的快速性。

（5）综合工作特性　综合工作特性是指直流伺服电动机的转矩 T 与输入功率 P_1、输出功率 P_2、效率 η、转速 n、电枢电流 I_a 之间的关系。

3.2.3　交流伺服电动机

在数控机床上，闭环伺服驱动系统由于具有工作可靠、抗干扰性强以及精度高等优点，因而较开环伺服驱动系统更为常用。闭环伺服驱动系统对执行元件的要求更高，它要求电动机尽可能减小转动惯量，以提高系统的动态响应；尽可能提高过载能力，以适应经常出现的冲击现象；尽可能提高低速运行的稳定性，以保证低速时伺服系统的精度。因此，闭环伺服驱动系统中广泛采用交流伺服电动机。

1. 交流伺服电动机的类型

交流伺服电动机有同步型和异步型两大类。异步型交流电动机指的是交流感应电动机。它有三相和单相之分，也有笼式和线绕式之分。通常多用笼式三相感应电动机，其优点是结构简单，与同容量的直流伺服电动机相比，质量小 1/2，价格仅为直流伺服电动机的 1/3 等。其缺点是不能经济地实现范围很广的平滑调速，必须从电网吸收滞后的励磁电流，因而令电网功率因数变坏。

同步型交流电动机结构虽比交流感应电动机复杂，但比直流电动机简单。同步型交流伺服电动机按转子结构不同，可分电磁式及非电磁式两大类。非电磁式又分为磁滞式、永磁式和反应式多种。其中磁滞式和反应式同步型交流伺服电动机存在效率低、功率因数较差、容量不大等缺点。因此，数控机床中多用永磁式同步型交流伺服电动机。与电磁式相比，永磁式同步型交流伺服电动机的优点是结构简单、运行可靠、效率较高。当永磁式同步型交流伺服电动机采用高剩磁感应、高矫顽力的稀土类磁铁时，其体积比直流伺服电动机外形尺寸约小 1/2，质量减小 60%，转子惯量可减小到直流电动机的 1/5。它与异步型交流伺服电动机相比，由于采用了永磁励磁，消除了励磁损耗及有关的杂散损耗，所以效率较高。又因为没有电磁式同步型交流伺服电动机所需的电刷和换向器等，其机械可靠性与交流感应（异步）电动机相同，而功率因数却大大高于交流感应电动机。

2. 交流永磁同步电动机的工作原理

如图 3-11 所示，交流永磁同步电动机主要由定子、定子三相绕组和转子等组成。交流永磁同步电动机的定子与异步电动机的定子结构相似，由硅钢片、三相对称的绕组、固定铁心的机壳及端盖部分组成。交流永磁同步电动机的转子采用永磁稀土材料制成，永磁转子产生固定磁场。

以两极交流永磁同步电动机为例，如图3-12所示，当定子三相绕组通上交流电流后，产生一个以转速 n_s 转动的旋转磁场。转子磁场由永久磁铁产生，用另一对磁极表示。由于磁极同性相斥，异性相吸，定子的旋转磁场与转子的永磁磁极互相吸引，并带着转子一起旋转，因此，转子也将以同步转速 n_s 与旋转磁场一起转动。当转子加上负载转矩之后，转子磁极轴线将落后定子磁场轴线一个 θ 角，随着负载增加，θ 角也随之增大；负载减少时，θ 角也减小；只要不超过一定限度，转子始终跟着定子的旋转磁场以恒定的同步转速 n_s 旋转。转子转速为

$$n_r = n_s = \frac{60f_1}{p} \tag{3-2}$$

式中 p——定子和转子的磁极对数；

f_1——交流供电电源频率（Hz）。

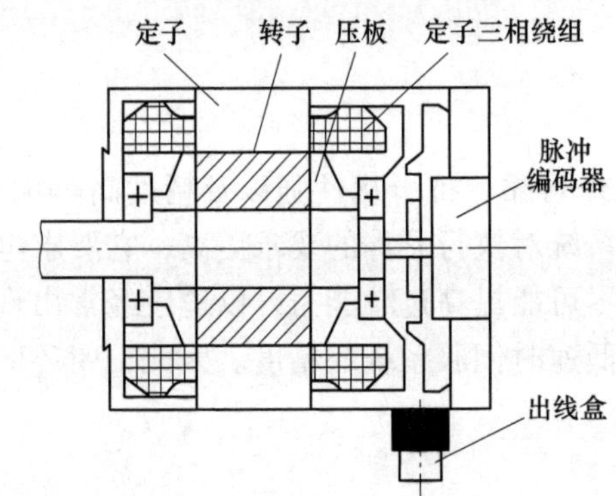

图3-11 交流永磁同步电动机

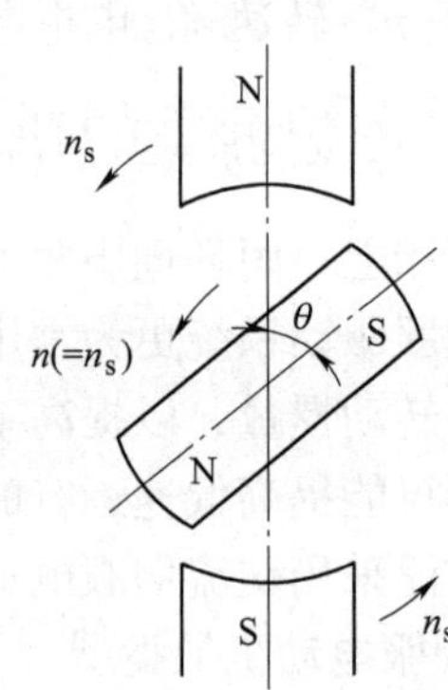

图3-12 两极交流永磁同步电动机的工作原理

特别提醒：当负载超过一定极限后，转子不再按同步转速旋转，甚至可能不转，这就是同步电动机的失步现象，此负载的极限称为最大同步转矩。

3. 交流永磁同步交流伺服电动机的特点

1）性能优越。交流伺服电动机在连续工作区可连续工作，断续工作区范围扩大，尤其是在高速区性能优越，有利于提高电动机的加、减速能力。

2）可靠性高。用电子逆变器取代了直流电动机换向器和电刷，免去了换向器及电刷的保养和维护，其工作寿命最终由轴承寿命决定。

3）与直流伺服电动机比较，能量主要损耗在定子绕组与铁心上，故散热容易，便于安装热保护。

4）转子惯量小，其结构允许高速工作。

5）体积和质量小。

3.2.4 变频电动机

变频电动机具有直流电动机的特性，却采用交流电动机的结构。也就是说，虽然外部接入的是直流电，却采用直流-交流变压变频器控制技术，电动机本体是完全按照交流电动机的原理去工作的。因此，变频电动机也称“自控变频同步电动机”，电动机的转速 n 取决于

控制器所设定的频率f。

图 3-13 所示为三相星形接法的变频电动机的控制电路，直流供电经 MOS 管（金属-氧化物-半导体场效应晶体管）组成的三相交流电路向电动机的三个绕组分时供电。每一时刻三相绕组中仅有一相绕组有电流通过，产生一个磁场，接着停止向这相绕组供电，而给相邻的另一相绕组供电，这样定子中的磁场轴线在空间转动 120°，转子受到磁力的作用跟随定子磁场做 120°旋转，将电压依次加在 A+B、A+C、B+C、B+A、C+A、C+B 上，定子中便形成旋转磁场，于是电动机连续旋转。图 3-13中 U、V、W 表示变压器的输出端子，T_1、T_2、T_3、T_4、T_5、T_6为变压器的进线端子。

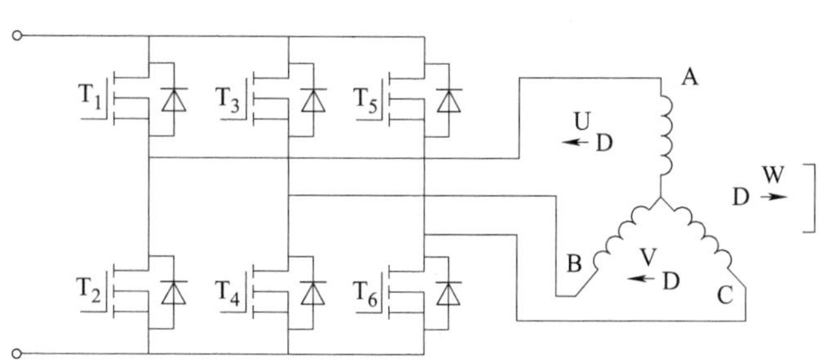

图 3-13　三相电压变频器电路

变频电动机实现变频调速的装置称为变频器，其功能是将电网电压提供的恒压恒频（CVCF）的交流电转变为变压变频（VVVF）的交流电。变频伴随变压，对交流伺服电动机实现无级调速。

变频器的分类见表 3-3。

表 3-3　变频器的分类

变频器	交-交变频器	按相数分类	单相	
			三相	
		按环流情况分类	有环流	
			无环流	
		按输出波形分类	正弦波	
			方波	
	交-直-交变频器	按存储能量处理方式分类	电压型	
			电流型	
		按调压方式分类	脉冲幅度调制型	相位调制调压
				直流折波调压
			脉冲宽度调制型	

交-交变频器与交-直-交变频器的主要特点比较见表 3-4。

表 3-4　交-交变频器与交-直-交变频器的主要特点比较

比较内容	变频器类型	
	交-交变频器	交-直-交变频器
换能方式	一次换能，效率高	两次换能效率低
换流方式	电网电压换流	强迫换流或负载换流
装置元件数量	较多	较少
元件利用率	较低	较高
调频范围	输出最高频率为电网频率的 1/3~1/2	频率调节范围宽

（续）

比较内容	变频器类型	
	交-交变频器	交-直-交变频器
电网功率因数	较低	若用可控整流桥调压，则低频低压时功率因数较低；若用折波器或脉冲宽度调制（PWM）方式调压，则功率因数高
使用场合	低速大功率拖动	可用于各种拖动装置、稳频稳压电源和不停电电源

任务实践

1. 借助实训室的数控设备，让学生认真观察步进电动机、直流伺服电动机、交流伺服电动机以及变频电动机，使学生直观认识伺服系统的重要组成部分——伺服电动机的结构与作用。

2. 采用不同种类的数控机床进行零件的实际加工，让学生观察并总结出步进电动机、直流伺服电动机、交流伺服电动机的主要特性及选用方法等。举例说明伺服系统在数控机床中的作用。

3.3 位置检测装置

知识导图

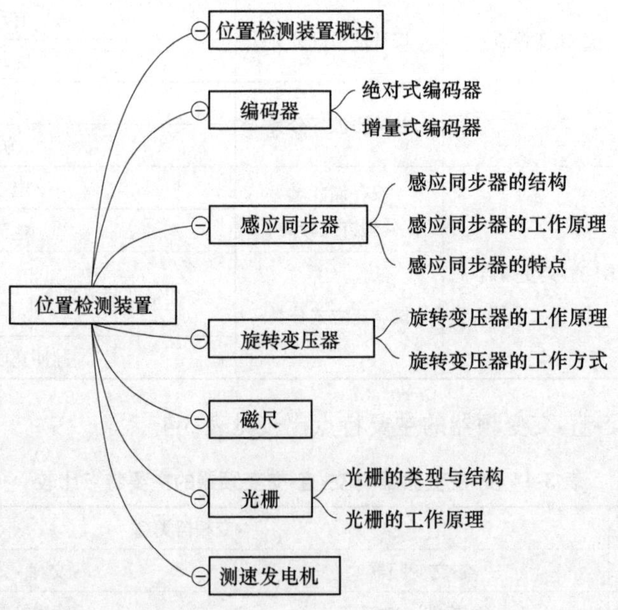

3.3.1 位置检测装置概述

检测装置是数控机床闭环和半闭环控制系统重要的组成部分之一。它的作用是检测工作台的位置和速度，发送反馈信号至数控装置，使工作台按规定的路径精确地移动。闭环系统数控机床的精度主要取决于检测系统的精度。因此，研制和选用性能较好的检测装置是数控机床加工精度的重要保证之一。

随着科学技术的不断发展，人们对机械加工速度和精度提出了越来越高的要求，使得采用开环伺服系统的数控机床在精度上往往不能满足要求，因此发展了闭环和半闭环的数控机床位置伺服系统，半闭环或闭环伺服系统中作为产生反馈信号的位置检测元件是十分重要的。对于设计完善的高精度数控机床，它的加工精度和定位精度将主要取决于检测装置。通常机床检测装置的检测精度为0.001~0.01mm/m，分辨力为0.001~0.01mm，能满足工作台以0~24m/min的速度移动。

一般来说，数控机床上使用的检测装置应该满足以下要求：

1）工作可靠，抗干扰性强。

2）能满足精度和速度的要求。

3）使用维护方便，适合机床的工作环境。

4）易于实现高速的动态测量、处理和自动化。

5）成本低，寿命长。

数控机床检测元件的种类很多，按被测量的几何量分，有回转型和直线型；按检测信号的类型分，有数字式和模拟式；按检测量的基准分，有增量式和绝对式。位置检测装置的分类见表3-5。

表3-5 位置检测装置的分类

类型	数字式		模拟式	
	增量式	绝对式	增量式	绝对式
回转型	编码器 圆光栅	编码器	旋转变压器 旋转感应同步器 圆形磁栅	多极旋转变压器 旋转变压器 三速旋转式感应同步器
直线型	长光栅 激光干涉仪	编码尺 多通道透射光栅	直线式感应同步器 磁栅、容栅	三速感应同步器 绝对值式磁尺

3.3.2 编码器

常用的编码器有编码盘和编码尺，统称为码盘，是数控机床中常用的角度检测装置，常与伺服电动机或丝杠同轴安装，检测伺服电动机或丝杠的转角。根据输出信号不同，编码器可分为绝对式编码器和增量式编码器；根据工作原理不同，编码器可分为接触式绝对编码器、光电式绝对编码器和电磁式编码器等。

编码器的分类、工作原理及应用

1. 绝对式编码器

（1）接触式绝对编码器　接触式绝对编码器的结构简图如图3-14a所示。图3-14b所示为4位二进制编码器，图中未涂黑部分是绝缘的，码盘的外4圈按导电为1、绝缘为“0”组成二进制码。通常，人们把组成编码的各圈称为码道。对应的4个码道并排安装4个电刷，电刷经电阻接到电源正极。编码器的里面一圈是公用的，与4个码道上的导电部分连在一起，而与绝缘部分断开，该圈接到电源负极（地）。编码器的转轴与被测对象连在一起（如机床丝杠），编码器的电刷则装在一个不随被测对象一起运动的部件（如机床本体）上。当被测对象带动编码器一起转动时，根据与电刷串联的电阻上有无电流流过，可用相应的二进制代码表示。若编码器逆时针方向转动，就可依次得到0000、0001、0010、…、1111的二进制输出。

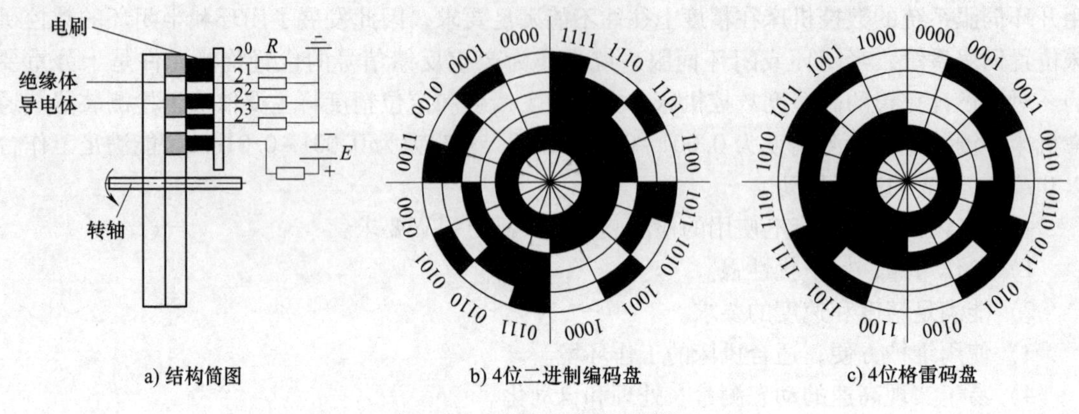

图 3-14　接触式绝对编码器

若采用 n 位码盘，则能分辨的角度为 $360°/2^n$，位数 n 越大，能分辨的角度越小，测量精度越高。

用二进制代码做的编码器，由于编码器制作方面的误差以及由于电刷的安装不准确而引起的误差，个别电刷微小地偏离其设计位置，将造成很大的测量误差。消除这种误差有两种方法。一种方法是采用双电刷，即在编码器的不同位置上分别安装一组电刷，并且当一组电刷位于过渡线上时另一组电刷一定位于两个过渡线中间。这样根据两组电刷的空间位置和测得的编码值进行比较判断，可推算出正确的测量值。另一种方法采用特殊代码即循环码（格雷码），如图 3-14c 所示。

（2）光电式绝对编码器　光电式绝对编码器的码盘由透明区及不透明区按一定编码构成。码盘上的码道条数就是数码的位数。光源发出的光经过柱面透镜聚光后投射到码盘上，通过透明区的光线经过狭缝形成一束很窄的光束投射到光电管上，此时处于亮区的光电管输出为“1”，处于暗区的光电管输出为“0”，光电管组输出按一定规律编码的数字信号表示了码盘轴的转角大小。其结构如图 3-15 所示。

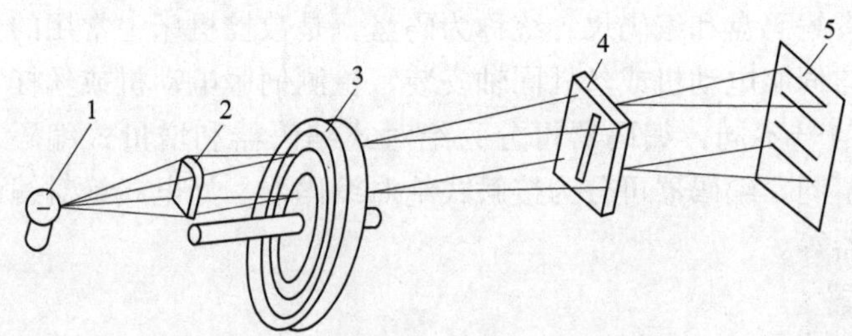

图 3-15　光电式绝对编码器的结构示意图

1—发光二极管　2—柱面透镜　3—码盘　4—刻线板　5—光电管

光电式绝对编码器按码制可分为二进制、循环码、十进制、十六进制等。

除以上介绍的几种码盘外，还有电磁式码盘、霍尔式码盘，在工业中也得到应用。光电式的精度与可靠性都优于其他，因此数控机床上多使用光电式编码器，电磁式以及霍尔式编码器在速度检测中也有使用。

2. 增量式编码器

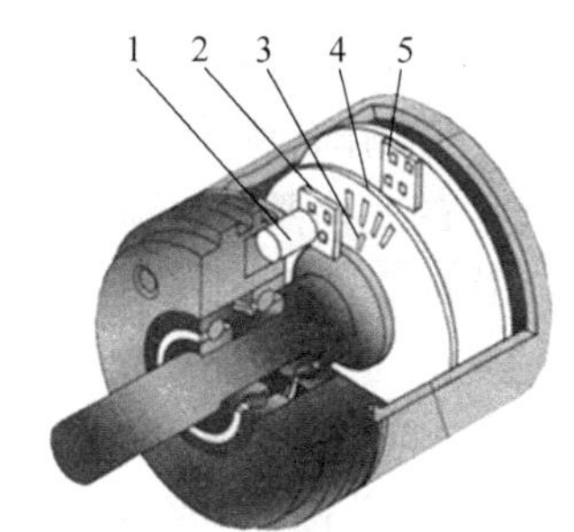

图 3-16 增量式编码器的结构示意图

1—发光二极管 2—柱面透镜

3—零位标记槽 4—码盘 5—刻线板

增量式编码器的结构如图 3-16 所示。在增量式编码器的码盘边缘等间隔地制出 n 个透光槽，发光二极管发出的光透过槽孔被光电管所接受，当码盘转过 $1/n$ 圈时，光电管即发出一个数字脉冲，计数器对脉冲的个数进行加减增量计数，从而判断码盘转动的相对角度。在码盘上还须设置一个基准点，以得到码盘的相对位置。

增量式编码器除了可以测量角位移外，还可以通过测量光电脉冲的频率，转而用来测量转速。

3.3.3 感应同步器

感应同步器是一种电磁式位置检测元件，按其结构特点一般分为直线式和旋转式两种。直线式感应同步器由定尺和滑尺组成；旋转式感应同步器由转子和定子组成。前者用于直线位移测量，后者用于角位移测量。测量直线位移的称为直线式感应同步器，也称长感应同步器；测量转角位移的称为旋转式感应同步器，也称圆感应同步器。它们的工作原理都与旋转变压器相似。感应同步器具有检测精度比较高、抗干扰性强、寿命长、维护方便、成本低、工艺性好等优点，广泛应用于数控机床及各类机床的数显改造。

1. 感应同步器的结构

直线式感应同步器由定尺和滑尺组成，如图 3-17 所示。旋转式感应同步器由转子和定子组成，如图 3-18 所示。定尺和滑尺，转子和定子上的绕组分布是不相同的。在定尺和转子上的是连续绕组，在滑尺和定子上的是分段绕组，分段绕组分为两组，布置成空间相差 90° 相角，又称正、余弦绕组。感应同步器的分段式绕组和连续绕组相当于变压器的一次侧和二次侧线圈，利用交变电磁场和互感原理工作。

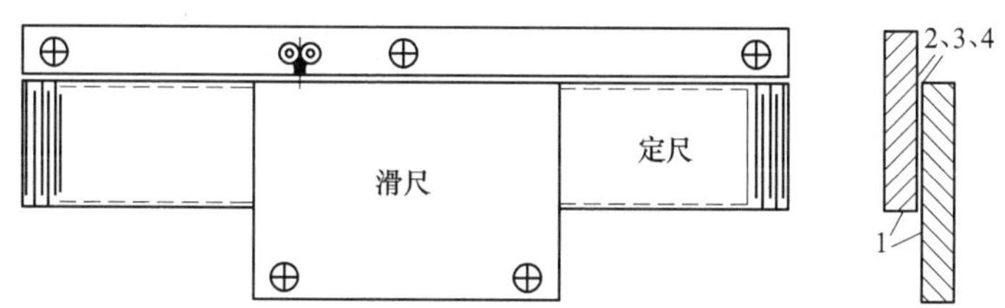

图 3-17 直线式感应同步器

1—定尺和滑尺的基板 2~4—定尺和滑尺的绕组、绝缘层及屏蔽层

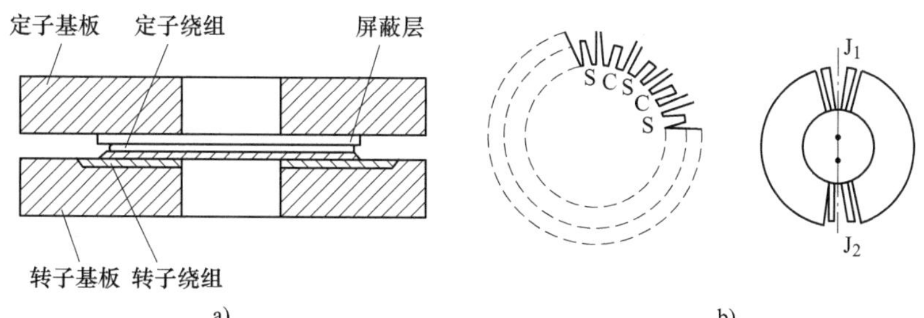

图 3-18 旋转式感应同步器

直线式感应同步器的定尺和滑尺尺座分别安装在机床上两个相对移动的部件上（如工作台和床身），当工作台移动时，滑尺在定尺上移动。安装时定尺和滑尺的平面绕组面对面放置，其间气隙的变化要影响到电磁耦合度的变化，因此气隙必须保持在（0.25±0.05）mm 的范围内。工作时，如果在其中一种绕组上通一交流励磁电压，由于电磁耦合，在另一种绕组上就产生感应电压，该电压随定尺与滑尺（或定子与转子）的相对位置不同呈正弦、余弦函数变化。

2. 感应同步器的工作原理

以直线式感应同步器为例，滑尺通一交流励磁电压，在按正弦规律变化的磁场，定尺上产生感应电压，定尺上感应电压随位移的变化而变化（相同频率），如图 3-19 所示。

感应电压随滑尺、定尺位置变化见表3-6。

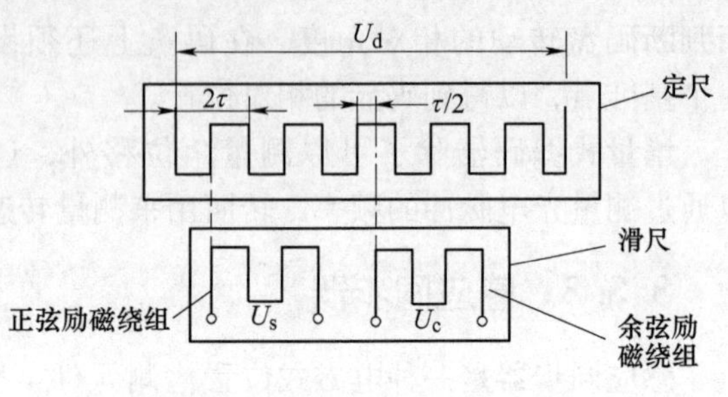

图 3-19 直线式感应同步器的结构

表 3-6 感应电压随滑尺、定尺位置变化

定尺		
滑尺的位置	*a* 点	
	b 点	1/4节距
	c 点	2/4节距
	d 点	3/4节距
	e 点	节距
感应电压		感应电压 *a* *e* *b* *d* *c* 位移距离

（1）变化规律 滑尺移动一个节距 2τ，感应电压按余弦波形变化一个周期 2π，在一个节距内有

$$\frac{x}{2\tau}=\frac{\theta}{2\pi} \tag{3-3}$$

检测 θ 的变化，即可检测一个节距内的位移量 x。

（2）工作方式 感应同步器的工作方式有鉴相式和鉴幅式两种。

1）鉴相式工作方式。供给滑尺的励磁信号为频率、幅值相同，相位角相差 90°的交流电压：

$$U_s = U_m \sin\omega t \tag{3-4}$$

$$U_c = U_m \cos\omega t \tag{3-5}$$

两绕组在定尺上的感应电压分别为

$$U_2' = kU_s \cos\theta = kU_m \sin\omega t\cos\theta \tag{3-6}$$

$$U_2'' = kU_c \cos\left(\theta + \frac{\pi}{2}\right) = -kU_m \cos\omega t\sin\theta \tag{3-7}$$

式中　U_m——最大励磁电压；

k——感应系数，或耦合系数；

ω——励磁信号角频率；

θ——感应同步器转角。

据线性叠加原理，定尺上感应的总电压为

$$U_2 = U_2' + U_2'' = kU_m \sin\omega t\cos\theta - kU_m \cos\omega t\sin\theta = kU_m \sin(\omega t - \theta) \tag{3-8}$$

结论：式（3-8）建立了感应电压 U_2 与相位 θ 间的关系。

鉴别定尺上的感应电压的相位，可得角位移值

$$\theta = \frac{x}{2\tau} \times 2\pi = \frac{x\pi}{\tau} \tag{3-9}$$

2）鉴幅式工作方式。给滑尺绕组通入相位相同、频率相同，但幅值不同的励磁电压：

$$U_s = U_m \sin\theta_1 \sin\omega t \tag{3-10}$$

$$U_c = U_m \cos\theta_1 \sin\omega t \tag{3-11}$$

两绕组在定尺上的感应电压分别为

$$U_2' = kU_m \sin\theta_1 \sin\omega t\cos\theta \tag{3-12}$$

$$U_2'' = -kU_m \cos\theta_1 \sin\omega t\sin\theta \tag{3-13}$$

定尺上感应的总电压（正、余弦绕组同时供电，线性叠加）为

$$\begin{aligned} U_2 &= U_2' + U_2'' = kU_m \sin\theta_1 \sin\omega t\cos\theta - kU_m \cos\theta_1 \sin\omega t\sin\theta \\ &= kU_m \sin\omega t\sin(\theta_1 - \theta) \end{aligned} \tag{3-14}$$

结论：感应电压 U_2 的幅值随指令给定的位移量 $x_1(\theta_1)$ 与工作台实际位移量 $x(\theta)$ 的差值的正弦规律变化。

3. 感应同步器的特点

1）具有较高的精度与分辨力。其测量精度首先取决于印制电路板的精度，温度变化对其测量精度影响不大，感应同步器由于许多节距同时参加工作，多节距的平均误差效应减小了局部误差的影响。

2）抗干扰能力强。感应同步器在一个节距内是一个绝对测量装置，在任何时间内都可以给出仅与位置相对应的单值电压信号，因而瞬时作用的偶然干扰信号在消失后不再有影响，平面绕组的阻抗很小，受外界干扰电场的影响很小。

3）使用寿命长，维护简单。定尺和滑尺，定子和转子互不接触，没有摩擦、磨损，所以使用寿命长。它不怕油污、灰尘和冲击振动的影响，不需要经常清扫，但需装配防护罩，防止切屑进入其气隙。

4）可以做长距离位移测量。可以根据测量长度的需要，将若干根定尺拼接，拼接后总长度的精度可保持（或稍低于）单个定尺的精度。目前几米到几十米的大型机床工作台位移的直线测量，大都采用感应同步器来实现。

5）工艺性好，成本较低，便于复制和成批生产。

3.3.4 旋转变压器

旋转变压器是一种常用的角位移检测元件，由于它结构简单，工作可靠，对环境要求低，信号输出幅度大，抗干扰能力强，且其精度能满足一般的检测要求，因此被广泛应用在数控机床上。

1. 旋转变压器的工作原理

旋转变压器是一种测量角度用的小型交流发电机，由定子和转子组成。其中，定子绕组作为变压器的一次侧，接受励磁电压，励磁频率通常用 400Hz、500Hz、3000Hz 及 5000Hz。转子绕组作为变压器的二次侧，通过电磁耦合得到感应电压。旋转变压器的工作原理与普通变压器基本相似，区别在于普通变压器的一次、二次绕组是相对固定的，所以输出电压和输入电压之比是常数，而旋转变压器的一次、二次绕组则随转子的角位移发生相对位置的改变而变化，因而其输出电压的大小也随之变化。

旋转变压器可分为单极型和多极型。图 3-20 所示为单极型旋转变压器的工作原理，当励磁电压 $u_1=U_m\sin\omega t$ 加到定子绕组时，通过电磁耦合，转子绕组中将产生感应电压，由于转子是可以旋转的，当转子绕组磁轴转到与定子绕组磁轴垂直时，如图 3-20a 所示，励磁磁通不穿过转子绕组的横截面，因此，感应电压 u_2 为 0。当转子绕组磁轴自垂直位置转过任意角度 θ 时，转子绕组的产生的感应电压 u_2 为

$$u_2 = ku_1\sin\theta = kU_m\sin\omega t\sin\theta$$

实际使用中往往较多使用正弦余弦旋转变压器，其定子和转子各有互相垂直的两个绕组。

2. 旋转变压器的工作方式

图 3-21 所示为正余弦旋转变压器，若把转子的一个绕组短接，而定子的两个绕组分别通以励磁电压，利用叠加原理，可得到以下两种典型的工作方式。

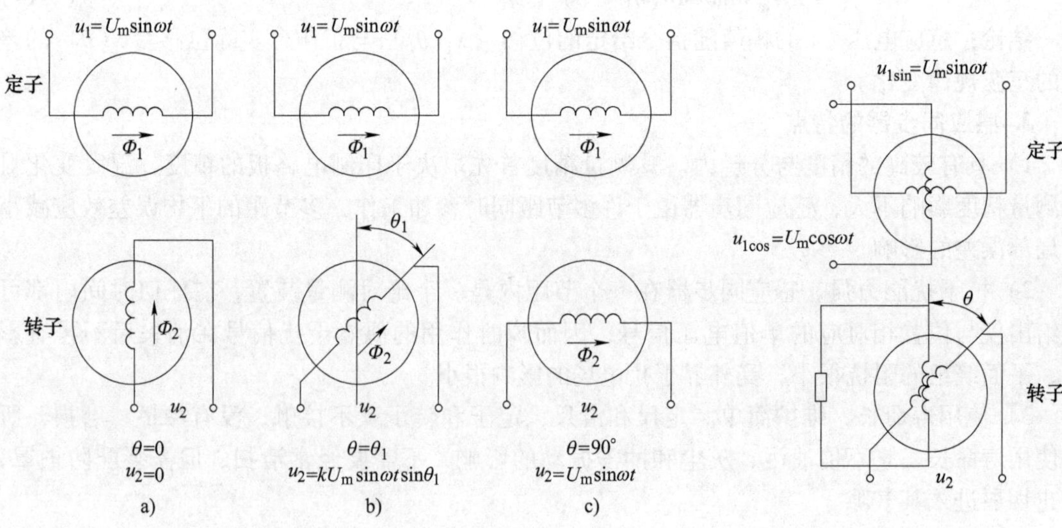

图 3-20 单极型旋转变压器的工作原理

图 3-21 一个转子绕组短接的正余弦旋转变压器

（1）鉴相式工作方式　鉴相式工作方式是一种根据旋转变压器转子绕组中感应电压的相位来确定被测位移大小的检测方式。给定子的两个绕组分别通以同幅、同频，但相位相差 π/2 的交流励磁电压。

（2）鉴幅式工作方式　鉴幅式工作方式是通过对旋转变压器转子绕组中感应电压幅值的检测来实现位移检测的。给定子的两个绕组分别通以同频、同相位，但幅值不同的交流励磁电压。

3.3.5　磁尺

磁尺又称磁栅，也是一种电磁检测装置。它利用磁记录原理，将一定波长的矩形波或正弦波电信号用记录磁头记录在磁性标尺的磁膜上，作为测量基准。检测时，拾磁磁头将磁性标尺上的磁化信号转化为电信号，并通过检测电路将磁头相对于磁性标尺的位置或位移量用数字显示出来，或转化为控制信号输入数控机床。磁尺具有精度高、复制简单以及安装调整方便等优点，而且在油污、灰尘较多的工作环境使用时，仍具有较高的稳定性。磁尺作为检测元件可用在数控机床和其他测量机上。

磁尺一般由磁性标尺、拾磁磁头以及检测电路三部分组成，其结构原理如图 3-22 所示。

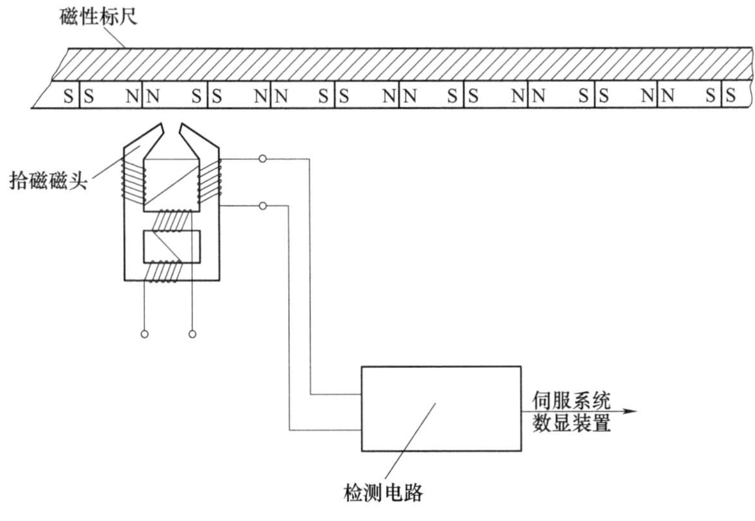

图 3-22　磁尺的结构原理

磁性标尺是在非导磁材料如铜、不锈钢、玻璃或其他合金材料的基体上，涂敷、化学沉积或电镀一层厚 10~20μm 的导磁材料（Ni-Co 或 Fe-Co 合金），在它的表面上录制相等节距、周期变化的磁信号。磁信号的节距一般为 0.05mm、0.1mm、0.2mm、1mm。为了防止磁头对磁性膜的磨损，通常在磁膜上涂一层厚 1~2μm 的耐磨塑料保护层。按磁性标尺的基体形状，磁尺可分为实体式磁尺、带状磁尺、线状磁尺和回转磁尺。前三种用于直线位移测量，后一种用于角位移测量。

磁头是进行磁电转换的变换器，它把反映空间位置的磁信号输送到检测电路中去。普通录音机上的磁头输出电压幅值与磁通变化率成比例，属于速度响应型磁头。根据数控机床的要求，为了在低速运动和静止时也能进行位置检测，必须采用磁通响应型磁头。如图 3-23 所示，它的一个明显的特点就是在它的磁路中设有“可饱和铁心”，并在铁心的可饱和段上绕有两个可产生不同磁通方向的励磁绕组。

在实际应用中，一般选用多个磁通响应式磁头，以一定的方式串联起来，做成一体多间隙磁通响应式磁头，这样可以提高其灵敏度，均化误差，并使输出幅值均匀。

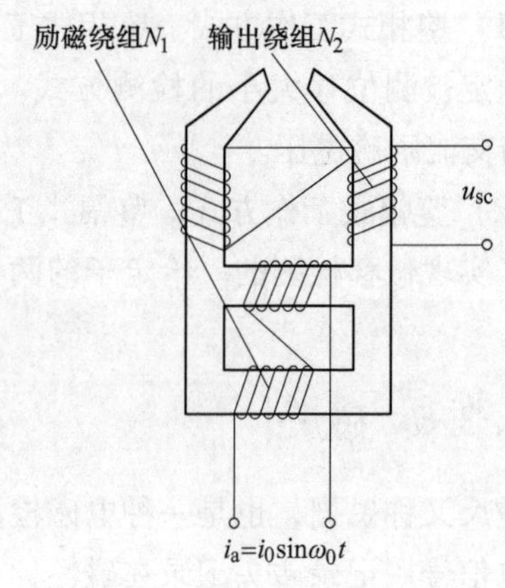

图 3-23 磁通响应型磁头的结构

3.3.6 光栅

在高精度的数控机床上，目前大量使用光栅作为反馈检测元件。光栅与前面讲的旋转变压器、感应同步器不同，它不是依靠电磁学原理进行工作的，不需要励磁电压，而是利用光学原理进行工作的，因而不需要复杂的电子系统。光栅作为光电检测装置，有物理光栅和计量光栅之分，在数字检测系统中，通常使用计量光栅进行高精度位移的检测，尤其是在闭环伺服系统中。光栅的检测精度较高，可达 1μm 以上。

1. 光栅的类型与结构

常见的光栅根据光线走向可分为透射式光栅和反射式光栅；根据形状可分为圆光栅和长光栅。圆光栅用于角位移的检测，长光栅用于直线位移的检测。

光栅是利用光的透射、衍射现象制成的光电检测元件，它主要由标尺光栅和光栅读数头两部分组成。通常，标尺光栅固定在机床的活动部件上（如工作台或丝杠），光栅读数头安装在机床的固定部件上（如机床底座），两者随着工作台的移动而相对移动。在光栅读数头中，安装着一个指示光栅，当光栅读数头相对于标尺光栅移动时，指示光栅便在标尺光栅上移动。当安装光栅时，要严格保证标尺光栅和指示光栅的平行度以及两者之间的间隙（一般取 0. 05mm 或 0. 1mm）要求。

光栅尺是利用光的干涉和衍射原理制作而成的传感器，它包括标尺光栅和指示光栅，对于长光栅，这些线纹相互平行，各线纹之间的距离相等，称之为栅距。对于圆光栅，这些线纹是等栅距角的向心条纹。栅距和栅距角是决定光栅光学性质的基本参数，同一个光栅内其标尺光栅和指示光栅的线纹密度必须相同。

光栅读数头由光源、透镜、标尺光栅、指示光栅、光敏元件和驱动电路组成，如图 3-24 所示。

除垂直光栅读数头之外，常见的还有分光读数头、反射读数头和镜像读数头等，图 3-25a、b、c 所示分别为它们的结构原理，其中 Q 表示光源，L 表示透镜，G 表示光栅尺，S 表示挡板，P 表示光敏元件，P_r 表示棱镜。

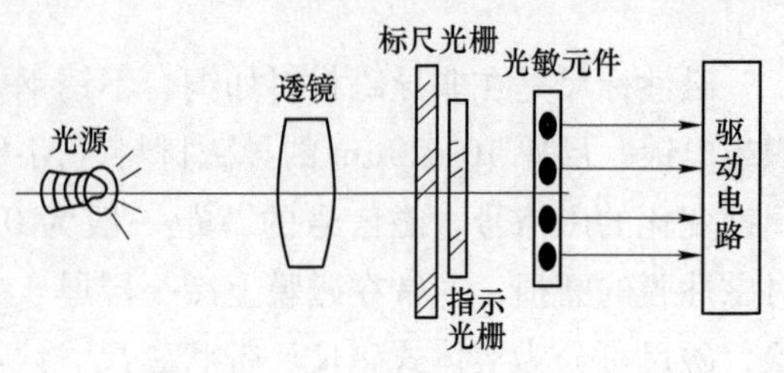

图 3-24 垂直光栅读数头

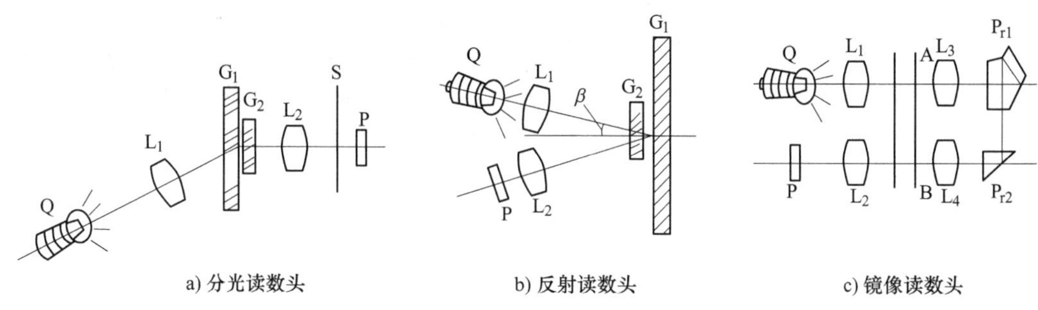

图 3-25　光栅读数头的结构原理

2. 光栅的工作原理

常见光栅的工作原理都是根据物理上莫尔条纹的形成原理进行工作的，如图 3-26 所示。把两光栅的刻线面相对叠合在一起，中间留有很小的间隙，并使两者的栅线保持很小的夹角 θ。在刻线的重合处，光从缝隙透过形成亮带，两光栅刻线彼此错开处，由于相互挡光作用而成暗带。这种亮带和暗带形成明暗相间的条纹称为莫尔条纹，条纹方向与刻线方向近似垂直。

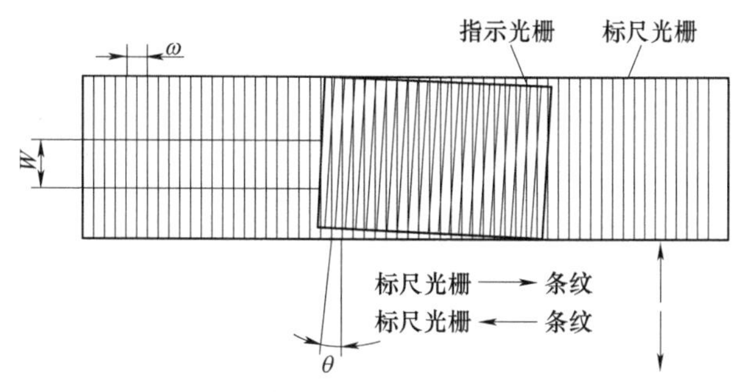

图 3-26　光栅的工作原理

莫尔条纹具有以下性质：

1）莫尔条纹是由光栅的大量刻线共同形成的，对光栅刻线的刻画误差有平均作用，从而能在很大程度上消除光栅刻线不均匀引起的误差。

2）当两光栅沿与栅线垂直的方向做相对运动时，莫尔条纹则沿光栅刻线方向移动。光栅反向移动，莫尔条纹也反向移动。

3）莫尔条纹的间距是放大了的光栅栅距，它随着光栅刻线夹角而改变，由于 θ 较小，所以其关系可表示为

$$W=\frac{\omega}{\sin\theta}\approx\frac{\omega}{\theta}$$

式中　W——莫尔条纹间距；

ω——光栅栅距；

θ——两光栅刻线夹角（rad）。

由此可知，θ 越小，W 越大，相当于把微小的栅距扩大了 $1/\theta$ 倍。可见，计量光栅起到光学放大器的作用。

4）莫尔条纹移过的条纹数与光栅移过的刻线数相等。

根据上述莫尔条纹的性质，如果在莫尔条纹移动的方向上开四个观察窗口 a、b、c、d，且使这四个窗口相距 1/4 莫尔条纹间距，即 $W/4$。由上述可知，当两光栅尺相对移动时，莫尔条纹随之移动，从四个观察窗口 a、b、c、d 可以得到四个在相位上依次超前或滞后（取决于两光栅相对移动的方向）1/4 周期（π/4）的近似于余弦函数的光强度变化过程，经过功率放大和信号转换，就可以检测出光栅尺的相对移动。光栅测量系统简图如图 3-27 所示。

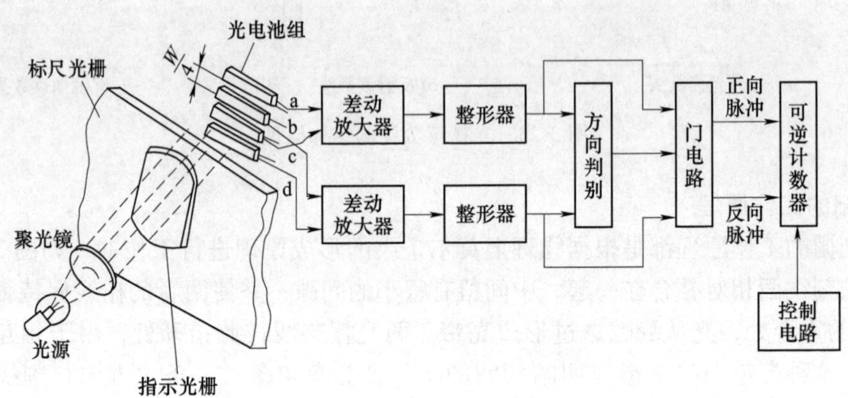

图 3-27　光栅测量系统简图

3.3.7　测速发电机

测速发电机是一种检测机械转速的电磁装置。它能把机械转速变换成电压信号，为准确反映伺服电动机的转速，其输出电压 U_a 与输入的转速 n 成正比关系，如图 3-28 所示。测速发电机在数控系统的速度控制单元和位置控制单元中都得到了应用。

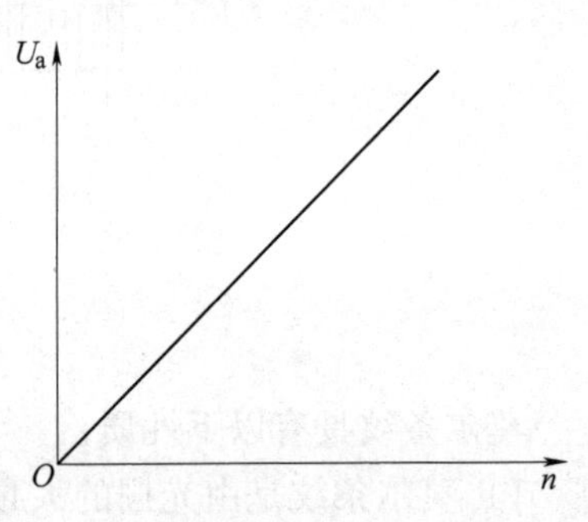

图 3-28　测速发电机输出电压与转速的关系

数控系统系统对测速发电动机的要求主要是精确高、灵敏度高、可靠性高等，具体要求如下：①输出电压与转速保持良好的线性关系；②剩余电压（转速为零时的输出电压）要小；③输出电压的极性和相位能反映被测对象的转向；④温度变化对输出特性的影响小；⑤输出电压的斜率大，即转速变化所引起的输出电压的变化要大；⑥摩擦转矩和惯性要小。此外，还要求测速发电机的体积小、重量轻、结构简单、工作可靠、噪声小等。

测速发电机按输出信号的形式，可分为交流测速发电机和直流测速发电机两大类。直流测速发电机按励磁方式可分为电磁式直流测速发电机和永磁式直流测速发电机两种。

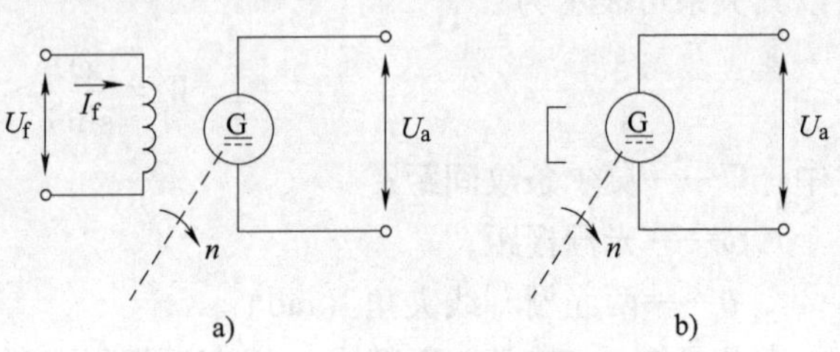

图 3-29　直流测速发电机的表示符号

1. 电磁式直流测速发电机

电磁式直流测速发电机的表示符号如图 3-29a 所示。定子常为两极，励磁绕组由外部直流电源供电，通电时产生磁场。

2. 永磁式直流测速发电机

永磁式直流测速发电机的表示符号如图 3-29b 所示。定子磁极是由永久磁钢做成的，由于没有励磁绕组，所以可省去励磁电源。它具有结构简单、使用方便等特点，近年来发展较快。其缺点是永磁材料的价格较贵，受机械振动易发生程度不同的退磁。为防止永磁式直流测速发电机的特性变坏，必须选用矫顽力较高的永磁材料。

实际上直流测速发电机的输出特性并不是严格的线性特性，而与线性特性之间存在误差。当直流测速发电机带负载时，负载电流流经电枢，产生电枢反应的去磁作用，使发电机气隙磁通减小。因此，在相同转速下，负载时电枢绕组的感应电动势比在空载时电枢绕组的感应电动势小。负载电阻越小或转速越高，电枢电流就越大，电枢反应的去磁作用越强，气隙磁通减小得越多，输出电压下降越显著，致使输出特性向下弯曲，如图 3-30 中虚线所示。

电刷接触电阻是非线性的，它与流过的电流密度有关。当电枢电流较小时，接触电阻大，接触压降也大；当电枢电流较大时，接触电阻小，接触压降也小。可见，接触电阻与电流成反比。只有电枢电流较大，电流密度达到一定数值后，电枢接触压降才可以近似认为是常数。考虑到电刷接触压降的影响，直流测速发电机的输出特性如图 3-30 所示。

由以上分析可知，在转速较低时，输出特性上有一段输出电压极低的区域，这段区域叫不灵敏区。以符号 Δn 表示。即此区域内测速发电机虽然有输入信号（转速），但输出电压很小，对转速的反应很不灵敏。接触电阻越大，不灵敏区也越大。

为了减小电刷接触压降的影响、缩小不灵敏区，在直流测速发电机中，常常采用导电性能较好的黄铜-石墨电刷或含银金属电刷。铜制换向器的表面容易形成氧化层，会增大接触电阻，在要求较高的场合，换向器也用含银合金或在表面上镀上银层，这样可以减小电刷和换向器之间的磨损。

当同时考虑电枢反应和电刷接触压降的影响，直流测速发电机的输出特性应如图 3-31 中的虚线所示。在负载电阻很小或转速很高时，输出电压与转速之间出现明显的非线性关系。因此，在实际使用时，宜选用较大的负载电阻和适当的转子转速。

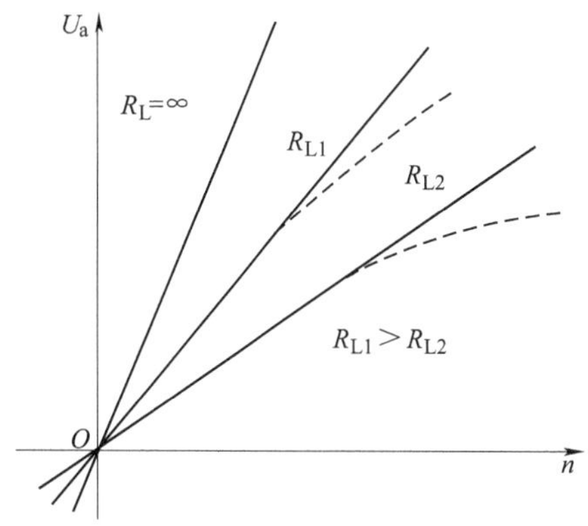

图 3-30　不同外接电阻时直流测速发电机的输出特性

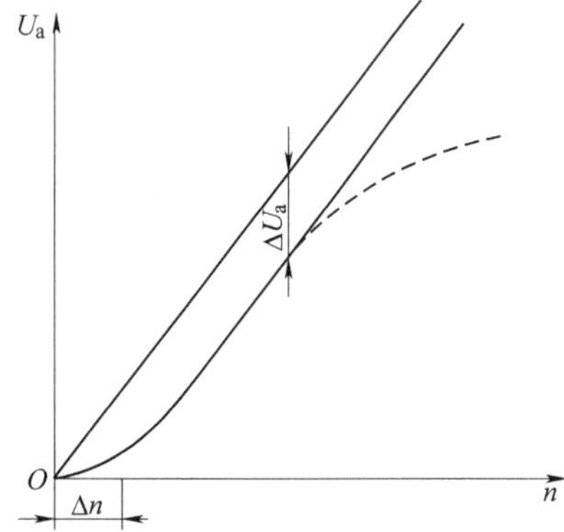

图 3-31　考虑电枢反应和电刷接触压降时直流测速发电机的输出特性

任务实践

1. 通过引导学生思考伺服系统的组成，引申到检测装置的相关知识，以及闭环、半闭环伺服系统的连接。

2. 借助于软件模拟功能，让学生认知编码器、感应同步器、旋转变压器、磁尺以及光栅等检测装置的工作原理。

3. 认识数控系统中常用的几种位置检测装置。结合零件的实际加工过程，让学生观察并总结每种检测装置的应用场合。

学习情境小结

本学习情境主要介绍了数控机床的伺服系统以及数控机床上几种常见检测装置的结构、工作原理、信息处理和应用的基本方法。

伺服系统是以机械运动为驱动设备，以电动机为控制对象，以控制器为核心，以电力电子功率变换装置为执行机构，在自动控制理论的指导下组成的电气传动自动控制系统。这类系统控制电动机的转矩、转速和转角，将电能转换为机械能，实现驱动机械运动的要求。步进电动机是一种将电脉冲转化为角位移的执行机构，我国使用的步进电动机多为反应式步进电动机；直流伺服电动机具有良好的起动、制动和调速特性，可以很方便地在较宽范围内实现平滑无级调速，在伺服系统中常用的直流伺服电动机多为大功率直流伺服电动机，如低惯量和宽调速电动机等。交流伺服电动机克服了直流驱动系统中电刷和换向器要经常维修、电动机尺寸较大和使用环境受限制等缺点。它能在较宽的调速范围内产生理想的转矩，结构简单，运行可靠，用于数控机床等进给驱动系统的精密位置控制。

直线感应同步器、长光栅、长磁栅和编码尺用于直线位移测量，旋转变压器、圆感应同步器、圆光栅、圆形磁栅和编码盘用于角位移测量。由于旋转变压器具有抗干扰性强、结构简单等优点，一般精度的数控机床上常采用它作为测量元件。光栅的测量精度比较高，一般用于高精度的数控机床上。编码盘和编码尺，目前也常用于高精度的数控机床上，这主要是因为它们的分辨力相对要低一些。磁尺的检测精度很高，在数控机床的检测方面很有发展前途。

思考与练习

1. 按执行机构的控制方式，伺服系统可分为哪几类？
2. 什么是步进电动机？步进电动机主要分为哪几种？
3. 步进电动机的主要特性有哪些？
4. 直流伺服电动机主要分为哪几种？
5. 直流伺服电动机的主要特性有哪些？
6. 交流伺服电动机主要分为哪几种？
7. 永磁同步交流伺服电动机的主要特性有哪些？
8. 数控机床伺服系统对位置检测元件的主要要求是什么？
9. 请简述光电式绝对编码器的工作原理。

10. 旋转变压器的工作方式有哪几种？
11. 感应同步器具备哪些优点？
12. 请简述光栅的分类方法及其类型。
13. 磁尺一般由哪三部分组成？
14. 直流测速发电机按励磁方式可分为哪两种？请画出相应的表示符号。

学习情境 4　数控机床的机械系统

情境导入

我国数控机床产业处于高速发展的状态，却仍改变不了一个事实，即对国外技术的依赖。这种现象造成了一种尴尬情况：在很多关键的工业领域不太敢用国产的数控机床。液压元件基本也都是进口的，国内比较大的机床厂，主要做的还是机体部分。经过多年的发展，目前我国仍没能完全解决“依赖进口”的问题。图 4-1 所示为卧式数控机床实物图。

图 4-1　卧式数控机床实物图

情境解析

从上述情境导入中可知，即使我国高端数控机床处于高速发展的状态，其高端数控机床的机械系统仍大量依赖进口，部分行业的高端数控机床也是依赖进口。

数控机床的机械系统通常包括：数控机床的主传动系统、数控机床的进给传动系统、数控机床的支承部件、数控机床的工作台、数控机床的自动换刀系统、数控机床的排屑装置等。当前我国在众多数控机床机械系统的设计、生产以及装配等方面仍处于劣势，使得我国的数控机床在精度、可靠性等方面和国外的数控机床还有很大差距。因此，高速发展我国数控机床的机械系统迫在眉睫。

学习目标

序号	学习内容	知识目标	技能目标	创新目标
1	数控机床的机械系统概述	√		
2	数控机床的主传动系统	√	√	
3	数控机床的进给传动系统	√	√	

（续）

序号	学习内容	知识目标	技能目标	创新目标
4	数控机床的支承部件	√		
5	数控机床的工作台		√	
6	数控机床的自动换刀系统	√		√
7	其他辅助装置	√		

学习流程

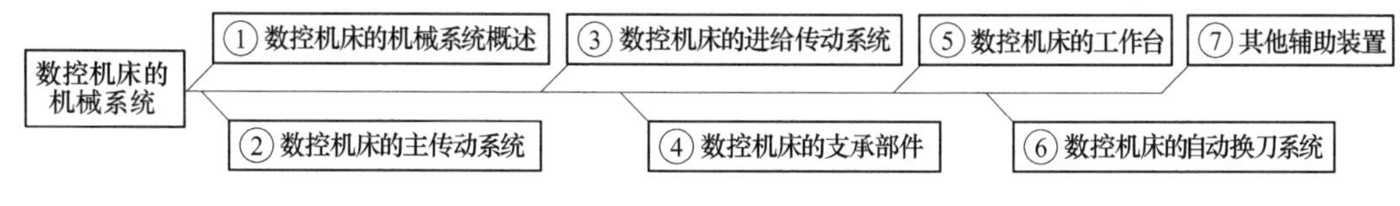

4.1 数控机床的机械系统概述

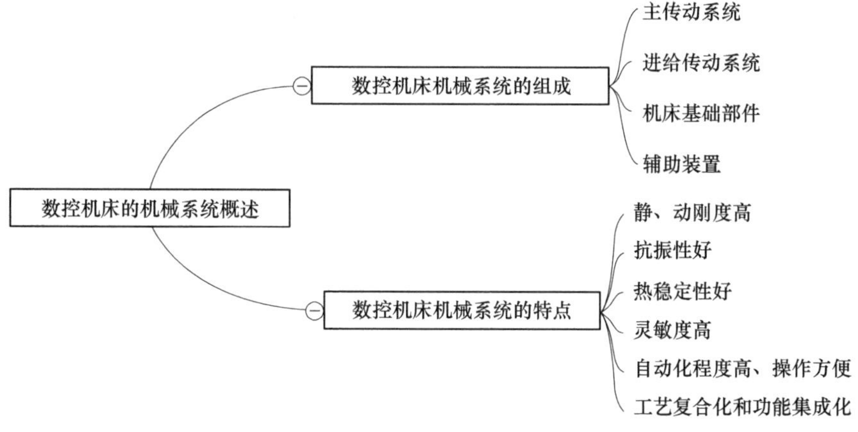

4.1.1 数控机床机械系统的组成

随着数控系统和伺服系统的发展，为适应高效率生产的需要，现代数控机床已形成了独特的机械系统，主要由以下几部分组成。

1. 主传动系统

数控机床主传动系统是指数控机床主运动的传动系统，包括动力源、传动件及主运动执行件——主轴等。其作用是将驱动装置的运动及动力传给执行件，实现主切削运动。

2. 进给传动系统

数控机床进给传动系统是指数控机床进给运动的传动系统，包括动力源、传动件及进给运动执行件——工作台、刀架等。其作用是将伺服驱动装置的运动和动力传给执行件，实现进给运动。

3. 机床基础部件

机床基础部件包括床身、立柱、导轨、工作台等。机床基础部件的作用是支承机床的各主要部件，并使它们在静止或运动中保持相对正确的位置。

4. 辅助装置

辅助装置是指实现某些动作和辅助功能的系统和装置，包括液压气动系统、润滑冷却系统及排屑、防护和自动换刀装置。

掌握这些机械系统对于正确合理使用数控机床是非常必要的。

4.1.2 数控机床机械系统的特点

数控机床是高精度、高效率的自动化机床，几乎在任何方面均要求比普通机床设计得更完善，制造得更精密。数控机床的结构设计已形成自身的独立体系，其主要结构特点如下。

1. 静、动刚度高

机床刚度是指机床在切削力和其他力的作用下抵抗变形的能力。数控机床要在高速和重载荷条件下工作，机床床身、底座、立柱、工作台、刀架等支承件的变形都会直接或间接地引起刀具和工件之间的相对位移，从而引起工件的加工误差。因此，这些支承件均应具有很高的静刚度和动刚度。为了做到这一点，在数控机床的设计上应采取以下措施：

1）合理选择结构形式。

2）合理安排结构布局。

3）采用补偿变形措施。

4）选用合理的材料。

2. 抗振性好

数控机床工作时可能产生两种形态的振动：强迫振动和自激振动。机床的抗振性是指抵抗这两种振动的能力。数控机床在高速重载切削情况下应无振动，以保证加工工件的高精度和高的表面质量，特别要注意的是避免切削时的自激振动，因此，对数控机床的动态特性提出了更高的要求。

3. 热稳定性好

数控机床的热变形是影响加工精度的重要因素。引起机床热变形的热源主要是机床的内部热源，如电动机发热、摩擦热及切削热等。热变形影响加工精度主要是由于热源分布不均，各处零部件的质量不均，形成各部位的温升不一致，从而产生不均匀的热膨胀变形，以致影响刀具与工件的正确相对位置。

为保证部件的运动精度，要求数控机床的主轴、工作台、刀架等运动部件的发热量要小，以防止产生热变形。为此，立柱一般采取双壁框式结构，防止因热变形而产生倾斜偏移。采用恒温冷却装置，减少主轴轴承在运转中产生的热量。为减小电动机运转发热的影响，在电动机上安装散热装置。

4. 灵敏度高

数控机床通过数字信息来控制刀具与工件的相对运动，它要求在相当大的进给速度范围内都能达到较高的精度，因而运动部件应具有较高的灵敏度。导轨部件通常用滚动导轨、塑料导轨、静压导轨等，以减小摩擦力，使其在低速运动时无爬行现象。工作台、刀架等部件的移动，由交流或直流伺服电动机驱动，经滚珠丝杠传动，减少了进给系统所需要的驱动转矩，提高了定位精度和运动平稳性。

5. 自动化程度高、操作方便

为了提高数控机床的生产率，必须最大限度地压缩辅助时间。许多数控机床采用了多主轴、多刀架及带刀库的自动换刀装置等，以减少换刀时间。对于多工序的自动换刀数控机床，除了减少换刀时间之外，还大幅度地压缩多次装卸工件的时间。几乎所有的数控机床都具备快速运动的功能，使空程时间缩短。

6. 工艺复合化和功能集成化

所谓工艺复合化，简单地说就是指一次装夹、多工序加工。功能集成化主要是指数控机床的自动换刀机构和自动托盘交换装置的功能集成化。随着数控机床向柔性化和无人化发展，功能集成化的水平主要体现在工件自动定位、机内对刀、刀具破损监控、机床与工件精度检测和补偿等功能上。

数控机床是一种自动化程度很高的加工设备，在机床的操作性方面要注意机床各部分运动的互锁能力，以防止事故的发生。同时，数控机床最大限度地改善了操作者的观察、操作和维护条件，设有紧急停车装置，避免发生意外事故。此外，数控机床上还留有最便于装卸的工件装夹位置。对于切屑量较大的数控机床，其床身结构设计成有利于排屑的结构，或者设有自动工件分离和排屑装置。

数控机床的机械系统和数控技术相互促进、相互推动，发展出不少不同于普通机床的、完全新颖的机械结构和部件。

任务实践

1. 以实训车间的 CK6140 数控车床为例，让学生观察并掌握数控机床机械系统的组成。数控机床能加工出合格工件需要很多系统协同，简要说出数控机床机械系统的组成部分。

2. 借助于软件模拟功能，让学生感受数控机床机械系统的特点。

4.2 数控机床的主传动系统

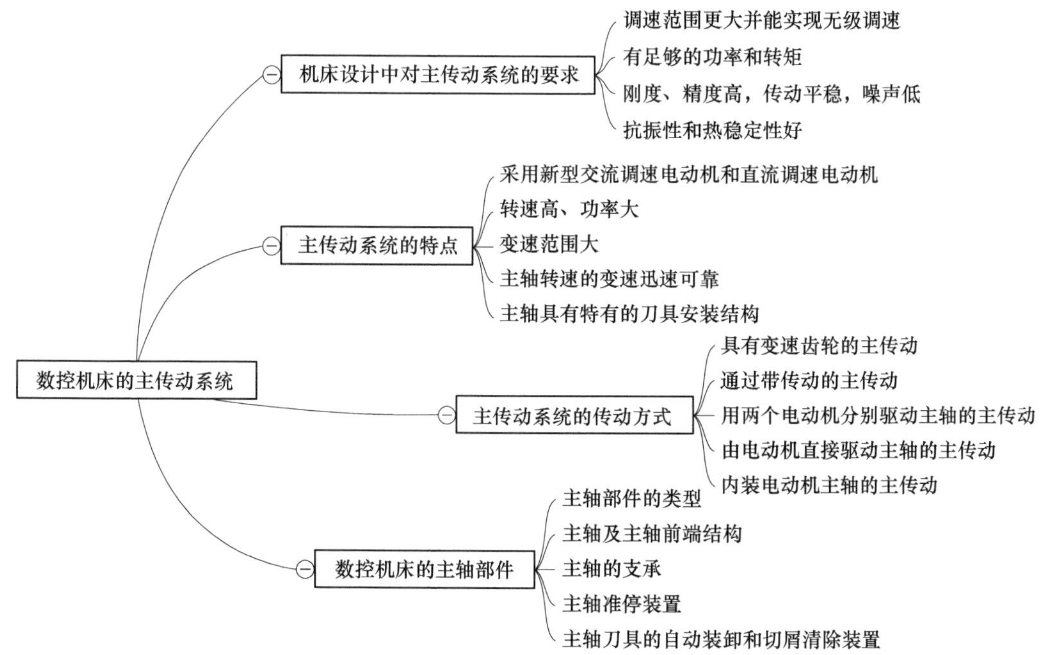

4.2.1 机床设计中对主传动系统的要求

数控机床是机电一体化产品的典型代表，它的机械部分是最终执行机构。数控机床的机械结构与普通机床有许多相似之处，但并不是简单地在普通机床上配备数控系统，而是在许多方面比普通机床设计得更完善，制造得更精密。为满足高精度、高效率、高自动化，对数控机床的主传动系统有以下要求。

1. 调速范围更大并能实现无级调速

数控机床为了保证加工时能选用合理的切削用量，从而获得最高的生产率、加工精度和表面质量，必须具有更大的调速范围，并能实现无级调速。对于自动换刀的数控机床，为了适应各种工序和各种加工材料的需要，主运动的调速范围还应进一步扩大。

2. 有足够的功率和转矩

转速高、功率大的特性使得数控机床易于实现高速切削和大功率切削，也是数控机床区别于普通机床的重要特点。因此数控机床有足够的功率和转矩，便于实现低速时大转矩、高速时恒功率，以保证加工高效率。

3. 刚度、精度高，传动平稳，噪声低

数控机床加工精度的提高，与主传动系统具有较高的精度密切相关。为此，要提高传动件的制造精度与刚度，齿轮齿面应高频感应淬火以增加耐磨性；最后一级采用斜齿轮传动，使传动平稳；采用精度高的轴承及合理的支承跨距等，以提高主轴组件的刚性。

4. 抗振性和热稳定性好

数控机床在加工时，由于断续切削、加工余量不均匀、运动部件不平衡以及切削过程中的自振等原因引起的冲击力或交变力的干扰，使主轴产生振动，影响加工精度和表面粗糙度，严重时可能破坏刀具或主传动系统中的零件，使其无法工作。主传动系统的发热使其中所有零部件产生热变形，降低传动效率，破坏零部件之间的相对位置精度和运动精度，造成加工误差。为此，主轴组件要有较高的固有频率，实现动平衡，保持合适的配合间隙，并进行循环润滑等。

4.2.2 主传动系统的特点

主传动系统是数控机床的重要组成部分之一，主轴夹持工件或刀具旋转，直接参加表面成形运动。主轴部件的刚度、精度、抗振性和热变形直接影响加工零件的精度和表面质量。主运动的转速高低及范围，传递功率大小和动力特性，决定了数控机床的切削加工效率和加工工艺能力。数控机床的主传动系统具有如下特点。

1. 采用新型交流调速电动机和直流调速电动机

目前数控机床的主传动电动机已不再采用普通的交流异步电动机或传统的直流调速电动机，它们已逐步被新型的交流调速电动机和直流调速电动机所代替。

2. 转速高，功率大

高转速和大功率能使数控机床进行大功率切削和高速切削，实现高效率加工。

3. 变速范围大

数控机床的主传动系统要求有较大的调速范围，一般调速范围大于100，以保证加工时能选用合理的切削用量，从而获得最佳的生产率、加工精度和表面质量。

4. 主轴转速的变速迅速可靠

数控机床的变速是按照控制指令自动进行的，因此变速机构必须适应自动操作的要求。由于直流和交流主轴电动机的调速系统日趋完善，不仅能够方便地实现宽范围的无级变速，而且减少了中间传递环节，提高了变速控制的可靠性。

5. 主轴具有特有的刀具安装结构

为实现刀具的快速或自动装卸，数控机床主轴具有特有的刀具安装结构。主轴上设计有刀具自动装卸、主轴定向停止和主轴孔内的切屑清除装置。这些结构与同类型普通机床刀具夹紧结构完全不同。

主传动系统是实现主运动的传动系统，它的转速高，传递功率大，是数控机床的关键系统之一，对其精度、刚度、噪声、温升、热变形都有严格的要求。

4.2.3　主传动系统的传动方式

为了扩大变速范围，数控机床主传动系统的传动方式主要有以下几类。

1. 具有变速齿轮的主传动

这是大、中型数控机床采用较多的一种变速方式，如图 4-2a 所示。通过几对齿轮降速，增大输出转矩和调速范围，一部分小型数控机床也采用此种传动方式，以获得强力切削时所需要的转矩。数控机床在交流或直流电动机无级变速的基础上配以齿轮变速，使之成为分段无级变速。数控机床大都采用液压变速机构或电磁离合器来自动操纵滑移齿轮实现主轴变速。

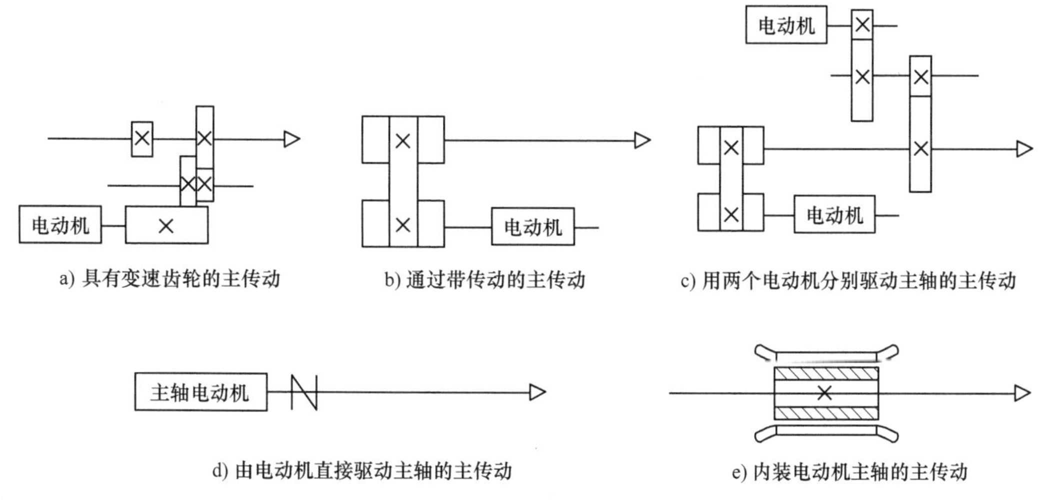

图 4-2　数控机床主传动系统的传动方式

2. 通过带传动的主传动

图 4-2b 为带传动方式的主传动图，主要应用在转速较高、变速范围不大的机床。电动机本身的调速就能够满足要求，不用齿轮变速，可以避免齿轮传动引起的振动与噪声。它适用于高速、低转矩特性要求的主轴。常用带的类型有 V 带、平带、多楔带和同步带，这种配置形式同上面一样，但电动机是性能更好的交、直流主轴电动机，其变速范围宽，最高转速可达 8000r/min，且控制功能丰富，可满足中高档数控机床的控制要求。

数控机床上应用的多楔带又称复合 V 带，横向断面呈多个楔形，如图 4-3 所示，楔角为 40°，多楔带综合了 V 带和平带的优点，运转时振动小，发热少，运转平稳，重量轻。

同步带传动是综合了带传动、链传动优点的新型传动。同步带有梯形齿和圆弧齿，如图 4-4 所示，同步带的结构和传动如图 4-5 所示。同步带的工作面及带轮外圆上均制成齿形，通过带轮与轮齿相嵌合，做无滑动的啮合传动。

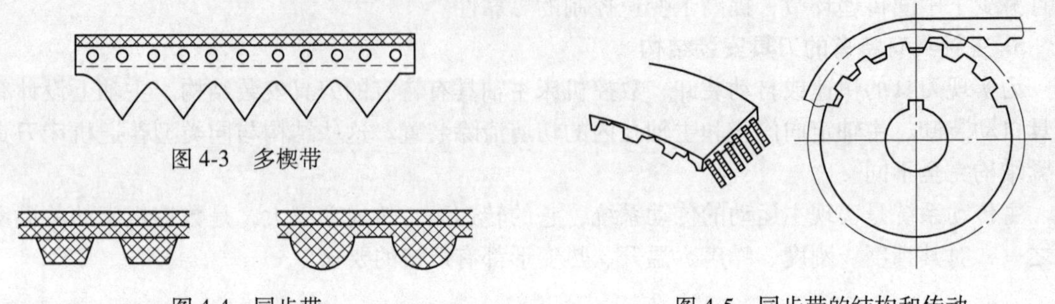

图 4-3 多楔带

图 4-4 同步带

图 4-5 同步带的结构和传动

3. 用两个电动机分别驱动主轴的主传动

如图 4-2c 所示，这是上述两种方式的混合传动，具有上述两种性能。高速时电动机通过带轮直接驱动旋转；低速时，另一个电动机通过两级齿轮传动驱动主轴旋转，齿轮起到降速和扩大变速范围的作用，这样就使恒功率区增大，扩大了变速范围，克服了低速时转矩不够且电动机功率不能充分利用的问题。但两个电动机不能同时工作，这也是一种浪费。

4. 由电动机直接驱动主轴的主传动

如图 4-2d 所示，这种主传动是由电动机直接驱动主轴，即电动机的转子直接装在主轴上，因而大大简化了主轴箱体与主轴的结构，有效地提高了主轴部件的刚度，但主轴输出转矩小，电动机发热对主轴的精度影响较大。

5. 内装电动机主轴的主传动

近年来，出现了一种新式的内装电动机主轴（图 4-2e），即主轴与电动机转子合为一体。其优点是主轴组件结构紧凑，重量轻，惯量小，可提高起动、停止时的响应特性，并利于控制振动和噪声。其缺点是电动机运转产生的热量也使主轴产生热变形。因此，温度控制和冷却是使用内装电动机主轴的关键问题。日本研制的立式加工中心主轴组件，其内装电动机最高转速可达 20000r/min。

4.2.4 数控机床的主轴部件

数控机床主轴部件是影响机床加工精度的主要部件。主轴、主轴支承、装在主轴上的传动件和密封件等组成了主轴部件。它的回转精度影响工件的加工精度，它的功率大小与回转速度影响加工效率，它的自动变速、准停、换刀等影响机床的自动化程度。因此，要求主轴部件具有与本机床工作性能相适应的回转精度、刚度、抗振性、耐磨性和低的温升；在结构上，必须很好地解决刀具或工件的装夹、轴承的配置、轴承间隙、润滑密封等问题。

1. 主轴部件的类型

主轴部件按运动方式可分为以下几类：

1）只做旋转运动的主轴部件。此类主轴结构较为简单，如车床、铣床和磨床等的主轴部件。

2）既有旋转运动又有轴向进给运动的主轴部件，如钻床和镗床等的主轴部件。其主轴部件与轴承装在套筒内，主轴在套筒内做旋转主运动，套筒在主轴箱的导向孔内做直线进给运动。

3）既有旋转运动又有轴向调整移动的主轴部件，如滚齿机、部分立式铣床等的主轴部件。主轴在套筒内做旋转主运动，并可根据需要随主轴套筒一起做轴向调整移动。

4）既有旋转运动又有径向进给运动的主轴部件，如卧式镗床的平旋盘主轴部件、组合机床的镗孔车端面头主轴部件。主轴做旋转运动时，装在主轴前端平旋盘上的径向滑块可带动刀具做径向进给运动。

5）主轴既做旋转运动又做行星运动的主轴部件。

2. 主轴及主轴前端结构

机床主轴的端部一般用于安装刀具、夹持工件或夹具。在结构上，主轴端部应能保证定位准确、安装可靠、连接牢固、装卸方便，并能传递足够的转矩。目前，主轴端部的结构形状都已标准化。图 4-6 所示为机床主轴端部的几种结构形式。

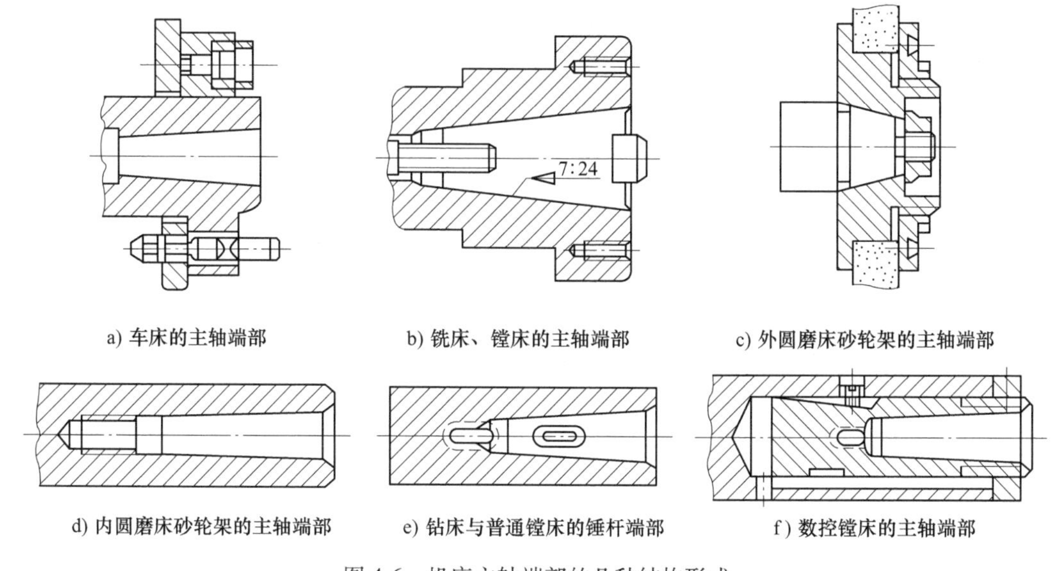

a) 车床的主轴端部　b) 铣床、镗床的主轴端部　c) 外圆磨床砂轮架的主轴端部

d) 内圆磨床砂轮架的主轴端部　e) 钻床与普通镗床的锤杆端部　f) 数控镗床的主轴端部

图 4-6　机床主轴端部的几种结构形式

图 4-6a 所示的结构适用于车床的主轴端部，为短锥法兰式结构，它以短锥和轴肩端面作为定位面，卡盘、拨盘等夹具通过卡盘座，用 4 个双头螺柱及螺母固定在主轴上。安装卡盘时只需将预先拧紧在卡盘座上的双头螺柱及螺母一起通过主轴的轴肩和锁紧盘的圆柱孔，然后将锁紧盘转过一个角度，使双头螺柱进入锁紧盘宽度较窄的圆弧槽内，把螺母卡住，然后将锁紧盘转过一个角度，使双头螺柱进入锁紧盘宽度较窄的圆弧槽内，把螺母卡住，然后拧紧螺钉和螺母，就可以使卡盘或拨盘可靠地安装在主轴的前端。这种结构定心精度高，装卸方便，夹紧可靠，主轴前端悬伸长度较短，连接刚度好，应用广泛。

图 4-6b 所示的结构适用于铣床、镗床的主轴端部。铣刀或刀杆由前端 7：24 的锥孔定位，并用拉杆从主轴后端拉紧，前端的端面键用于传递转矩。

图 4-6c 所示的结构适用于外圆磨床砂轮架的主轴端部。

图 4-6d 所示的结构适用于内圆磨床砂轮架的主轴端部。

图 4-6e 所示的结构适用于钻床与普通镗床的锤杆端部，刀杆或刀具由莫氏锥孔定位，锥孔后端第一个扁孔用于传递转矩，第二个扁孔用于拆卸刀具。

图 4-6f 所示的结构适用于数控镗床的主轴端部，主轴内孔为圆柱孔，前端带有莫氏锥孔的刀具拉杆可安装在主轴孔中。

3. 主轴的支承

机床主轴带着刀具或夹具在支承件中做回转运动，需要传递切削转矩，承受背向力，并保证必要的旋转精度。

数控机床主轴支承根据主轴部件的转速、承载能力、回转精度等性能要求采用不同种类的轴承。中小型数控机床（如车床、铣床、加工中心、磨床）的主轴部件多采用滚动轴承；重型数控机床采用液体静压轴承；高精度数控机床（如坐标磨床）采用气体静压轴承；转速达 $(2\sim10)\times10^4$ r/min 的主轴可采用磁力轴承或陶瓷滚珠轴承。数控机床主轴常用滚动轴承的结构形式如图 4-7 所示。

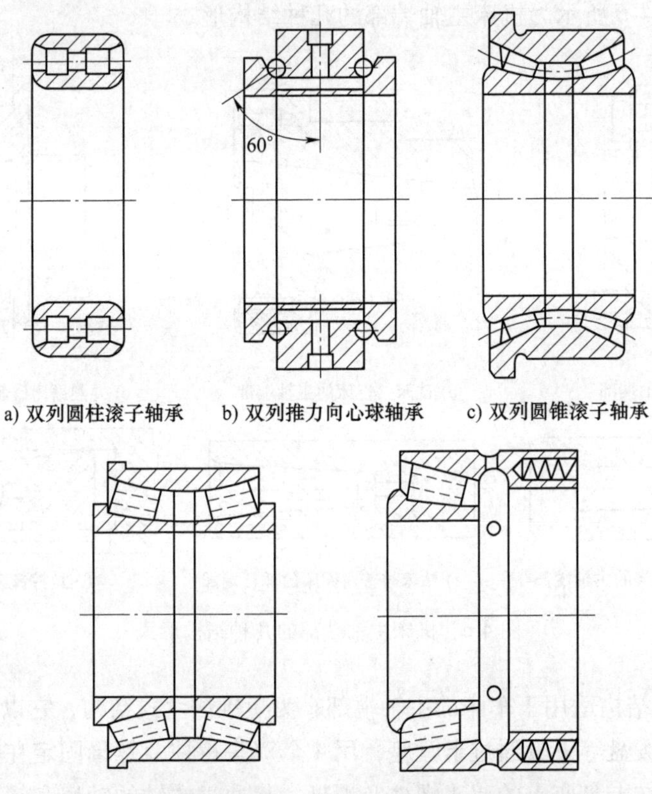

a) 双列圆柱滚子轴承　b) 双列推力向心球轴承　c) 双列圆锥滚子轴承

d) 带凸缘双列圆柱滚子轴承　e) 带弹簧的单列圆锥滚子轴承

图 4-7　数控机床主轴常用滚动轴承的结构形式

根据主轴部件的要求，合理配置轴承，可以提高主传动系统的精度。目前数控机床主轴轴承的典型配置形式主要有如图 4-8 所示的几种形式。

在图 4-8a 所示的配置形式中，前支承采用双列短圆柱滚子轴承（图 4-9）和双向推力角接触球轴承（图 4-10）组合而成，承受轴向载荷，后支承采用成对角接触球轴承（图 4-11），这种配置提高了主轴的综合刚度，满足强力切削的要求，普遍应用于各类数控机床。在图 4-8b 所示的配置形式中，前轴承采用角接触球轴承，由 2~3 个轴承组成一套，背靠背安装，承受径向载荷，后支承采用双列短圆柱滚子轴承，这种配置适用于高速、重载的主轴部件；在图 4-8c 所示的配置形式中，前、后支承均采用成对角接触球轴承，以承受径向

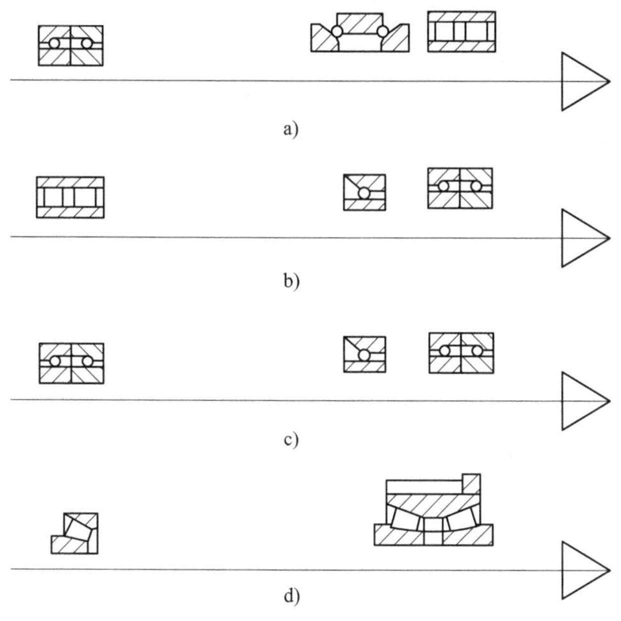

图 4-8　数控机床主轴轴承的配置形式

载荷和轴向载荷，这种配置适用于高速、轻载和精密的数控机床主轴；在图 4-8d 所示的配置形式中，前支承采用双列圆锥滚子轴承（图 4-12），承受径向载荷和轴向载荷，后支承采用单列圆锥滚子轴承，这种配置可承受重载荷和较强的动载荷，安装与调整性能好，但主轴转速和精度的提高受到限制，适用于中等精度、低速与重载荷的数控机床主轴。

图 4-9　双列短圆柱滚子轴承

图 4-10　双向推力角接触球轴承

图 4-11　角接触球轴承

图 4-12　双列圆锥滚子轴承

4. 主轴准停装置

主轴准停装置是加工中心换刀过程中所要求的特别装置，其作用是使主轴每次都准确地停在固定不变的周向位置上，以保证自动换刀时主轴上的端面键能对准刀柄上的键槽，同时使每次装刀时刀柄与主轴的相对位置不变，提高刀具重复安装精度，从而可提高孔加工时孔径的一致性。另外，一些特殊工艺要求，如在通过前壁小孔镗内壁的同轴大孔，或进行反倒角等加工时，也要求主轴实现准停，使刀尖在一个固定的方位上，以便主轴偏移一定尺寸后，使大刀通过前壁小孔进入箱体内对大孔进行镗削。

主轴准停装置很多，传统的数控机床采用机械挡块来定位，而现代的数控机床一般都采用电气式主轴定位，只要发出指令信号，主轴就可以准确地定位。

电气式的主轴准停装置设置在主轴的尾端，如图 4-13 所示。当主轴需要准停时，无论主轴是转动还是停止状态，一旦接收到数控装置发来的准停开关信号，主轴立即加速或减速至某一准停速度（可在主轴驱动装置中设定）。主轴达到准停速度且到达准停位置时（即固定安装在支架上的永久磁铁 3 对准装在带轮 5 上的磁传感器 4），主轴立即减速至某一爬行速度（在主轴驱动装置中设定）。当磁传感器信号出现时，主轴驱动立即进入磁传感器作为反馈元件的位置闭环控制，目标位置为准停位置，最后准确停止。准停完成后，主轴驱动装置输出准停完成信号给数控装置，从而可进行自动换刀（ATC）或其他动作。

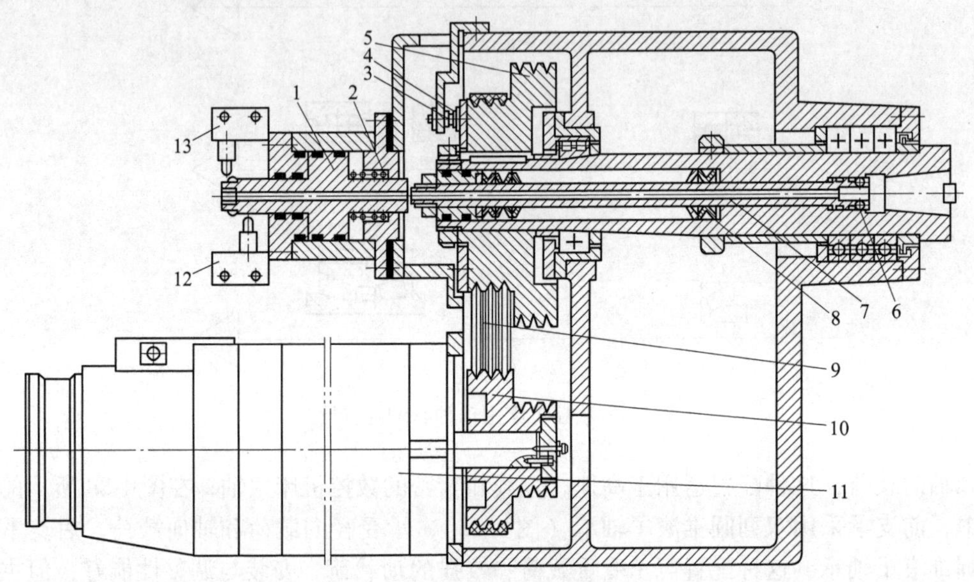

图 4-13　加工中心主轴的准停装置

1—活塞环　2—弹簧锁　3—永久磁铁　4—磁传感器　5—带轮　6—钢球　7—拉杆　8—碟形弹簧　9—V 带　10—带轮　11—电动机　12、13—限位开关

图 4-14 所示为 JCS-018A 加工中心采用的主轴电气式准停工作原理。其工作原理是：在带动主轴 5 旋转的多楔带轮 1 的端面上装有一个厚垫片 4，垫片上装有一个体积很小的永久磁铁 3，在主轴箱箱体对应于主轴准停的位置上装有磁传感器 2。当机床需要停车换刀时，数控系统发出主轴停转的指令，主轴电动机立即降速，当主轴以最低转速慢转、永久磁铁 3 对准磁传感器 2 时，传感器发出准停信号。此信号经放大后，由定向电路控制主轴电动机准确地停止在规定的周向位置上。

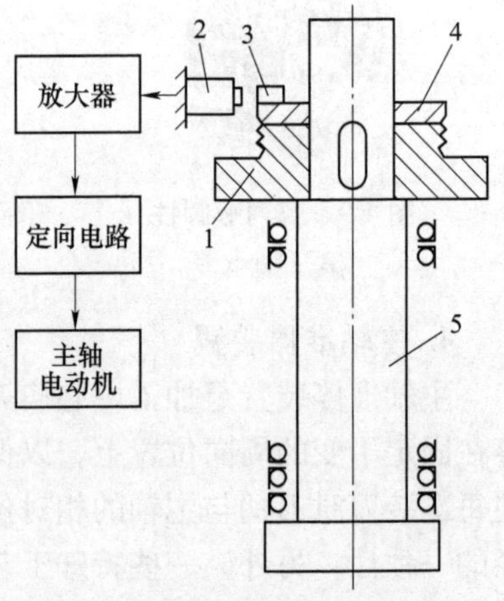

图 4-14　JCS-018A 加工中心的主轴电气式准停工作原理

1—多楔带轮　2—磁传感器　3—永久磁铁　4—垫片　5—主轴

5. 主轴刀具的自动装卸和切屑清除装置

在带有刀库的数控机床中，为实现刀具在主轴上的自动装卸，其主轴部件除具有较高的精度和刚度外，还必须带有刀具自动装卸装置和主轴孔内的切屑清除装置。图 4-15a 所示为主轴刀具自动装卸及切屑清除装置，其中端面键 13 既可作为刀具定位用，又可传递切削转矩。

刀架 1 以锥度为 7∶24 的锥柄安装于主轴前端的锥孔中定位，并通过拧紧在锥柄尾部的拉钉 2 拉紧于锥孔中。夹紧刀架时，液压缸上腔接通回油，弹簧 11 推动活塞 6 上移，处于图

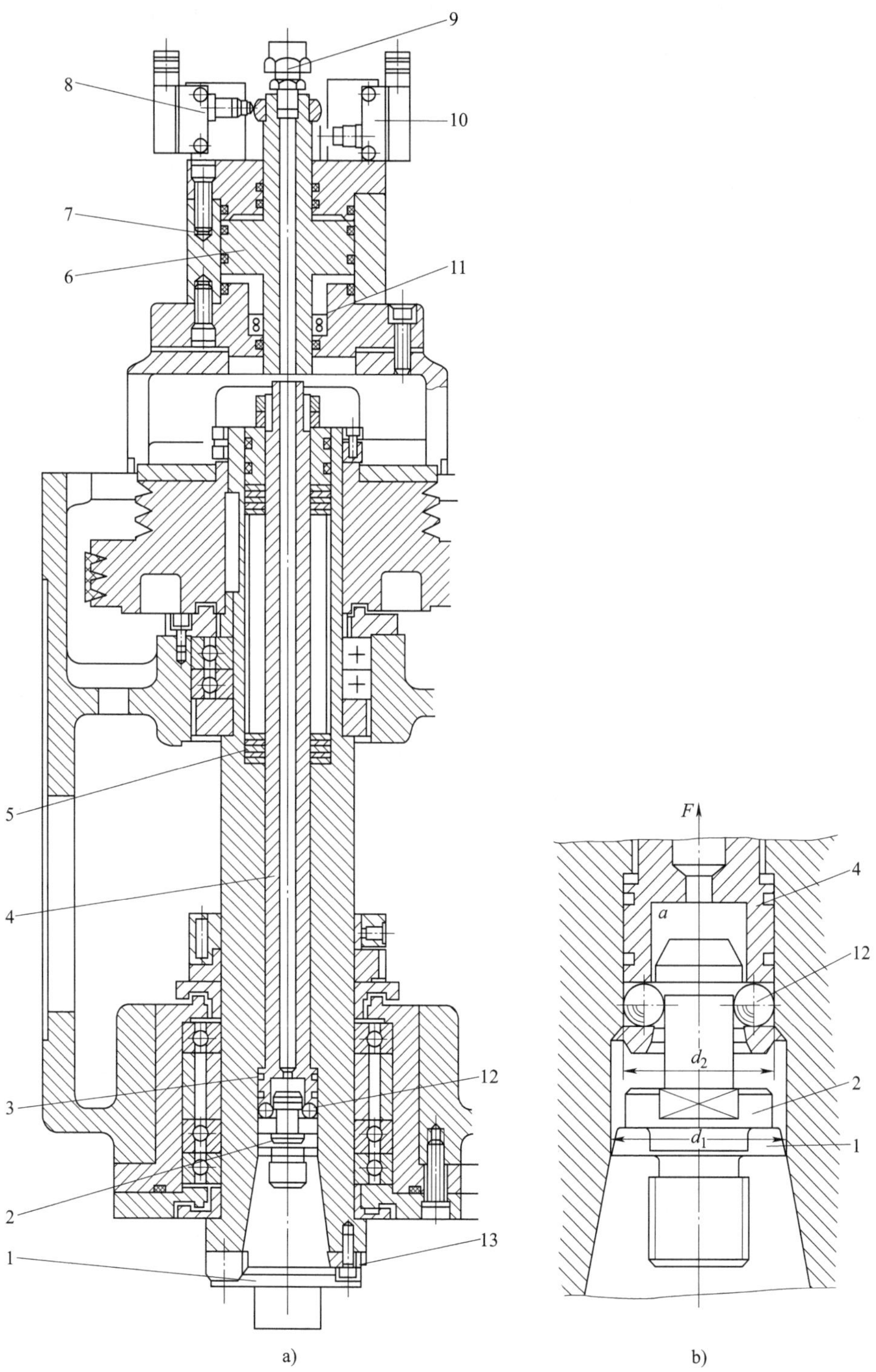

图 4-15 主轴刀具自动装卸及切屑清除装置

1—刀架 2—拉钉 3—主轴 4—拉杆 5—碟形弹簧 6—活塞 7—液压缸 8、10—行程开关 9—管接头 11—弹簧 12—钢球 13—端面键

示位置，拉杆 4 在碟形弹簧 5 的作用下向上移动。此时装在拉杆前端径向孔中的四个钢球 12 进入主轴孔中直径较小的 d_2 处（图 4-15b），被迫径向收拢而卡进拉钉的环形凹槽内，因而刀杆被拉杆拉紧，依靠摩擦力紧固在主轴上。换刀前需将刀架松开时，压力油进入液压缸上腔，活塞推动拉杆向下移动，碟形弹簧被压缩；钢球随拉杆一起下移，当进入主轴孔中直径较大的 d_1 处时，它就不再能约束拉钉的头部，紧接着拉杆前端内孔的拾肩处端面碰到拉钉，把刀架顶松。此时行程开关 10 发出信号，换刀机械手随即将刀架取下。与此同时，压缩空气由管接头 9 经活塞和拉杆的中心通孔吹入主轴装刀孔内，把切屑或污物清除干净，以保证刀具的装夹精度。机械手把新刀装上主轴后，液压缸 7 接通回油，碟形弹簧又拉紧刀架。刀架拉紧后，行程开关 8 发出信号。

在换刀过程中，自动清除主轴孔中切屑和灰尘是换刀操作中一个不容忽视的问题。如果在主轴锥孔中掉进了切屑或其他污物，在拉紧刀杆时，主轴锥孔表面和刀杆的锥柄就会被划伤，甚至使刀杆发生偏斜，破坏刀具的正确定位，影响加工零件的精度，甚至使零件报废。为了保持主轴锥孔的清洁，常用压缩空气吹屑。图 4-15 中的活塞 6 和拉杆 4 的中心钻有压缩空气通道，当活塞向下移动时，压缩空气经拉杆 4 的通孔吹出，将主轴锥孔清理干净，喷气小孔设计有合理的喷射角度，并均匀分布，可以提高其吹屑效果。

任务实践

1. 到实训车间拆开 CK6140 数控车床主轴箱，让学生观察数控机床主传动系统的支承方式及传动过程。
2. 让学生查阅相关的文献，掌握数控机床主传动系统中不同类型轴承的特点。

4.3 数控机床的进给传动系统

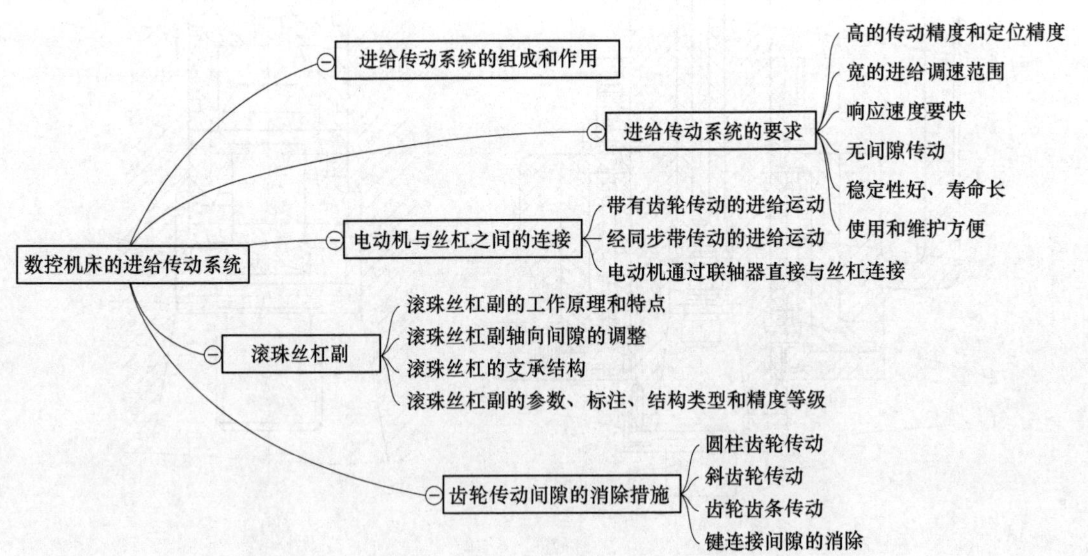

数控机床进给运动以保证刀具与工件相对位置关系为目的。在数控机床中，进给运动是数控系统的直接控制对象。无论开环还是闭环伺服进给系统，工件的加工精度都要受到进给运动的传动精度、灵敏度和稳定性的影响。

4.3.1　进给传动系统的组成和作用

数控机床进给传动系统的作用是将伺服电动机的旋转运动转变为执行件的直线运动或旋转运动。其机械部分的组成包括传动机构、运动变换机构、导向机构和执行件。其中传动机构可以是齿轮传动、同步带传动。数控机床的传动系统普遍采用无级调速的伺服驱动方式，伺服电动机的动力和运动只需经过 1~2 级齿轮副或带传动降速，传递给滚珠丝杠副（大型数控机床常采用齿轮齿条副、蜗杆副）驱动工作台等执行部件运动。传动系统的齿轮副或带传动的作用主要是将高速低转矩的伺服电动机输出改为低速大转矩的执行件输出，另外还可使滚珠丝杠和工作台的转动惯量在系统中占有较小的比例。此外，对开环系统还可以匹配所需脉冲当量，保证系统所需的运动精度。滚珠丝杠副（或齿轮齿条副、蜗杆副）的作用是实现旋转运动和直线移动之间的转换。近年来，由于伺服电动机及其控制单元性能的提高，许多数控机床的进给传动系统去掉了降速齿轮副，直接将伺服电动机与滚珠丝杠连接。

4.3.2　进给传动系统的要求

为确保数控机床进给传动系统的传动精度和工作平稳性等，在设计机械传动装置时，提出了如下要求。

1. 高的传动精度和定位精度

数控机床进给传动装置的传动精度和定位精度对零件的加工精度起着关键性的作用，对采用步进电动机驱动的开环控制系统尤其如此。无论对点位、直线控制系统，还是轮廓控制系统，传动精度和定位精度都是表征数控机床性能的主要指标。设计时，通过在进给传动链中加入减速齿轮，以减小脉冲当量，预紧传动滚珠丝杠，消除齿轮、蜗轮等传动件的间隙等，可达到提高传动精度和定位精度的目的。由此可见，机床本身的精度，尤其是伺服传动链和伺服传动机构的精度是影响工作精度的主要因素。

2. 宽的进给调速范围

伺服进给系统在承担全部工作负载的条件下，应具有较宽的调速范围，以适应各种工件材料、尺寸和刀具等变化的需要，工作进给速度范围可达 3~6000mm/min。为了完成精密定位，伺服系统的低速趋近速度达 0.1mm/min；为了缩短辅助时间，提高加工效率，快速移动速度应高达 15m/min。在多坐标联动的数控机床上，合成速度维持常数是保证表面粗糙度要求的重要条件；为保证较高的轮廓精度，各坐标方向的运动速度也要配合适当，这是对数控系统和伺服进给系统提出的共同要求。

3. 响应速度要快

所谓快速响应特性是指进给系统对指令输入信号的响应速度及瞬态过程结束的迅速程度，即跟踪指令信号的响应要快；定位速度和轮廓切削进给速度要满足要求；工作台应能在规定的速度范围内灵敏而精确地跟踪指令，进行单步或连续移动，在运行时不出现丢步或多步现象。进给系统响应速度的大小不仅影响机床的加工效率，而且影响加工精度。设计中应使机床工作台及其传动机构的刚度、间隙、摩擦以及转动惯量尽可能达到最佳值，以提高进给系统的快速响应特性。

4. 无间隙传动

进给系统的传动间隙一般指反向间隙，即反向死区误差，它存在于整个传动链的各传动副中，直接影响数控机床的加工精度；因此，应尽量消除传动间隙，减小反向死区误差。设计中可采用消除间隙的联轴器及有消除间隙措施的传动副等方法。

5. 稳定性好、寿命长

稳定性是伺服进给系统能够正常工作的最基本条件，特别是在低速进给情况下不产生爬行，并能适应外加负载的变化而不发生共振。稳定性与系统的惯性、刚性、阻尼及增益等都有关系，适当选择各项参数，并能达到最佳的工作性能，是伺服系统设计的目标。所谓进给系统的寿命，主要指其保持数控机床传动精度和定位精度的时间长短，及各传动部件保持其原来制造精度的能力。设计中各传动部件应选择合适的材料及合理的加工工艺与热处理方法，对于滚珠丝杠和传动齿轮，必须具有一定的耐磨性和适宜的润滑方式，以延长其寿命。

6. 使用和维护方便

数控机床属高精度自动控制机床，主要用于单件、中小批量、高精度及复杂件的生产加工，机床的开机率高，因此，进给系统的结构设计应便于使用和维护，最大限度地减小维修工作量，以提高机床的利用率。

4.3.3 电动机与丝杠之间的连接

数控机床进给驱动对位置精度、快速响应特性、调速范围等有较高的要求。实现进给驱动的电动机主要有三种：步进电动机、直流伺服电动机和交流伺服电动机。目前，步进电动机只适用于经济型数控机床，直流伺服电动机在我国正广泛使用，交流伺服电动机作为比较理想的驱动元件已成为发展趋势。当数控机床的进给系统采用不同的驱动元件时，其进给机构可能会有所不同。电动机与丝杠间的连接主要有三种形式，如图 4-16 所示。

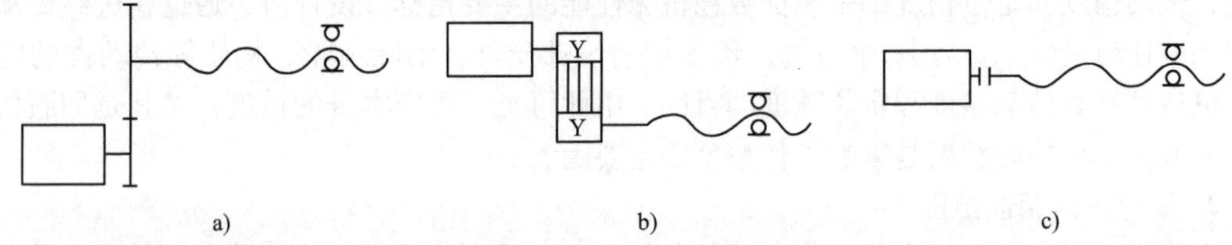

图 4-16　电动机与丝杠间的连接形式

1. 带有齿轮传动的进给运动

数控机床在机械进给装置中一般采用齿轮传动副来达到一定的降速比要求，如图 4-16a 所示。由于齿轮在制造中不可能达到理想齿面要求，总存在着一定的齿侧间隙才能正常工作，但齿侧间隙会造成进给系统的反向失动量，对闭环系统来说，齿侧间隙会影响系统的稳定性。因此，齿轮传动副常采用消除措施来尽量减小齿轮侧隙，但这种连接形式的机械结构比较复杂。

2. 经同步带传动的进给运动

如图 4-16b 所示，这种连接形式的机械结构比较简单。同步带传动综合了带传动和链传动的优点，可以避免齿轮传动时引起的振动和噪声，但只能适于低转矩特性要求的场所。它安装时中心距要求严格，且同步带与带轮的制造工艺复杂。

3. 电动机通过联轴器直接与丝杠连接

如图 4-16c 所示，此结构通常是电动机轴与丝杠之间采用锥环无键连接或高精度十字联轴器连接，从而使进给传动系统具有较高的传动精度和传动刚度，并大大简化了机械结构。在加工中心和精度较高的数控机床的进给运动中，普遍采用这种连接形式。

4.3.4　滚珠丝杠副

1. 滚珠丝杠副的工作原理和特点

（1）工作原理　滚珠丝杠副是一种新型的传动机构，其结构特点是具有螺旋槽的丝杠和螺母间装有滚珠作为中间传动件，以减少摩擦，如图 4-17 所示。图中丝杠和螺母上都磨有圆弧形的螺旋槽，这两个圆弧形的螺旋槽对合起来就形成螺旋线滚道，在滚道内装有滚珠。当丝杠回转时，滚珠相对于螺母上的滚道滚动，因此丝杠与螺母之间基本上为滚动摩擦。为了防止滚珠从螺母中滚出来，在螺母的螺旋槽两端设有回程引导装置，使滚珠能循环流动。

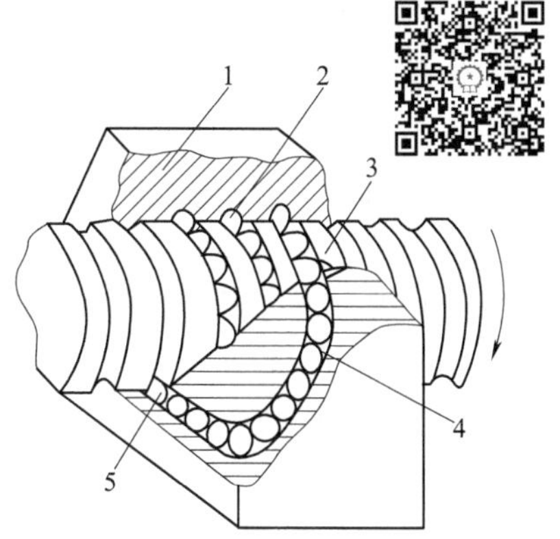

图 4-17　滚珠丝杠副的结构

1—螺母　2—滚珠　3—丝杠
4—滚珠回路　5—螺旋槽

滚珠丝杠副中滚珠的循环方式有外循环和内循环两种，如图 4-18 所示。

1）外循环：如图 4-18a 所示，滚珠在循环反向时离开丝杠螺纹滚道，在螺母体内或体外做循环运动称为外循环。由于滚珠丝杠副的应用越来越广，开发出了许多新型的滚珠循环方式。

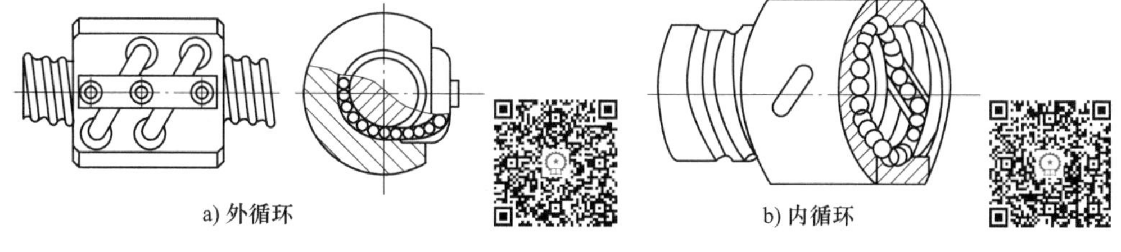
a) 外循环　　b) 内循环

图 4-18　滚珠丝杠副的循环方式

2）内循环：如图 4-18b 所示，滚珠在循环过程中始终与丝杠表面保持接触，在螺母的侧面孔内装有接通相邻滚道的反向器，利用反向器引导滚珠越过丝杠的螺纹顶部进入相邻滚道，形成一个循环回路。一般在同一螺母上装有 2~4 个滚珠用反向器，并沿螺母圆周均匀分布。内循环方式的优点是滚珠循环的回路短、流畅性好、效率高、螺母的径向尺寸也较小。其不足之处是反向器加工困难、装配调整也不方便。

（2）特点

1）传动效率高，摩擦损失小。滚珠丝杠副的传动效率 $\eta=0.92\sim0.96$，比常规的丝杠副提高 3~4 倍。因此，功率消耗只相当于常规丝杠副的 1/4~1/3。

2）给予适当预紧，可消除丝杠和螺母的螺纹间隙，反向时就可以消除空行程死区，定位精度高，刚度好。

3）运动平稳，无爬行现象，传动精度高。

4）运动具有可逆性，可以从旋转运动转换为直线运动，也可以从直线运动转换为旋转运动，即丝杠和螺母都可以作为主动件。

5）磨损小，使用寿命长。

6）制造工艺复杂。滚珠丝杠和螺母等元件的加工精度要求高，表面质量也要求高，故制造成本高。

7）不能自锁。特别是对于竖直丝杠，由于自重惯力的作用，下降时当传动切断后，不能立刻停止运动，故常需添加制动装置。

2. 滚珠丝杠副轴向间隙的调整

滚珠丝杠副除了对本身单一方向的进给运动精度有要求外，对其轴向间隙也有严格的要求，以保证反向传动精度。滚珠丝杠副的轴向间隙，是负载在滚珠与滚道型面接触点的弹性变形所引起的螺母位移量和螺母原有间隙的总和。因此要把轴向间隙完全消除相当困难。通常采用双螺母预紧的方法，把弹性变形量控制在最小限度内。目前制造的外循环单螺母的轴向间隙达 0.05mm，而双螺母加预紧力后基本上能消除轴向间隙。应用这一方法来消除轴向间隙时需注意以下两点：①通过预紧力产生预拉变形以减少弹性变形所引起的位移时，该预紧力不能过大，否则会引起驱动力矩增大、传动效率降低和使用寿命缩短；②要特别注意减小丝杠安装部分和驱动部分的间隙。

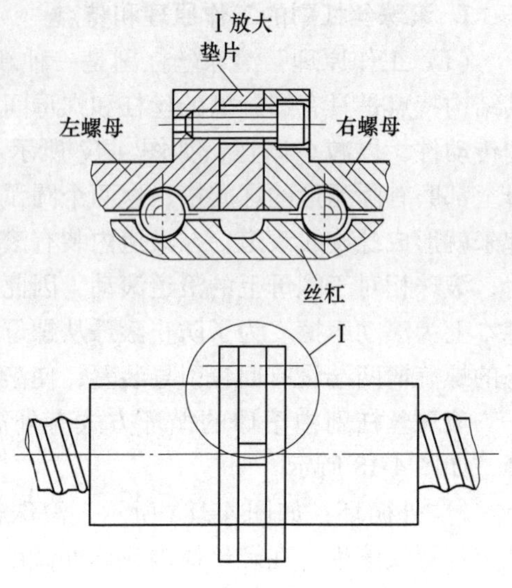

图 4-19 双螺母垫片调隙

常用的双螺母消除轴向间隙的结构形式有以下三种：

（1）垫片调隙式（图 4-19） 通常用螺钉来连接滚珠丝杠两个螺母的凸缘，并在凸缘间加垫片。调整垫片的厚度使螺母产生轴向位移，以达到消除间隙和产生预拉紧力的目的。

这种结构的特点是构造简单、可靠性好、刚度高以及装卸方便；但调整费时，并且在工作中不能随意调整，除非更换厚度不同的垫片。

（2）螺纹调隙式（图 4-20） 螺纹调隙式，其中一个螺母的外端有凸缘，另一个螺母的外端制有螺纹，它伸出套筒外，并用两个圆螺母固定，旋转圆螺母时，即可消除间隙，并产生预拉紧力，调整好后再用另一个圆螺母把它锁紧。

（3）齿差调隙式（图 4-21） 在两个螺母的凸缘上各制有圆柱齿轮，两者齿数相差一个齿，并装入内齿圈中，内齿圈用螺钉或定位销固定在套筒上。调整时，先取下两端的内齿圈，当两个滚珠螺母相对于套筒同方向转动相同齿数时，一个滚珠螺母对另一个滚珠螺母产生相对角位移，从而使滚珠螺母对于滚珠丝杠的螺旋滚道相对移动，达到消除间隙并施加预紧力的目的。

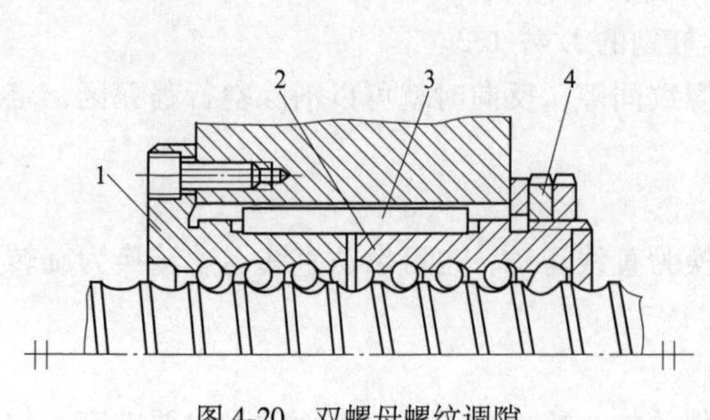

图 4-20 双螺母螺纹调隙

1、2—螺母 3—平键 4—调整螺母

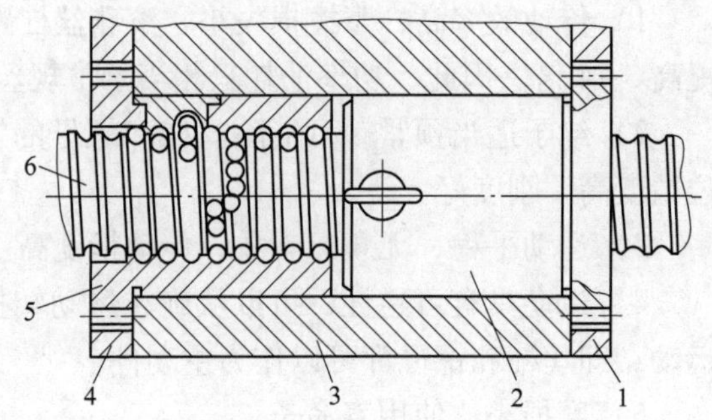

图 4-21 双螺母齿差调隙

1、4—内齿圈 2、5—螺母 3—螺母座 6—丝杠

3. 滚珠丝杠的支承结构

数控机床的进给系统要获得较高的传动刚度，除了加强滚珠丝杠和螺母本身的刚度外，滚珠丝杠正确的安装及其支承的结构刚度也是不可忽视的因素。螺母座、丝杠端部的轴承及其支承加工的不精确性和它们在受力之后的过量变形，都会对进给系统的传动刚度产生影响。因此，螺母座的孔与螺母之间必须保持良好的配合，并应保证孔对端面的垂直度；在螺母座上增加适当的肋板，并加大螺母座和机床接合部件的接触面积，以提高螺母座的局部刚度和接触刚度。

（1）轴承的选择　为了提高支承的轴向刚度，选择合适的轴承至关重要。国内用于支承滚珠丝杠的轴承主要是滚动轴承，包括向心轴承、推力轴承和向心角接触轴承。近年来，国外出现了一种滚珠丝杠专用轴承，如图 4-22 所示。这是一种能够承受很大轴向力的特殊角接触滚珠轴承，与一般角接触轴承相比，接触角增大到 60°时，应增加滚珠的数目并相应减小滚珠的直径。这种新结构的轴承比一般轴承的轴向刚度提高两倍以上，而且使用极为方便。

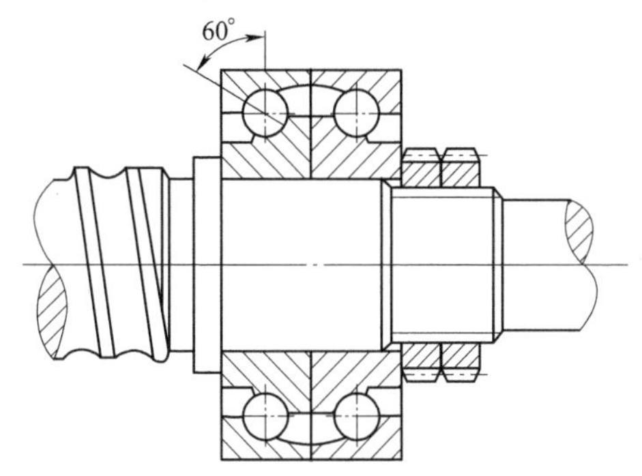

图 4-22　滚珠丝杠专用轴承

（2）轴承的支承配置　滚珠丝杠主要承受轴向载荷，它的径向载荷主要是卧式丝杠的自重，常见的轴承支承配置有以下四种：

1）一端装推力轴承（固定-自由式），如图 4-23a 所示。这种安装方式只适用于短丝杠，它的承载能力小，轴向刚度低，一般用于数控机床的调节环节或升降台式数控机床的立向（竖直）坐标中。

2）一端装推力轴承，另一端装深沟球轴承（固定-支承式），如图 4-23b 所示。这种方式可用于中等转速、高精度丝杠较长的情况，应将推力轴承放置在远离液压马达热源或冷却条件较好的位置，以减小丝杠热变形的影响。

3）两端装推力轴承（固定-固定式），如图 4-23c 所示。这种方式把推力轴承装在滚珠丝杠的两端，并施加预紧拉力，这样有助于增强刚度，减小丝杠因自重引起的弯曲变形。因为丝杠有预紧力，所以丝杠不会因温升而伸长，从而保持丝杠的精度。

4）两端装推力轴承及深沟球轴承（固定-固定式），如图 4-23d 所示。为使丝杠具有较大刚度，它的两端可用双重支承，即推力轴承加深沟球轴承，并施加预紧拉力。这种结构方式可使丝杠的温度变形转化为推力轴承的预紧力，但设计时要求提高推力轴承的承载能力和支架刚度。

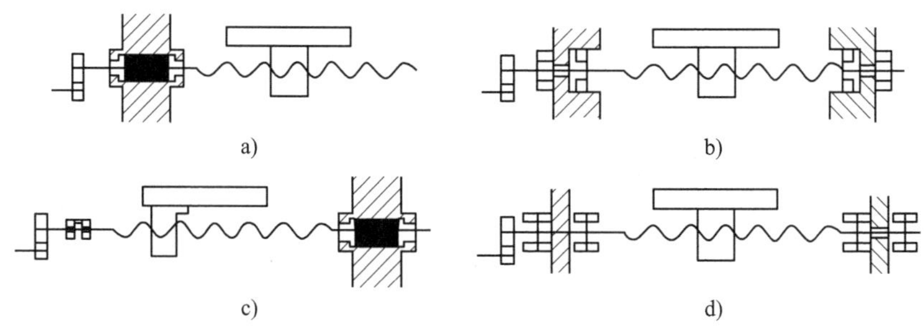

图 4-23　滚珠丝杠的支承结构

4. 滚珠丝杠副的参数、标注、结构类型和精度等级

(1) 滚珠丝杠副的参数（图 4-24）

1) 公称直径 d_0。公称直径是滚珠与螺纹滚道在理论接触角状态时包络滚珠球心的圆柱直径。它是滚珠丝杠副的特性尺寸。

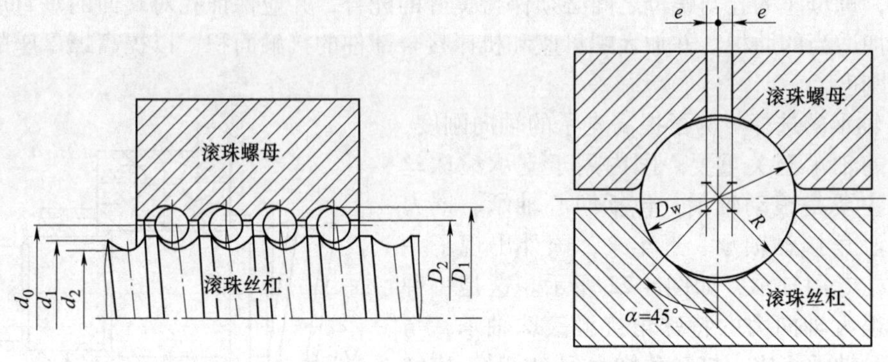

图 4-24 滚珠丝杠副的参数

2) 导程 P_h。导程是滚珠丝杠相对于滚珠螺母旋转 2πrad 时，滚珠螺母上的基准点的轴向位移。

3) 公称接触角 α。公称接触角是滚珠与滚道在接触点处的公法线与螺纹轴线的垂直线间的夹角，理想接触角 $\alpha=45°$。

此外，还有丝杠螺纹大径 d_1、丝杠螺纹小径 d_2、螺纹全长 l_1、滚珠直径 D_w、螺母螺纹大径 D_1、螺母螺纹小径 D_2、滚道圆弧半径 R 等参数。

导程的大小根据机床的加工精度要求确定。精度要求高时，应将导程取小些，可减小丝杠上的摩擦阻力。但导程取小后，势必将滚珠直径 D_w 取小，使滚珠丝杠副的承载能力降低。若丝杠副的公称直径 d_0 不变，导程小，则螺旋升角也小，传动效率 η 也变小。因此，在满足机床加工精度的条件下导程应尽可能取大些。公称直径 d_0 与承载能力直接有关，有的资料推荐滚珠丝杠副的公称直径 d_0 应大于丝杠工作长度的 1/30。数控机床常用的进给滚珠丝杠公称直径 $d_0=20\sim80$mm。

(2) 滚珠丝杠副的标注　根据国家标准 GB/T 17587.1—2017 规定，滚珠丝杠副的型号根据其公称直径、公称导程、螺纹长度、类型、标准公差等级、螺纹旋向、承载圈数等特征，采用汉语拼音字母、数字及汉字结合的方式，按图 4-25 所示的格式编写。

(3) 滚珠丝杠副的结构类型和精度等级　滚珠丝杠副的类型有两类：T 为传动滚珠丝杠副；P 为定位滚珠丝杠副，即通过旋转角度和导程间接控制轴向位移量的滚珠丝杠副。

滚珠丝杠副的循环方式及代号见表 4-1。

表 4-1 滚珠丝杠副的循环方式及代号

循环方式		代　号
内循环	浮动式	A
	固定式	B
外循环	插管式	C
	端盖式	D

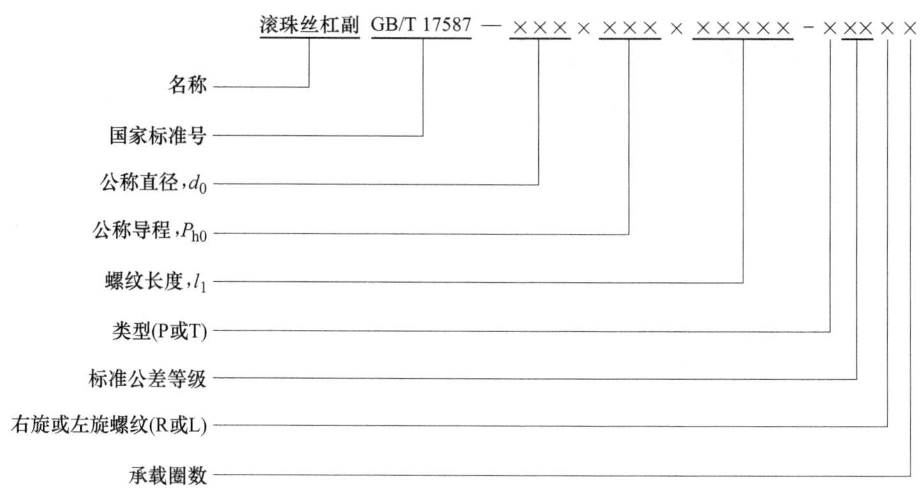

图 4-25　滚珠丝杠副的标注格式

滚珠丝杠副的预紧方式及代号见表 4-2。

表 4-2　滚珠丝杠副的预紧方式及代号

预紧方式	代　　号
单螺母变位导程预紧	B
双螺母齿差预紧	C
双螺母垫片预紧	D
双螺母螺纹预紧	L
双螺母无预紧	W

滚珠丝杠副的结构特征及代号见表 4-3。

表 4-3　滚珠丝杠副的结构特征及代号

结构特征	代　　号
导珠管埋入式	M
导珠管凸出式	T

滚珠丝杠副的精度等级及使用范围见表 4-4。

表 4-4　滚珠丝杠副的精度等级及使用范围

代号	使用范围	精度性能增高方向
1	数控磨床、数控切割机床、数控镗床、坐标镗床及高精度数控加工中心	↑
2		
3	数控钻床、数控车床、数控铣床及数控加工中心	
4		
5	普通机床	
7	普通传动轴	
10		

4.3.5 齿轮传动间隙的消除措施

由于数控机床进给系统经常处于自动变向状态，反向时如果驱动链中的齿轮等传动副存在间隙，就会使进给运动的反向滞后于指令信号，从而影响其驱动精度。因此必须采取措施消除齿轮传动中的间隙，以提高数控机床进给系统的驱动精度。

1. 圆柱齿轮传动

（1）偏心轴套调整法　图 4-26 所示为简单的偏心轴套式间隙调整结构。电动机 1 是通过偏心轴套 2 装到壳体上，通过转动偏心轴套，就能够方便地调整两啮合齿轮的中心距，从而消除圆柱齿轮正、反转时的齿侧隙。

（2）锥齿轮调整法　图 4-27 所示为锥齿轮式间隙调整结构。在加工锥齿轮 1 和 2 时，将假想的分度圆柱面变成带有小锥度的圆锥面，使其齿厚在齿轮的轴向稍有变化（其外形类似于插齿刀）。装配时只要改变垫片 3 的厚度就能调整两个齿轮的轴向相对位置，从而消除齿侧间隙。但如果增大圆锥面的角度，则将使啮合条件恶化。

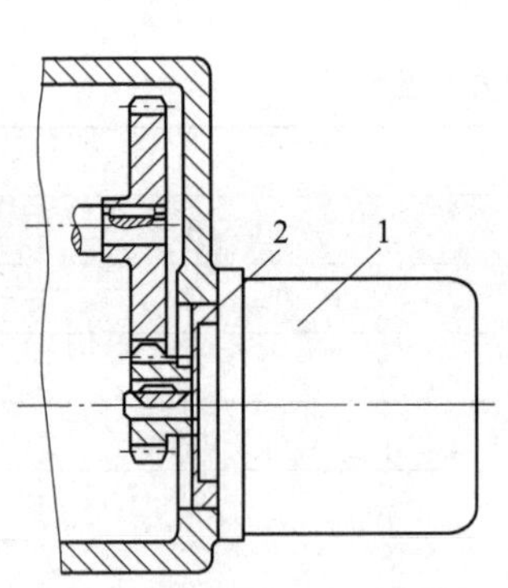

图 4-26　偏心轴套式间隙调整结构

1—电动机　2—偏心轴套

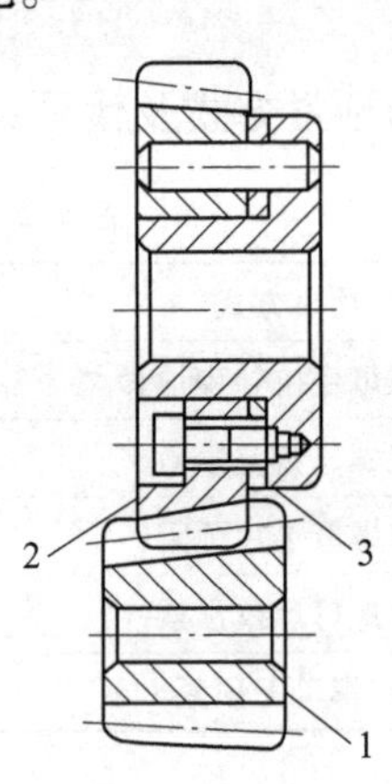

图 4-27　锥齿轮式间隙调整结构

1、2—锥齿轮　3—垫片

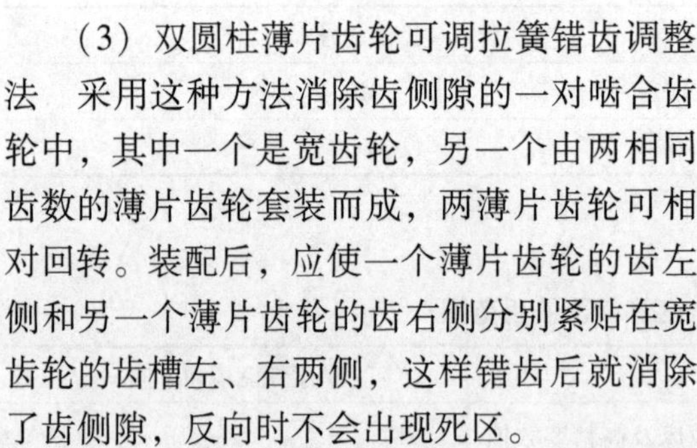

（3）双圆柱薄片齿轮可调拉簧错齿调整法　采用这种方法消除齿侧隙的一对啮合齿轮中，其中一个是宽齿轮，另一个由两相同齿数的薄片齿轮套装而成，两薄片齿轮可相对回转。装配后，应使一个薄片齿轮的齿左侧和另一个薄片齿轮的齿右侧分别紧贴在宽齿轮的齿槽左、右两侧，这样错齿后就消除了齿侧隙，反向时不会出现死区。

图 4-28 所示为双圆柱薄片齿轮可调拉簧错齿调整结构。在两个薄片齿轮 1 和 2 的端面均匀分布着四个螺孔，分别装上凸耳 3 和 4。薄片齿轮 1 的端面还有另外四个通孔，凸耳可以在其中穿过。弹簧 8 的两端分别钩在凸耳 3 和调整螺钉 5 上，通过调整螺母 7

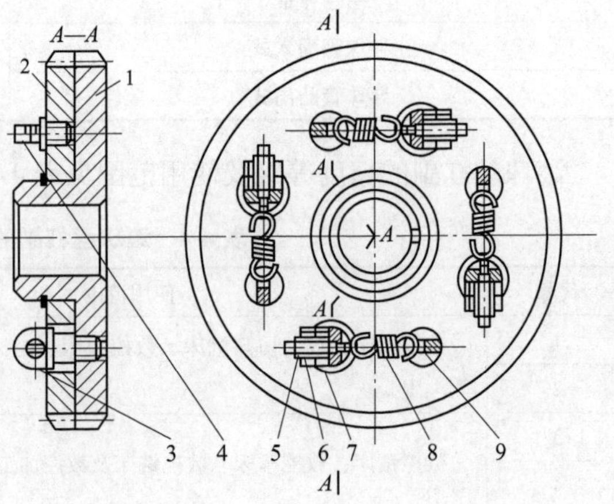

图 4-28　双圆柱薄片齿轮可调拉簧错齿调整法

1、2—薄片齿轮　3、4、9—凸耳　5—调整螺钉

6—锁紧螺母　7—调整螺母　8—弹簧

调节弹簧 8 的拉力，调节完毕用锁紧螺母 6 锁紧。弹簧的拉力使薄片齿轮错位，即两个薄片齿轮的左右齿面分别紧贴在宽齿轮齿槽的左右齿面上，从而消除了齿侧间隙。

2. 斜齿轮传动

斜齿轮传动齿侧隙的消除方法基本上与上述双圆柱薄片齿轮错齿调整法相同，也是用两个薄片齿轮和一个宽齿轮啮合，只是在两个薄片斜齿轮的中间隔开一小段距离，这样它的螺旋线便错开了。图 4-29a 所示为薄片错齿调整法，薄片斜齿轮由平键和轴连接，互相不能相对回转。薄片斜齿轮 1 和 2 的齿形拼装在一起加工。装配时，将垫片厚度增加或减少 Δt，然后用螺母拧紧。这时两齿轮的螺旋线就产生了错位，其左右两齿面分别与宽齿轮的齿面贴紧，从而消除了间隙。垫片厚度的增减量 Δt 可以用下式计算：

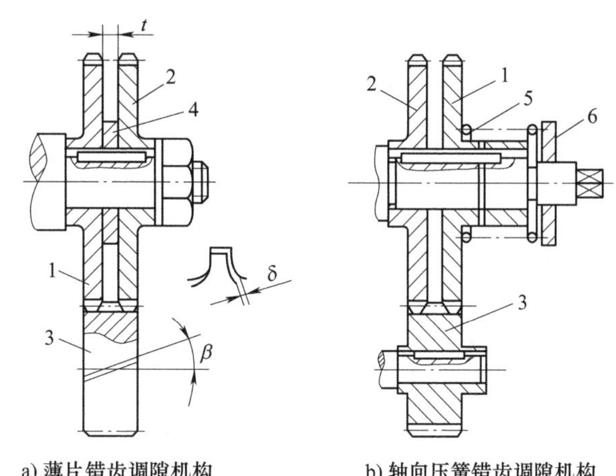

a) 薄片错齿调隙机构　b) 轴向压簧错齿调隙机构

图 4-29 斜齿轮调隙机构

1、2—薄片斜齿轮 3—宽齿轮 4—垫片 5—弹簧 6—螺母

$$\Delta t = \delta\cos\beta$$

式中 δ——齿侧间隙；

β——斜齿轮的螺旋角。

垫片的厚度通常由试测法确定，一般要经过几次修磨才能调整好，因而调整较费时，且齿侧隙不能自动补偿。

图 4-29b 所示为轴向压簧错齿调整法，其特点是齿侧隙可以自动补偿，但轴向尺寸较大，结构不紧凑。

3. 齿轮齿条传动

在数控机床中，对于大行程传动机构往往采用齿轮齿条传动，因为其刚度、精度和工作性能不会因行程增大而明显降低，但它与其他齿轮传动一样也存在齿侧间隙，应采取消隙措施。

当传动负载小时，可采用双片薄齿轮错齿调整法，使两片薄齿轮的齿侧分别紧贴齿条的齿槽两相应侧面，以消除齿侧间隙；当传动负载大时，可采用双齿轮调整法。如图 4-30 所示，小齿轮 1、6 分别紧贴齿条 7 啮合，与小齿轮同轴的大齿轮 2、5 分别与齿条 3 啮合，通过预载装置 4 向齿条 3 上预加负载，使大齿轮 2、5 同时向两个相反方向转动，从而带动小齿轮 1、6 转动，其齿面便分别紧贴在齿条 7 上齿槽的左、右侧，消除了齿侧间隙。

4. 键连接间隙的消除

数控机床进给传动装置中，有多处键连接的结构。齿轮等传动件与轴上键的配合间隙，同样有误差的积累，也会影响机床的加工精度，需将其间隙消除。消除键连接间隙有两种方法，如图 4-31 所示。图 4-31a 所示为双键连接结构，用紧定螺钉顶紧以消除间隙；图 4-31b 所示为楔形销键连接结构，用螺母拉紧楔形销以消除键的连接间隙。

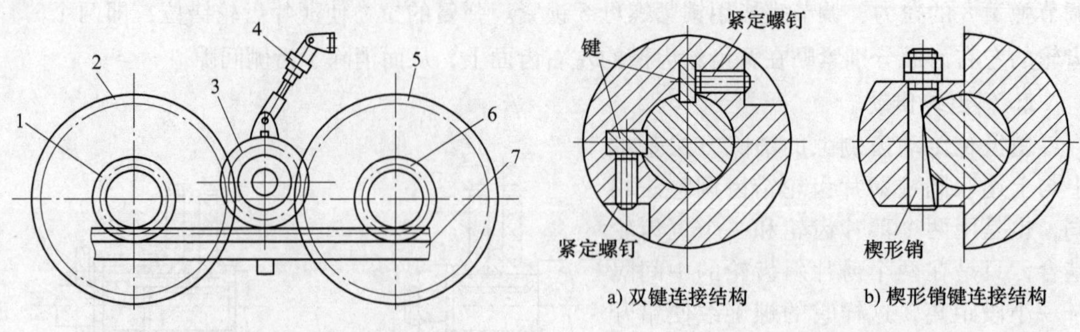

图 4-30 齿轮齿条的双齿轮调隙机构

1、6—小齿轮 2、5—大齿轮 3、7—齿条 4—预载装置

图 4-31 键连接间隙的消除

任务实践

1. 到实训车间拆开 CK6140 数控车床的进给传动系统，让学生观察滚珠丝杠副的工作原理及特点。

2. 以 CK6140 数控车床上的滚珠丝杠副为例，让学生观察并掌握双螺母调隙的三种结构形式。

4.4 数控机床的支承部件

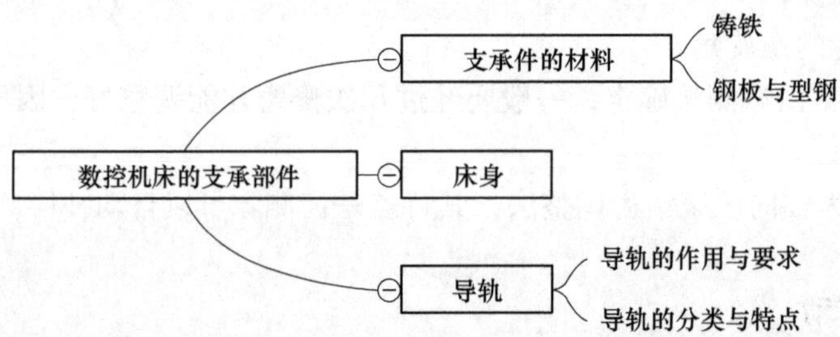

支承件是机床的基础部件，包括床身、立柱、横梁、底座、工作台、箱体和升降台等。它们之间有的互相固定连接，有的在导轨上运动。支承件在加工过程中受各种力和热的作用会产生变形，从而改变执行机构的正确位置或运动轨迹，影响加工精度和表面质量。因此必须采取一定的措施提高支承件抵抗变形和受热变形的能力。

4.4.1 支承件的材料

支承件的材料应保证足够的刚度、强度、抗振性、冲击韧性和耐磨性。目前常用的材料有铸铁、钢板和型钢等。

1. 铸铁

铸铁可以铸出形状复杂的支承件，存在铸铁中的片状或球状石墨在振动时形成阻尼，抗振性比钢高 3 倍。但生产铸铁支承件的制造周期比较长，且铸铁的强度和韧性比较差。

2. 钢板与型钢

钢板与型钢焊接的支承件，生产周期比铸件快 1.7~3.5 倍，钢的弹性模量约为铸铁的 2 倍，承受同样载荷，壁厚比铸件薄，重量比铸件轻。但是钢的阻尼比约为铸铁的 1/3，抗振性差，需要采取一定的抗振措施。

随着数控技术的发展，数控机床的机械结构逐渐形成了自身独特的特点，在支承部件上有着充分的体现，这里以数控机床的床身结构和导轨结构为代表加以说明。

4.4.2 床身

床身是机床的主体，是整个机床的基础支承部件，一般用来放置导轨、主轴箱等重要部件，设备的零部件安装在支承件上或在其导轨面上运动。所以，支承件既起支承作用，承受其他零部件的重量及在其上保持相对运动，又起基准定位作用，确保部件间的相对位置。床身的结构对机床的布局有很大影响。为了满足数控机床高速度、高精度、高生产率、高可靠性和高自动化程度的要求，数控机床的床身结构也必须比普通机床具备更高的静、动刚度和更好的抗振性。

数控铣床、加工中心等的床身结构与数控车床有所不同，如加工中心的床身有固定立柱式和移动立柱式两种，前者适用于中小型立式和卧式加工中心，而后者又分为整体T形床身和前、后床身分开组装的T形床身。T形床身由横置的前床身和与它垂直的后床身组成。整体式床身的刚性和精度保持性都比较好，但铸造和加工不方便，尤其是大型机床的整体床身，制造时需要大型的专用设备。而分离式T形床身的铸造和加工的工艺性都得到大大改善，在组装时前、后床身的连接处要外延，用专用定位销和定位键定位，然后沿截面四周用大螺栓固定。这种分离式T形床身，在刚度和精度保持性方面基本能够满足使用要求，适用于大中型卧式加工中心。

4.4.3 导轨

1. 导轨的作用与要求

导轨是数控机床的基本结构要素之一，导轨的作用是导向和支承，即支承运动部件并保证其能在外力的作用下准确地沿着规定的轨迹运动。导轨副中运动的部件称为运动导轨，固定不动的部件称为支承导轨。动导轨相对于支承导轨的运动形式有直线运动和回转运动两种。机床的加工精度和使用寿命很大程度上取决于机床导轨的质量，数控机床对导轨有着更高的要求，如高的导向精度、灵敏度，高速进给时不振动，低速进给时不爬行，耐磨性好，能在高速重载条件下长期、连续工作，精度保持性好。

（1）高的导向精度　高的导向精度是指保证部件运动轨迹的准确性。导向精度受导轨的结构形状、组合方式、制造精度和导轨间隙调整等因素的影响。

（2）良好的耐磨性　良好的耐磨性可使导轨的导向精度得以长久保持。耐磨性一般受导轨的材料、硬度、润滑和载荷的影响。

（3）足够的刚度　足够的刚度是指在载荷作用下，导轨的刚度高，则保持形状不变的能力好。刚度受导轨结构和尺寸的影响。

（4）具有低速运动的平稳性　低速运动的平稳性是指运动部件在导轨上低速移动时，不应发生“爬行”现象。造成“爬行”的主要因素有摩擦的性质、润滑条件和传动系统的刚度等。

2. 导轨的分类与特点

导轨按运动轨迹可分为直线运动导轨和圆周运动导轨；按工作性质可分为主运动导轨、进给运动导轨和调整导轨；按受力情况可分为开式导轨和闭式导轨；按接触面摩擦性质的不同，数控机床使用的导轨主要有静压导轨、滑动导轨和滚动导轨三种。滑动导轨可分为普通滑动导轨和塑料滑动导轨，静压导轨根据介质的不同又可分为液体静压导轨和气体静压导轨。

（1）滚动导轨　滚动导轨的最大优点是摩擦系数小，不易出现爬行现象，低速运动平稳性好，运动精度和定位精度高。滚动导轨的缺点是抗振性差，结构比较复杂，制造成本较高。

滚动导轨有滚动导轨块和直线导轨两种形式。图 4-32 所示为滚动导轨块的结构，其特点是刚度高、承载能力大、导轨行程不受限制。当运动部件移动时，滚珠 3 在支承部件的导轨与本体 6 之间滚动，同时绕本体 6 循环滚动。导轨块安装在机床的运动部件上，两条导轨一般要安装 12 块滚动导轨块，如果运动部件较长时，要用更多的导轨块，每个导轨上使用导轨块的数量可根据导轨的长度和负载的大小确定。图 4-33 所示为几种形式的滚动导轨块。图 4-34 所示为滚动导轨块在加工中心上的应用。

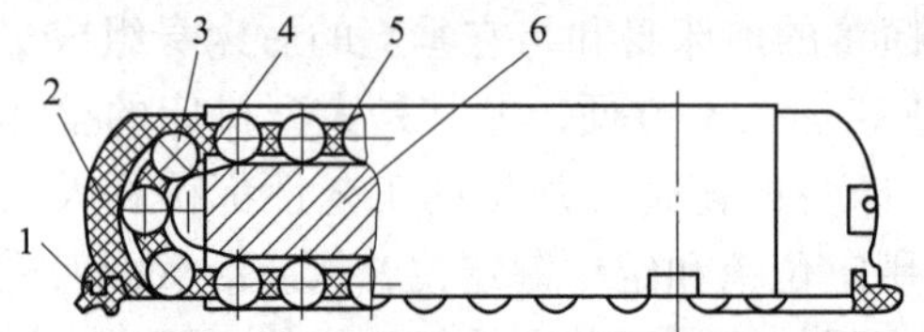

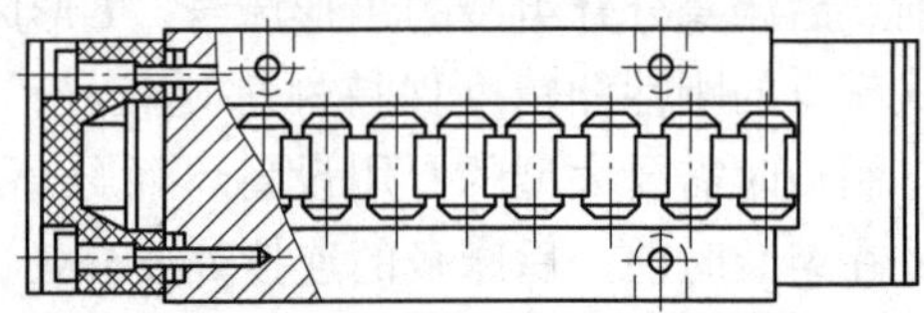

图 4-32　滚动导轨块的结构

1—防护板　2—端盖　3—滚珠　4—导向片　5—保护架　6—本体

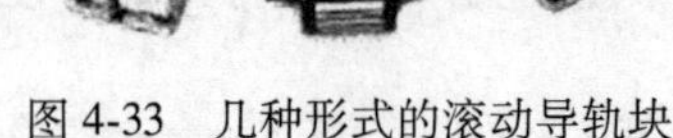

图 4-33　几种形式的滚动导轨块

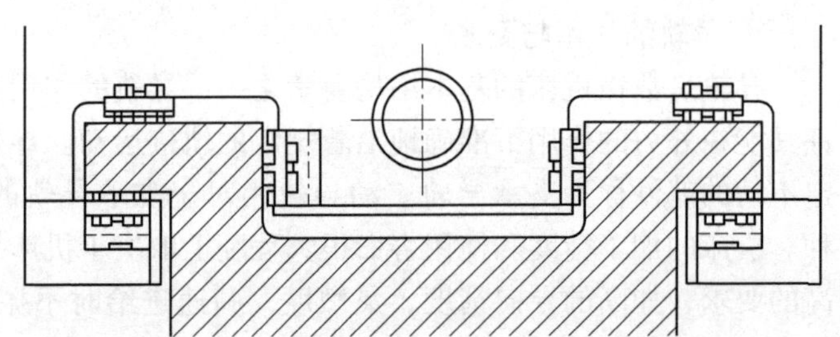

图 4-34　滚动导轨块在加工中心上的应用

图 4-35 所示为直线滚动导轨副的结构，直线滚动导轨一般安装在数控机床的床身或立柱等支承面上，滑块安装在工作台或滑座等移动部件上，当导轨与滑块做相对运动时，反向器引导滚动体反向再进入滚道，形成连续的滚动循环运动。反向器两端的密封端盖可有效地防止灰尘、切屑等进入滑块内部。直线滚动导轨副通常是两根成对使用的，能承受较大力矩，制造精度高，可高速运行，能长时间保持高精度。它将支承导轨和运动导轨组合在一起，作为独立的标准导轨副部件（单元），由专门生产厂家制造。使用时，导轨体固定在不运动部件上，滑块固定在运动部件上。当滑块沿导轨体运动时，滚珠在导轨体滑块之间的圆弧直槽内滚动，并通过端盖内的滚道从工作负载区到非工作负载区，然后再滚动回工作负载区，不断循环，从而把导轨体和滑块之间的移动变成滚珠的滚动。目前在国内外的中小型数控机床上广泛采用这种导轨。

（2）静压导轨　液体静压导轨具有以下优点：由于其导轨的工作面完全处于纯液体摩擦

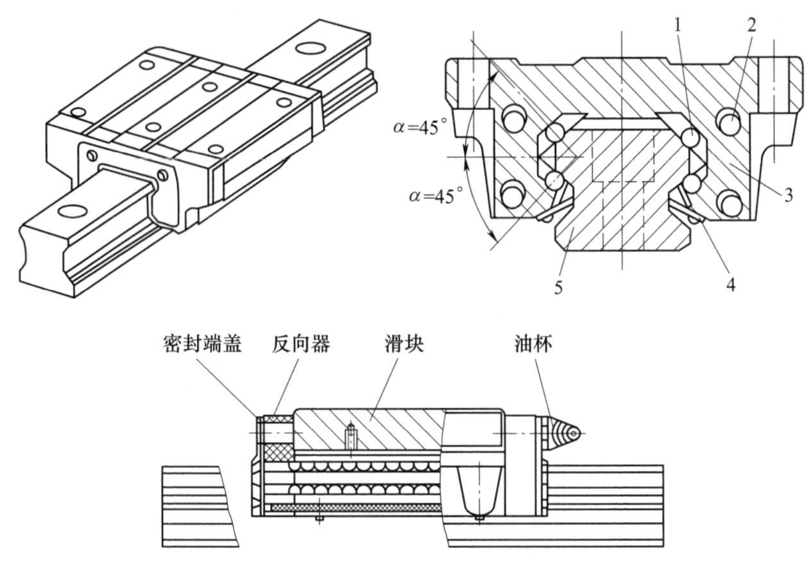

图 4-35 直线滚动导轨副的结构

1—承载滚珠 2—返回滚珠 3—滑块 4—保持器 5—支承导轨

下，因而工作时摩擦系数极低（f=0.0005）；导轨的运动不受负载和速度的限制，且低速时移动均匀，无爬行现象；由于液体具有吸振作用，因而导轨的抗振性好；承载能力大，刚性好；摩擦发热小，导轨温升小。但液体静压导轨的结构复杂，多了一套液压系统，成本高，油膜厚度难以保持恒定不变，因此液体静压导轨主要用于大型、重型数控机床上。

液体静压导轨的结构可分为开式和闭式两种。开式液体静压导轨的工作原理如图 4-36 所示。来自液压泵的压力油经节流阀 4，压力由 p_0 降至 p_1，进入导轨面的油腔内，借助油腔压力将运动导轨浮起，使导轨面间由一层厚度为 h_0 的油膜隔开，油腔中的油不断地穿过封油间隙流回油箱。当导轨受到外载 F 时，使运动导轨向下产生一个位移，导轨间隙减小，使油腔回油阻力增大，油腔中压力也相应增大至 p_0，以平衡负载，保证导轨面间始终处于纯液体摩擦状态。

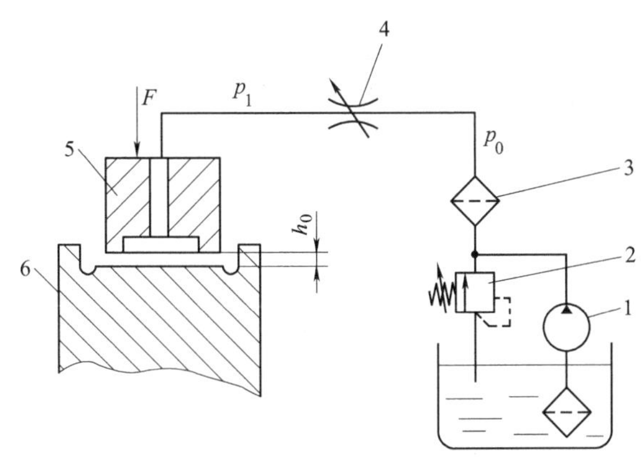

图 4-36 开式液体静压导轨的工作原理

1—液压泵 2—溢流阀 3—过滤器 4—节流阀 5—运动导轨 6—床身导轨

对于闭式液体静压导轨，导轨面上各个方向均开有油腔，所以闭式液体静压导轨具有承受各方向载荷的能力，且其导轨平衡性较好。

（3）滑动导轨 传统滑动导轨具有结构简单、制造方便、接触刚度大等优点。由于是金属与金属相互摩擦，因此摩擦阻力大，动、静摩擦系数差别大，磨损快，低速时易产生爬行现象，除经济型简易数控机床外，在其他数控机床上已不采用。

根据加工工艺不同，塑料滑动导轨可分为贴塑导轨和注塑导轨，导轨上的塑料分别采用聚四氟乙烯导轨软带和环氧树脂耐磨涂料。

目前，数控机床上已广泛采用贴塑导轨，它采用金属对塑料的摩擦形式，摩擦系数小；动、静摩擦系数差别很小，使用寿命长，能防止低速爬行现象；耐磨性好，有自润滑作用和抗振性；化学稳定性好。

聚四氟乙烯导轨软带的特点如下：

1）摩擦性能好。金属导轨对聚四氟乙烯导轨软带的动、静摩擦系数基本不变。

2）耐磨性好。聚四氟乙烯导轨软带材料中含有青铜粉、二硫化铜和石墨等，因此其本身就具有润滑作用，故对润滑的要求不高。此外，塑料质地较软，即使嵌入金属碎屑、灰尘等，也不致损伤金属导轨面和软带本身，可延长导轨副的使用寿命。

3）减振性好。塑料的阻尼性能好，其减振效果、消声性能较好，有利于提高运动速度。

4）工艺性能好。可以降低对粘贴塑料金属基体的硬度和表面质量要求，而且塑料易于加工，使得导轨副接触面易获得优良的表面质量。

注塑导轨又称为涂塑导轨，其抗磨涂层是环氧型耐磨导轨涂层，其材料是以环氧树脂和二硫化钼为基体，加入增塑剂，混合成膏状为一组分，固化剂为一组分的双组分塑料涂层。这种导轨有良好的可加工性、摩擦特性和耐磨性，其抗压强度比聚四氟乙烯导轨软带要高，固化时体积不收缩，尺寸稳定，特别是可在调整好固定导轨和运动导轨间的相对位置精度后注入塑料，可节省很多工时，适用于大型和重型机床。

使用时，先将导轨涂层面加工成锯齿形。清洗与塑料导轨相配的金属导轨面并涂上一薄层硅油或专用脱模剂（以防止与耐磨导轨涂层的黏结），将涂层涂抹于导轨面，固化后，将两导轨分离。

任务实践

1. 带领学生到实训车间，让学生观察数控机床中支承件的实际位置，并理解导轨、床身等支承件的作用。

2. 让学生自主查阅资料了解现代数控机床导轨的常用材料及应用场合，拓宽学生对现代数控机床支承件的理解。

4.5 数控机床的工作台

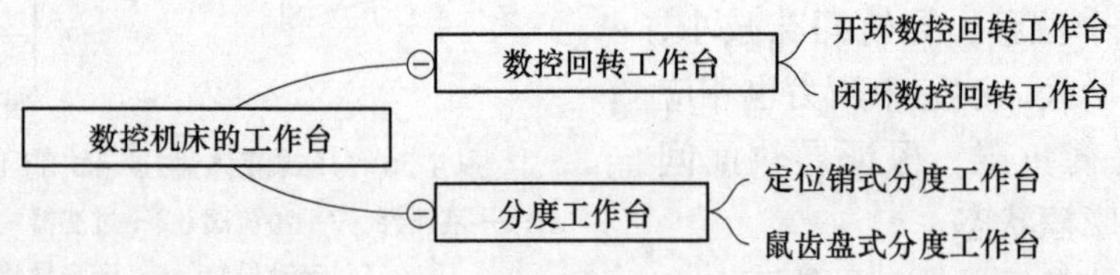

4.5.1 数控回转工作台

数控回转工作台的功能是使工作台做连续回转进给运动，以完成切削工作，同时能完成0°~360°范围内的任意角度的分度。其作用是既能作为数控机床的一个回转坐标轴，用于加工各种圆弧或与直线坐标轴联动加工曲面，又能作为分度头完成工件的转位。

由于数控回转工作台的功能要求连续回转进给并与其他坐标轴联动，因此采用伺服驱动系统来实现回转、分度和定位，其定位精度由控制系统决定。根据控制方式，数控回转工作台分为开环数控回转工作台和闭环数控回转工作台。

1. 开环数控回转工作台

数控回转工作台的定位精度完全由控制系统决定。因此，对于开环系统的数控回转工作台，要求它的传动系统中没有间隙，否则在反向回转时会产生传动误差，影响定位精度。图 4-37 所示为开环数控回转工作台的结构。开环数控回转工作台采用电液脉冲马达或步进电动机驱动，工作台由步进电动机 3 驱动，经齿轮副（齿轮 2 和齿轮 6）、蜗杆副（蜗杆 4 和蜗轮 15），带动其做回转进给或分度运动。由于是按控制系统所指定的脉冲数来决定转位角度的，因此，对开环数控回转工作台的传动精度要求高，传动间隙应尽量小。为此，在传动结构上采用了消除间隙的措施。步进电动机 3 由偏心环 1 与底座连接，通过调整偏心环消除齿轮 2 和齿轮 6 的啮合间隙。蜗杆 4 为双导程（变齿厚）蜗杆，可以用轴向移动蜗杆的方法来消除蜗杆 4 和蜗轮 15 的啮合间隙。调整时，只要将调整厚度改变，便可使蜗杆 4 沿轴向移动。

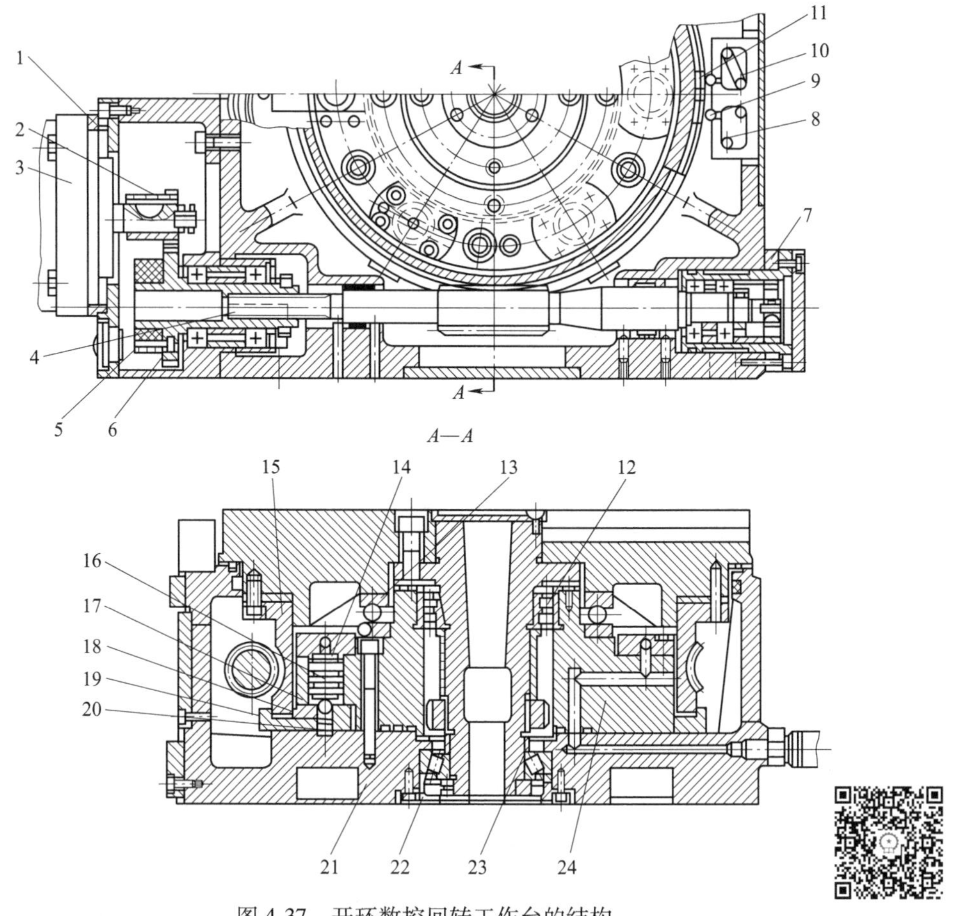

图 4-37　开环数控回转工作台的结构

1—偏心环　2、6—齿轮　3—步进电动机　4—蜗杆　5—橡胶套　7—调整环　8、10—微动开关　9、11—挡块　12—双列短圆柱滚子轴承　13—滚珠轴承　14—液压缸　15—蜗轮　16—柱塞　17—钢球　18、19—夹紧瓦　20—弹簧　21—底座　22—圆锥滚子轴承　23—调整套　24—支座

为了消除累积误差，数控回转工作台设有零点。当它做返零控制时，先由挡块 11 压合微动开关 10，发出从快速回转变为慢速回转信号，工作台慢速回转，再由挡块 9 压合微动开

关 8 进行第二次减速，然后由无触点行程开关发出从慢速回转变为点动步进信号，最后由步进电动机停在某一固定通电相位上，从而使工作台正确地停在零点位置上。

当数控回转工作台用于分度时，分度回转结束后，要把工作台夹紧。在蜗轮 15 下部的内、外两面装有夹紧瓦 18 和 19，底座 21 上固定的支座 24 内均布有 6 个液压缸 14。液压缸 14 上腔进压力油，柱塞 16 下移，并通过钢球 17 推动夹紧瓦 18 和 19，将蜗轮夹紧，从而将工作台夹紧。不需要夹紧时，控制系统发出指令，使液压缸 14 上腔油液流回油箱，在弹簧 20 的作用下把钢球 17 抬起，于是夹紧瓦 18 和 19 松开蜗轮 15，这时起动步进电动机，驱动工作台回转进给或分度。

该数控回转工作台的圆形导轨采用大型滚珠轴承 13，使回转运动灵活，双列短圆柱滚子轴承 12 及圆锥滚子轴承 22 保证回转精度和定心精度。调整轴承 12 的预紧力，可以消除回转轴的径向间隙，调整轴承 22 的调整套 23 的厚度，可以使大型滚珠轴承有适当的预紧力，保证导轨有一定的接触刚度。

2. 闭环数控回转工作台

闭环数控回转工作台的结构与开环数控回转工作台大致相同，其区别在于闭环数控回转工作台有转动角度的测量元件（圆光栅或旋转感应同步器）。所测量的结果经反馈后与指令值进行比较，按闭环原理进行工作，使回转工作台分度精度更高。图 4-38 所示为闭环数控回转工作台的结构。回转工作台由伺服电动机 15 驱动，通过齿轮 14、16 及蜗杆 12、蜗轮 13 带动工作台 1 回转。工作台的转角位置由圆光栅 9 测量。测量结果发出的反馈信号与数控装置发出的指令信号进行比较，若有偏差经放大后控制伺服电动机朝消除偏差的方向转动，使

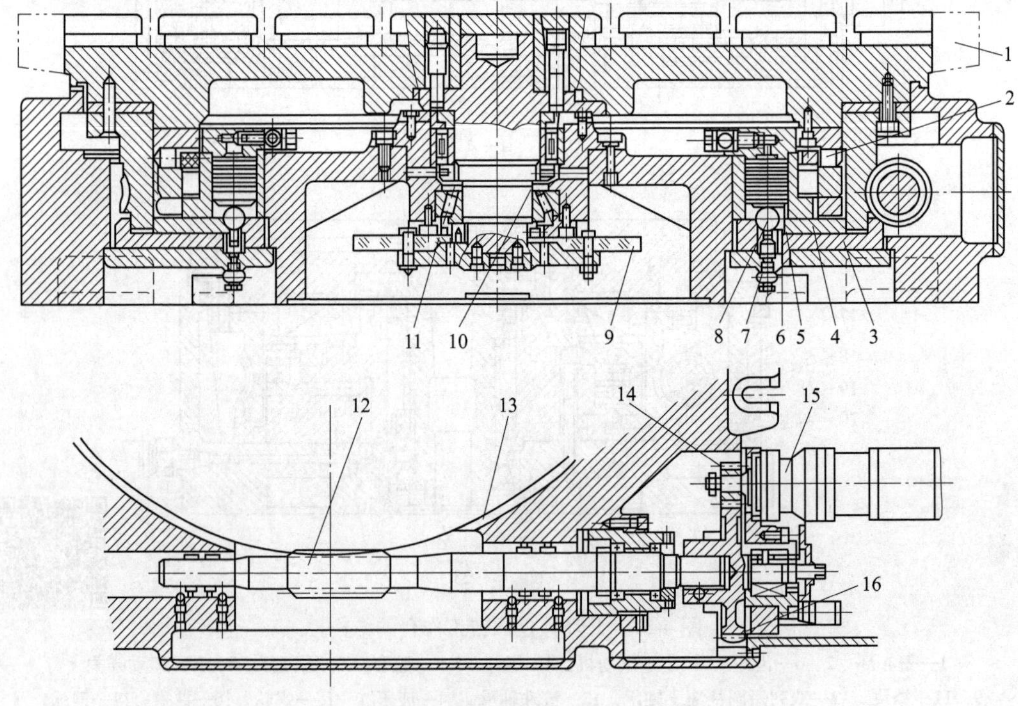

图 4-38　闭环数控回转工作台的结构

1—工作台　2—镶钢滚柱导轨　3、4—夹紧瓦　5—液压缸　6—活塞

7—弹簧　8—钢球　9—圆光栅　10—双列圆柱滚子轴承　11—圆锥滚子轴承

12—蜗杆　13—蜗轮　14、16—齿轮　15—伺服电动机

工作台精确运转或定位。当工作台静止时，必须处于锁紧状态，台面的锁紧用均布的 8 个液压缸 5 完成。当控制系统发出夹紧指令时，液压缸上腔进压力油，活塞 6 向下移动，通过钢球 8 推开夹紧瓦 3 和 4，从而将蜗轮 13 夹紧。当数控回转工作台实现圆周进给运动时，控制系统发出指令，使液压缸 5 上腔的油液流回油箱，在弹簧 7 的作用下钢球 8 抬起，夹紧瓦松开蜗轮 13。伺服电动机通过传动装置实现工作台的分度转动、定位、夹紧或连续回转运动。

回转工作台的中心回转轴采用圆锥滚子轴承 11 及双列圆柱滚子轴承 10，并预紧消除其径向和轴向间隙，以提高工作台的刚度和回转精度。工作台支承在镶钢滚柱导轨 2 上，运动平稳且耐磨。

4.5.2　分度工作台

分度工作台的功能是按照数控系统的指令，在需要分度时，将工作台及其工件回转一定角度，有时也可采用手动分度。其作用是在加工中自动完成工件的转位换面，实现工件一次安装完成几个面的加工。由于结构上的原因，通常分度工作台的分度运动只限于某些规定的角度，如 45°、60 °或 90°等，不能实现 0°~360°范围内任意角度的分度。

为了保证加工精度，分度工作台的定位精度（定心和分度）要求很高。实现工作台转位的机构很难达到分度精度的要求，所以要有专门定位元件来保证。按照采用的定位元件不同，有定位销式分度工作台和鼠齿盘式分度工作台。

1. 定位销式分度工作台

定位销式分度工作台采用定位销和定位孔作为定位元件，定位精度取决于定位销和定位孔的精度（位置精度、配合间隙等），最高可达±5″。因此，定位销和定位孔衬套的制造和装配精度要求都很高，硬度的要求也很高，而且耐磨性要好。图 4-39 所示为自动换刀数控卧式镗铣床的定位销式分度工作台的结构。该分度工作台置于长方形工作台中间，在不单独使用分度工作台时，两者可以作为一个整体使用。

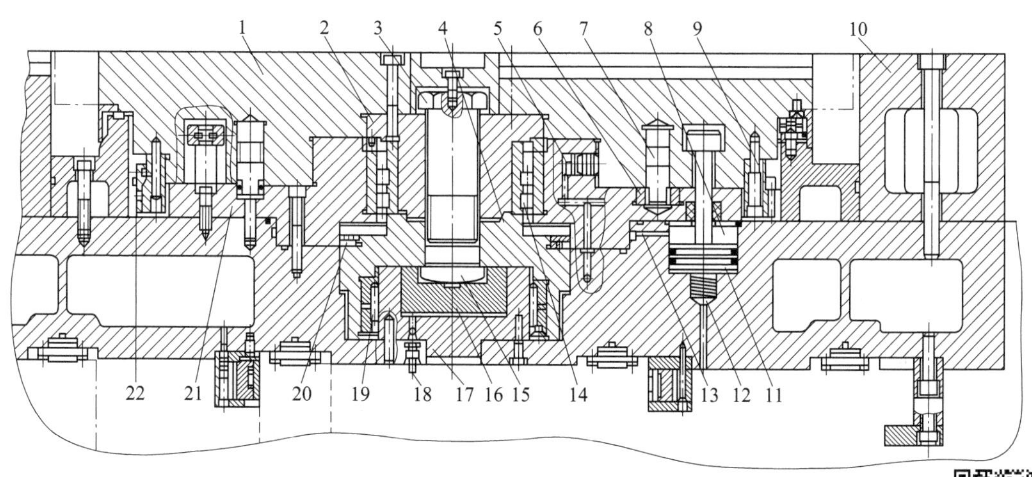

图 4-39　定位销式分度工作台的结构

1—工作台　2—锥套　3—螺钉　4—支座　5—消隙液压缸　6—定位孔衬套　7—定位销　8—锁紧液压缸　9—大齿轮　10—矩形工作台　11—锁紧缸活塞　12—弹簧　13—下底座　14—双列圆柱滚子轴承　15—螺栓　16—活塞　17—中心液压缸　18—油管　19—滚针轴承　20—推力轴承　21—工作台上底座　22—挡块

工作台1的底部均匀分布着8个（削边圆柱）定位销7，在工作台上底座21上有一个定位孔衬套6以及环形槽。定位时只有一个定位销插进定位衬套的孔中，其余7个则进入环形槽中，由于定位销之间的分布角度为45°，因此只能实现45°等分的分度运动。

定位销式分度工作台做分度运动时，其工作过程分为以下三个步骤：

（1）松开锁紧机构并拔出定位销　当数控装置发出指令时，下底座13上的6个均布的锁紧液压缸8卸荷。活塞拉杆在弹簧12的作用下上升15mm，使工作台1处于松开状态。同时，消隙液压缸5也卸荷，中心液压缸17从油管18进压力油，使活塞16上升，并通过螺栓15、支座4把推力轴承20向上抬起，顶在工作台上底座21上，再通过螺钉3、锥套2使工作台1抬起15mm，定位销7从定位孔衬套6中拔出。

（2）工作台回转分度　当工作台抬起之后发出信号使液压电动机驱动减速齿轮，带动与工作台1底部连接的大齿轮9回转，进行分度运动。在大齿轮9上以45°的间隔均布8个挡块22，分度时，工作台先快速回转，当定位销即将接近规定位置时，挡块碰撞第一个限位开关，发出信号使工作台降速，当挡块碰撞第二个限位开关时，工作台1停止回转，此时，相应的定位销7正好对准定位孔衬套6。

（3）工作台下降并锁紧　分度完毕后，发出信号使中心液压缸17卸荷，工作台1靠自重下降，定位销7插进定位孔衬套6中，在锁紧工作台之前，消隙液压缸5通压力油，活塞顶向工作台1，消除径向间隙。然后使锁紧液压缸8的上腔通压力油，锁紧缸活塞11下降，通过拉杆将工作台锁紧。

工作台的回转轴支承在加长型双列圆柱滚子轴承14和滚针轴承19中，轴承14的内孔带有1∶12的锥度，用来调整径向间隙。另外，它的内环可以带着滚柱在加长的外环内做15mm的轴向移动。当工作台抬起时支座4的一部分推力由推力轴承20承受，这将有效地减小分度工作台的回转摩擦阻力矩，使工作台1转动灵活。

2. 鼠齿盘式分度工作台

鼠齿盘式分度工作台采用鼠齿盘作为定位元件，这种工作台有以下特点：

1）定位精度高，分度精度可达±2′，最高可达±0.4″。

2）由于采用多齿重复定位，因此重复定位精度稳定。

3）由于多齿啮合，一般齿面啮合长度不少于60%，齿数啮合率不少于90%，因此定位刚度好，能承受很大的外载。

4）最小分度为360°/z（z为鼠齿盘的齿数），因而分度数目多，适用于多工位分度。

5）磨损小，且由于齿盘啮合、脱开相当于两齿盘对研过程，因此随着使用时间的延续，其定位精度不断进步，使用寿命长。

6）鼠齿盘的制造比较困难。

图4-40所示为鼠齿盘式分度工作台的结构，它主要由一对分度鼠齿盘（上齿盘13和下齿盘14），升夹液压缸12，活塞8，液压马达，蜗杆副（蜗杆3、蜗轮4），减速齿轮副（齿轮5、6）等组成。其工作过程如下：

（1）工作台抬起，齿盘脱离啮合　当需要分度时，控制系统发出分度指令，压力油进入工作台7中心的升夹液压缸12的下腔，活塞8向上移动，通过推力轴承10和11带动工作台7向上抬起，使上齿盘13、下齿盘14脱离啮合，完成分度的预备工作。

（2）回转分度　当工作台7抬起后，通过推动杆和微动开关发出信号，起动液压马达旋转，通过蜗轮4和齿轮5、6带动工作台7进行分度回转运动。工作台分度回转角度由指令给

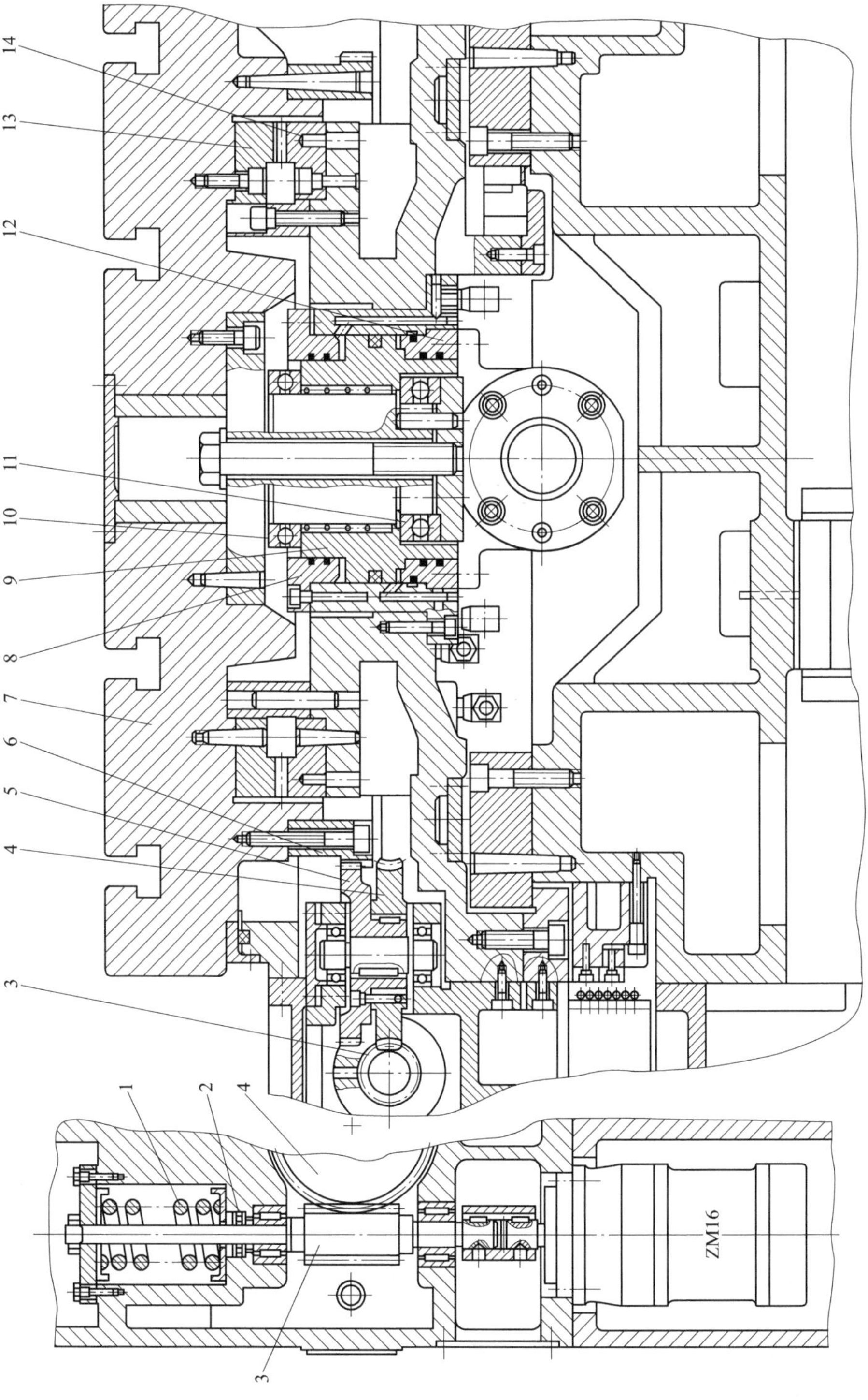

图 4-40　鼠齿盘式分度工作台的结构

1—弹簧　2、10、11—推力轴承　3—蜗杆　4—蜗轮　5、6—齿轮　7—工作台　8—活塞　9—支承套　12—升夹液压缸　13—上齿盘　14—下齿盘

出，共有八个等分，即为45°的整倍数。当工作台的回转角度接近所要分度的角度时，减速挡块使微动开关动作，发出减速信号使液压马达低速回转，为齿盘正确定位创造条件；当达到要求的角度时，准停挡块压合微动开关发出信号，使液压马达停止转动，工作台便完成回转分度工作。

（3）工作台下降，完成定位夹紧　液压马达停止转动的同时，压力油进入升夹液压缸12的上腔，推动活塞8带动工作台下降。

任务实践

带领学生到实训车间，让学生观察数控机床中不同工作台的工作过程，并掌握回转工作台和分度工作台的特点。

4.6 数控机床的自动换刀系统

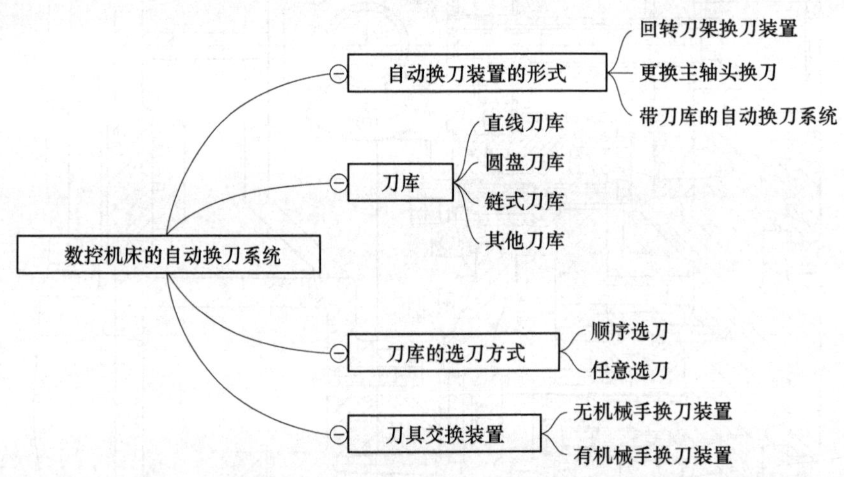

自动换刀装置（ATC）是加工中心的重要执行机构，自动换刀装置的换刀时间和可靠性直接影响整个数控机床尤其是加工中心的质量。据统计，加工中心故障中有50%以上与自动换刀装置工作有关。自动换刀装置应当满足的基本要求如下：

1）刀具换刀时间短且换刀可靠。

2）刀具重复定位精度高。

3）足够的刀具储存量。

4）刀库占地面积小。

4.6.1 自动换刀装置的形式

自动换刀装置形式多种多样，目前常见的有以下几种。

1. 回转刀架换刀装置

数控机床使用的回转刀架是最简单的自动换刀装置，有四方刀架、六角刀架，即在其上装有四把、六把或更多的刀具。回转刀架必须具有良好的强度和刚度，以承受粗加工的切削力；同时回转刀架要保证在每次转位的重复定位精度。

（1）六角回转刀架　图4-41所示为数控车床六角回转刀架，它适用于盘类零件的加工。

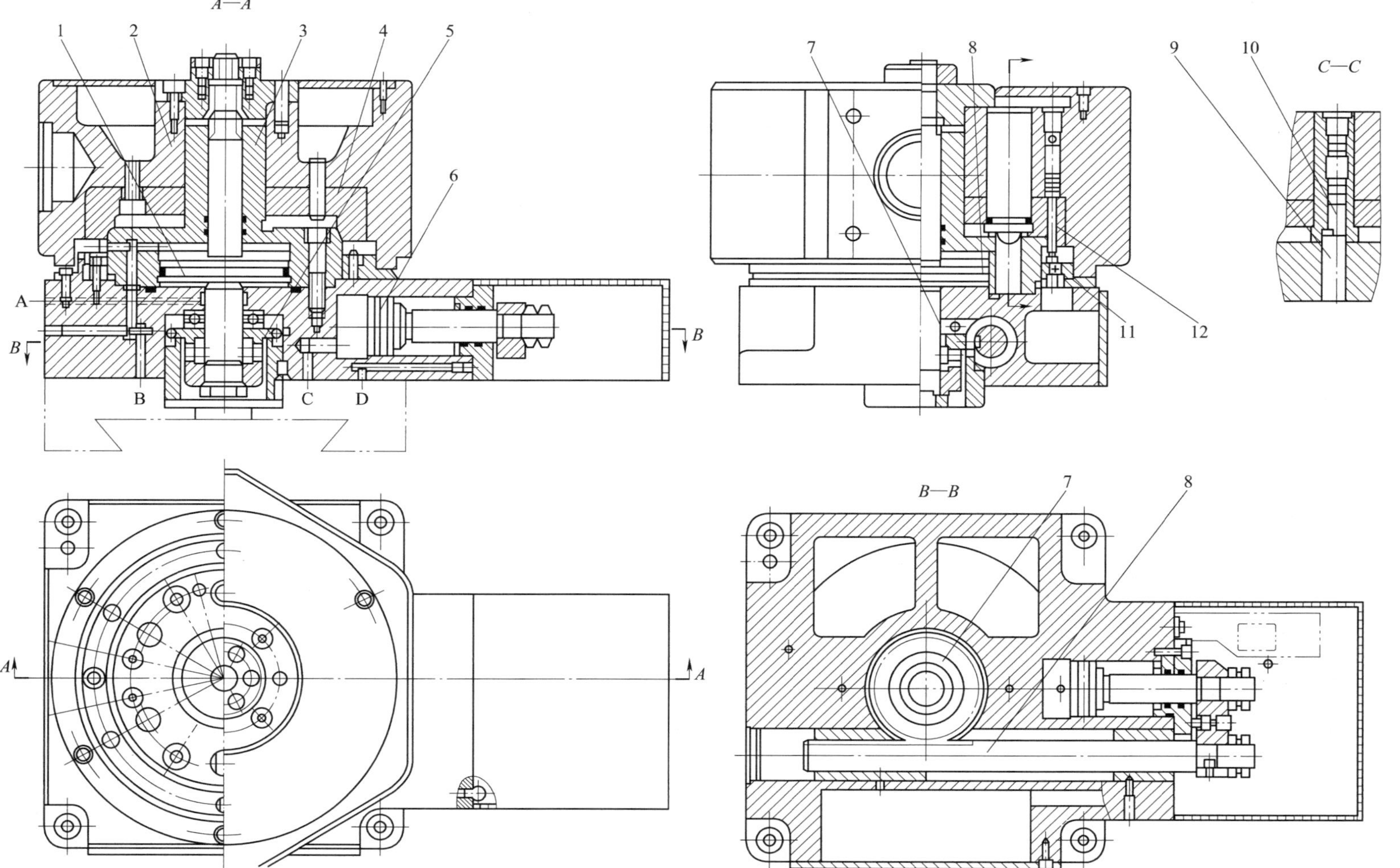

图 4-41　数控车床六角回转刀架

1、6—活塞　2—刀架体　3—缸体　4—压盘　5—齿轮　7—活塞杆　8—齿条　9—固定插销　10—活动插销　11—拉杆　12—触头回转刀架的全部动作由液压系统通过电磁换向阀和顺序阀进行控制，它的动作分为以下4个步骤：

1）刀架抬起。当数控装置发出换刀指令后，压力油由A孔进入压紧液压缸的下腔，活塞1上升，刀架体2抬起，使定位用的活动插销10与固定插销9脱开。同时，活塞杆7下端的端齿离合器与齿轮5接合。

2）刀架转位。当刀架抬起后，压力油从C孔进入转位液压缸左腔，活塞6向右移动，通过连接板带动齿条8移动，使齿轮5做逆时针方向转动。通过端齿离合器使刀架转过60°。活塞的行程应等于齿轮5分度圆周长的1/6，并由限位开关控制。

3）刀架定位、压紧。刀架转位之后，压力油从B孔进入压紧液压缸上腔，活塞1带动刀架体2下降。定位销盘的底盘上精确地安装有6个带斜楔的圆柱固定插销9，利用活动插销10消除定位销与孔之间的间隙，实现反靠定位。刀架体2下降时，定位活动插销10与另一个固定插销9卡紧，同时缸体3与压盘4的锥面接触，刀架在新的位置定位并夹紧。这时，端齿离合器与齿轮5脱开。

4）转位液压缸复位。刀架压紧之后，压力油从D孔进入转位液压缸的右腔，活塞6带动齿条8复位，由于此时端齿离合器已脱开，齿条8带动齿轮5在轴上空转。

如果定位和夹紧动作正常，则拉杆11与相应的触头12接触，检测装置发出信号，表示换刀过程已经结束，可以继续进行切削加工。

回转刀架除了采用液压缸转位和定位销定位之外，还可以采用电动机带动离合器定位，以及其他转位和定位机构。

（2）立式四方刀架　图4-42所示为立式四方刀架的结构。其换刀过程如下：

1）刀架抬起。当数控装置发出指令后，电动机22正转→联轴套16→轴17→滑键（或花键）带动蜗杆18→蜗轮2→轴1→轴套10转动。轴套10的外圆上有两个上凸起，可在套筒9内孔中的螺旋槽内滑动，从而举起与套筒9相连的刀架8及上端齿盘6，使上端齿盘6与下端齿盘5分开，完成刀架抬起动作。

2）刀架转位。轴套10仍在继续转动，同时带动刀架8转过90°（若不到位，刀架还可继续转位180°、270°、360°），并由微动开关（图中未示出）发出信号给数控装置。

3）刀架压紧。刀架转位后，由微动开关发出信号，电动机22反转，销13使刀架8定位而不随轴套10回转，于是刀架8向下移动，上、下端齿盘合拢压紧。蜗杆18继续转动则产生轴向位移，压缩弹簧21，套筒20的外圆曲面压下微动开关19使电动机22停止旋转，从而完成一次转位。

2. 更换主轴头换刀

在主运动为刀具转动的数控机床中，这是一种比较简单的换刀方式。若有几根主轴安装在一个可以转动的转塔头上，每根主轴对应一把刀具，这种主轴头实际上就是一个转塔刀库，如图4-43所示。主轴头有卧式和立式两种，通常用转塔的转位来更换主轴头，以实现自动换刀。在转塔的各个主轴上，预先安装有各工序所需要的旋转刀具，当数控系统发出换刀指令时，各主轴头依次地转到加工位置，并接通主运动，使相应的主轴带动刀具旋转。而其他处于不加工位置上的主轴都与主运动脱开。

这种更换主轴头的换刀装置，省去了自动松、夹、卸刀、装刀以及刀具搬运等一系列的

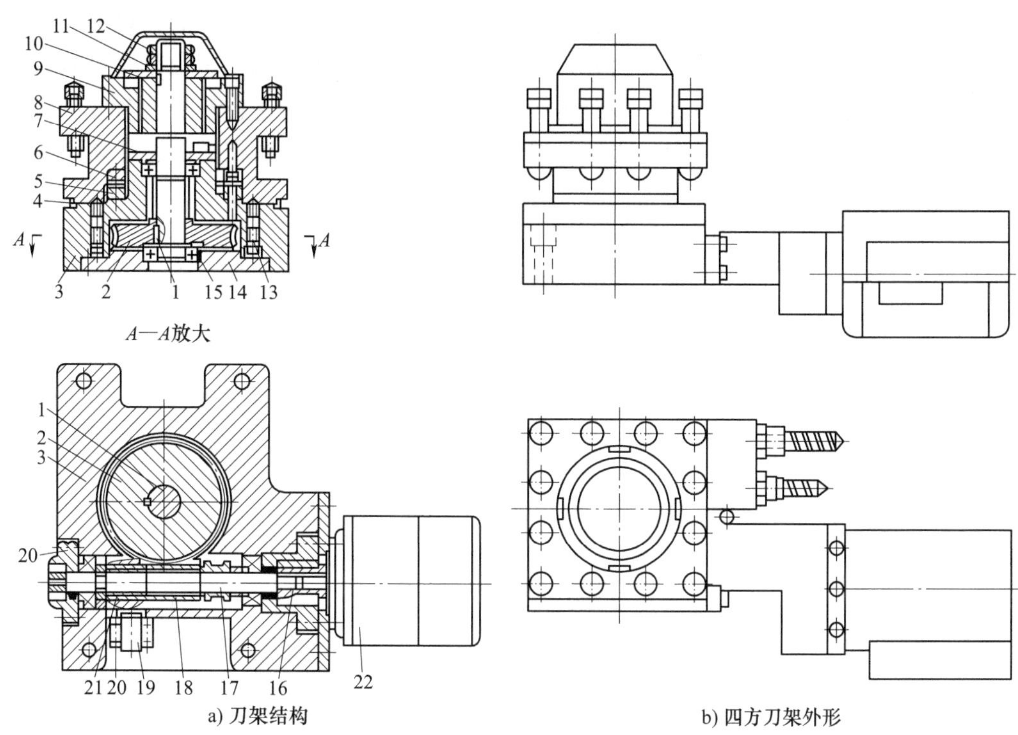

图 4-42　立式四方刀架的结构

1、17—轴　2—蜗轮　3—刀座　4—密封圈　5—下端齿盘　6—上端齿盘　7—压盖　8—刀架　9、20-套筒　10—轴套　11—垫圈　12—螺母　13—销　14—底盘　15—轴承　16—联轴套　18—蜗杆　19—微动开关　21—弹簧　22—电动机

复杂操作，从而缩短了换刀时间，并提高了换刀的可靠性。但是由于空间位置的限制，使主轴部件结构尺寸不能太大，因而影响了主轴系统的刚性。为了保证主轴的刚性，必须限制主轴的数目，否则会使结构尺寸增大。因此，转塔主轴头通常只适用于工序较少、精度要求不太高的机床，例如数控钻床、铣床等。

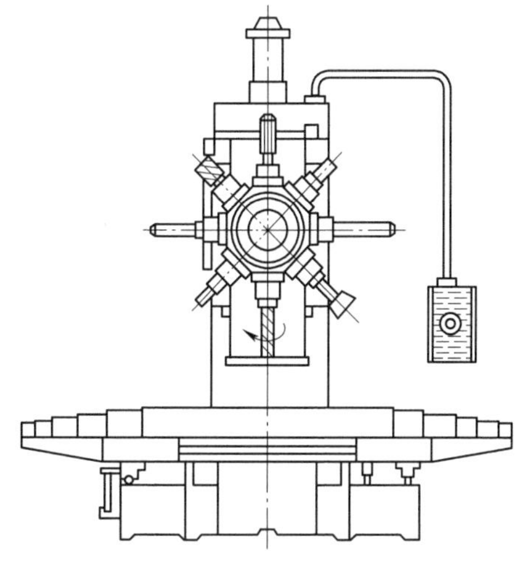

图 4-43　数控转塔式镗铣床

3. 带刀库的自动换刀系统

回转刀架、更换主轴头等换刀装置容纳的刀具数量不能太多，不能满足复杂零件的加工需要。因此，自动换刀数控机床多采用带刀库的自动换刀装置。带刀库的自动换刀系统由刀库和刀具交换机构组成，它是多工位数控机床广泛应用的换刀方法。首先把加工过程中需要使用的全部刀具分别安装在标准刀柄上，在机外进行尺寸预调整后，按一定的方式放入刀库中去。换刀时先在刀库中进行选刀，并由刀具交换装置从刀库和主轴上取出刀具，在进行交换刀具之后，将新刀具装入主轴，把旧刀具放回刀库。存放刀具的刀库具有较大的容量，它既可以安装在主轴箱的侧面或上方，也可作为单独部件安装到机床以

外，并由搬运装置运送刀具。与转塔主轴头相比较，由于带刀库的自动换刀装置数控机床主轴箱内只有一个主轴，设计主轴部件就有可能充分增强它的刚度，因而能满足精密加工的要求。另外，刀库可以存放数量很大的刀具，因而能够进行复杂零件的多工序加工，这样就明显提高了机床的适应性和加工效率。所以带刀库的自动换刀装置特别适用于数控钻床、数控铣床和数控镗床。但是，整个换刀过程动作较多，换刀时间较长，系统复杂，可靠性较差。

4.6.2 刀库

在自动换刀装置中，刀库是最主要的部件之一。刀库是用来存放加工刀具及辅助工具的地方。其容量、布局以及具体结构，对数控机床的设计都有很大影响。根据刀库的容量和取刀的方式，可以将刀库设计成各种形式。常见刀库的形式有如下几种。

1. 直线刀库

直线刀库中的刀具是直线排列的，如图 4-44a 所示。其结构简单，刀库容量小，一般可容纳 8~12 把刀具，故较少使用。此形式多见于自动换刀数控车床，在数控钻床上也采用过此形式。

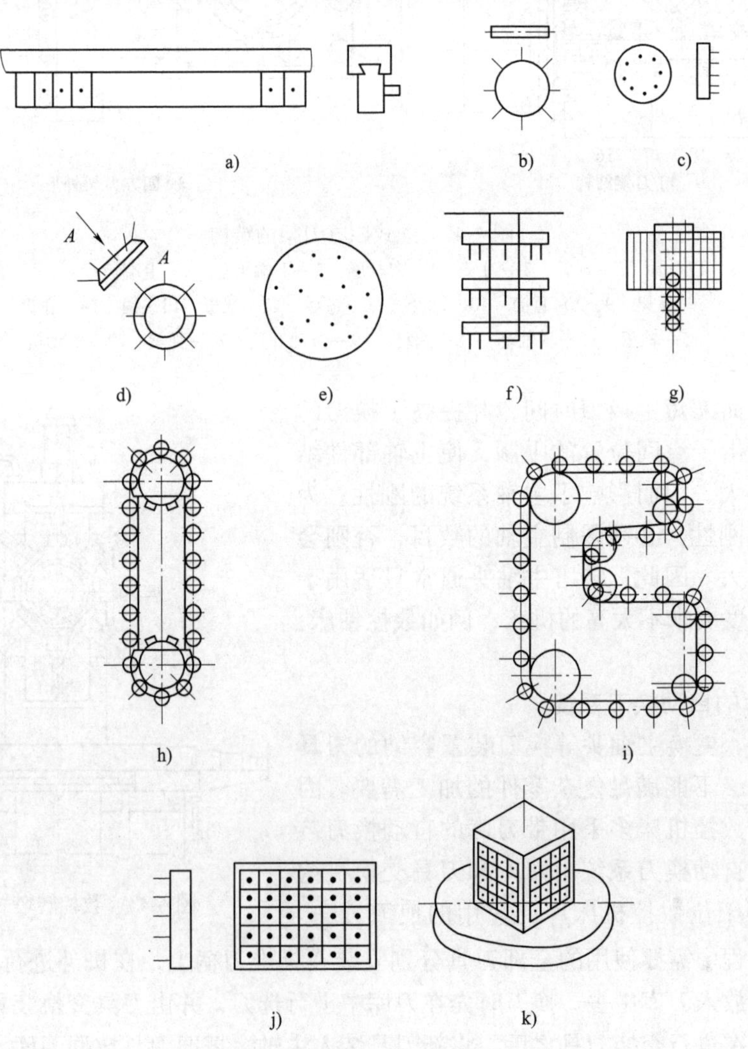

图 4-44 刀库的各种形式

2. 圆盘刀库

圆盘刀库存刀具少则6~8把，多则50~60把，并有多种形式。

1）如图4-44b所示的圆盘刀库中，刀具径向布局，占有较大空间，刀库位置受限制，一般置于机床立柱上端，其换刀时间较短，使整个换刀装置较简单。

2）如图4-44c所示的刀库中，刀具轴向布局，常置于主轴侧面。刀库轴线可竖直放置，也可以水平放置，此种形式使用较多。

3）如图4-44d所示的圆盘刀库中，刀具与刀库轴线成一定角度（小于90°）呈伞状布置，这可根据机床的总体布局要求安排刀库的位置，多斜放于立柱上端，刀库容量不宜过大。

上述三种圆盘刀库是较常用的形式，其存刀量最多为60把，存刀量过多，则结构尺寸庞大，与机床布局不协调。

为进一步扩大存刀量，有的机床使用多圈分布刀具的圆盘刀库，如图4-44e所示；多层圆盘刀库，如图4-44f所示；多排圆盘刀库，如图4-44g所示。多排圆盘刀库每排4把刀，可整排更换。后三种刀库形式使用较少。

3. 链式刀库

链式刀库是较常用的形式。这种刀库刀座固定在环形链节上。常用的有单排链式刀库，如图4-44h所示。这种刀库若使用加长链条，让链条折叠回绕可提高空间利用率，进一步增加存刀量，如图4-44i所示。链式刀库结构紧凑，刀库容量大，链环的形状可根据机床的布局制成各种形状。同时也可以将换刀位凸出以便换刀。在一定范围内，需要增加刀具数量时，可增加链条的长度，而不增加链轮直径。因此，链轮的圆周速度（链条线速度）可不增加，刀库运动惯量的增加可不予考虑。这些为系列刀库的设计与制造提供了很多方便。一般当刀具数量在30~120把时，多采用链式刀库。

4. 其他刀库

刀库的形式还有很多，值得一提的是格子箱式刀库。如图4-44j所示的刀库为单面式，由于布局不灵活，通常刀库安置在工作台上，应用较少。如图4-44k所示的刀库为多面式，为减少换刀时间，换刀机械手通常利用前一把刀具加工工件的时间，预先取出要更换的刀具（所配数控系统应具备该项功能）。该刀库占地面积小，结构紧凑，在相同的空间内可以容纳的刀具数目较多。但由于它的选刀和取刀动作复杂，现已较少用于单机加工中心，多用于FMS（柔性制造系统）的集中供刀系统。

4.6.3 刀库的选刀方式

1. 顺序选刀

采用顺序选刀方式时，在加工之前，将所需刀具按照工艺要求依次插入刀库的刀套中，顺序不能搞错，加工时按顺序调刀；加工不同的工件时必须重新调整刀库中的刀具顺序，操作烦琐，而且刀具的尺寸误差也容易造成加工精度不稳定。其优点是刀库的驱动和控制都比较简单。

2. 任意选刀

采用任意选刀方式时，对刀具或刀套采用二进制编码的原理进行编码，使每把刀具都具有自己的代码，因而刀具可以在不同的工序中多次重复使用，换下的刀具不用放回原刀座，有利于就近选刀和装刀，刀库的容量也相应减少，可避免由于刀具顺序的差错所引起的事故。其缺点是刀具长度加长，制造困难，刚度降低，刀库和机械手的结构复杂。

4.6.4 刀具交换装置

在刀库与主轴之间传递并装卸刀具的装置称为“刀具交换装置”。刀具交换装置的形式和结构对加工中心的总体布局和生产率有直接影响，而交换装置的工作是否可靠是影响自动换刀系统可靠性的主要因素。刀具的交换装置主要有两种：无机械手换刀装置和有机械手换刀装置。

1. 无机械手换刀装置

无机械手换刀装置一般是把刀库放在主轴箱可以运动到的位置，或刀库中某一刀位能移动到主轴箱可以到达的位置。在换刀时必须首先将用过的刀具送回刀库，然后再从刀库中取出新刀具，这两个动作不可能同时进行，因此换刀时间较长。图 4-45 所示的数控立式加工中心就是采用这类刀具交换方式的实例。它的选刀和换刀由三个坐标轴的数控定位系统来完成，因而每交换一次刀具，工作台和主轴箱就必须沿着三个坐标轴做两次来回运动，因而增加了换刀时间。另外，由于刀库置于工作台上，减少了工作台的有效使用面积。

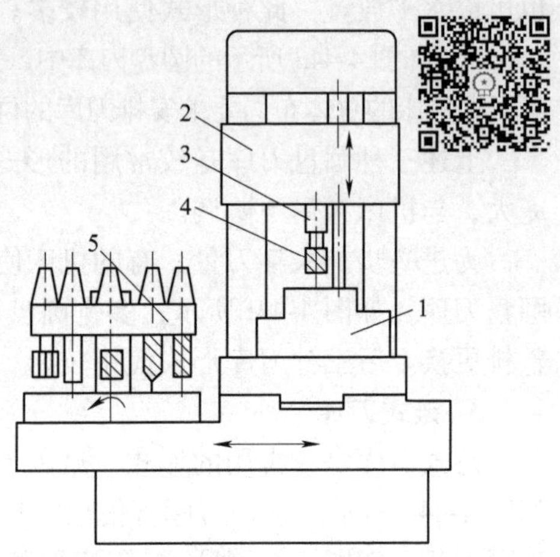

图 4-45 数控立式加工中心
1—工件 2—主轴箱 3—主轴
4—刀具 5—刀库

2. 有机械手换刀装置

有机械手自动换刀装置一般由机械手和刀库组成。其刀库的配置、位置及数量的选用要比无机械手换刀装置灵活得多。这种换刀装置由机械手实现换刀，具有很大的灵活性，选刀和换刀两个动作可同时进行，以减少换刀时间。机械手有各种类型，可以是单臂的、双臂的，甚至可以配置一个主机械手和一个辅助机械手。在各种类型的机械手中，双臂机械手应用最为广泛。有机械手自动换刀装置能够配备多至数百把刀具的刀库，换刀时间可缩短到几秒甚至零点几秒。因此，大多数加工中心都装配了有机械手自动换刀装置。由于刀库位置和机械手换刀动作的不同，其自动换刀装置的结构形式也多种多样，如图 4-46 所示为常见的机械手形式，图 4-47 所示为双臂机械手常用结构。

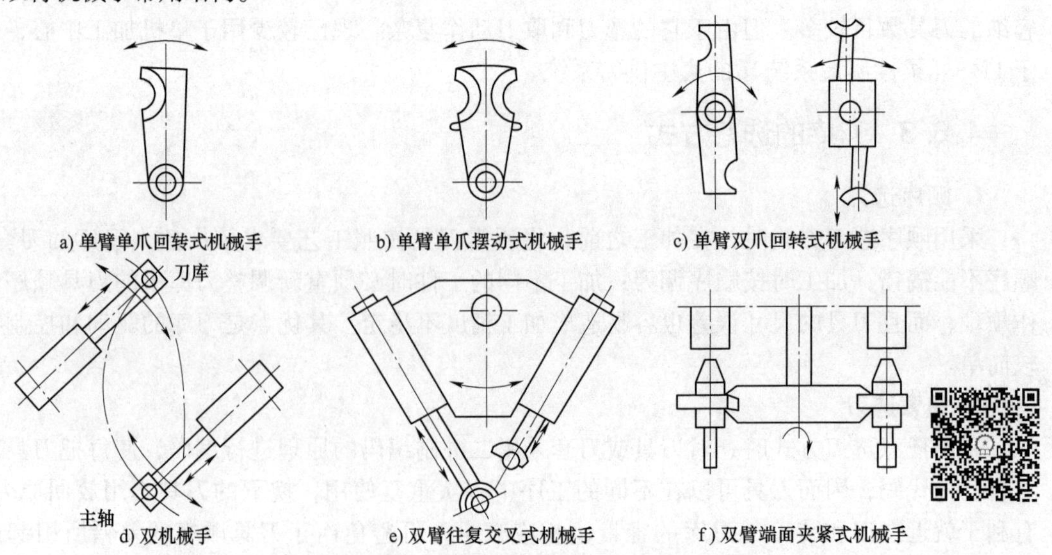

图 4-46 常见的机械手形式

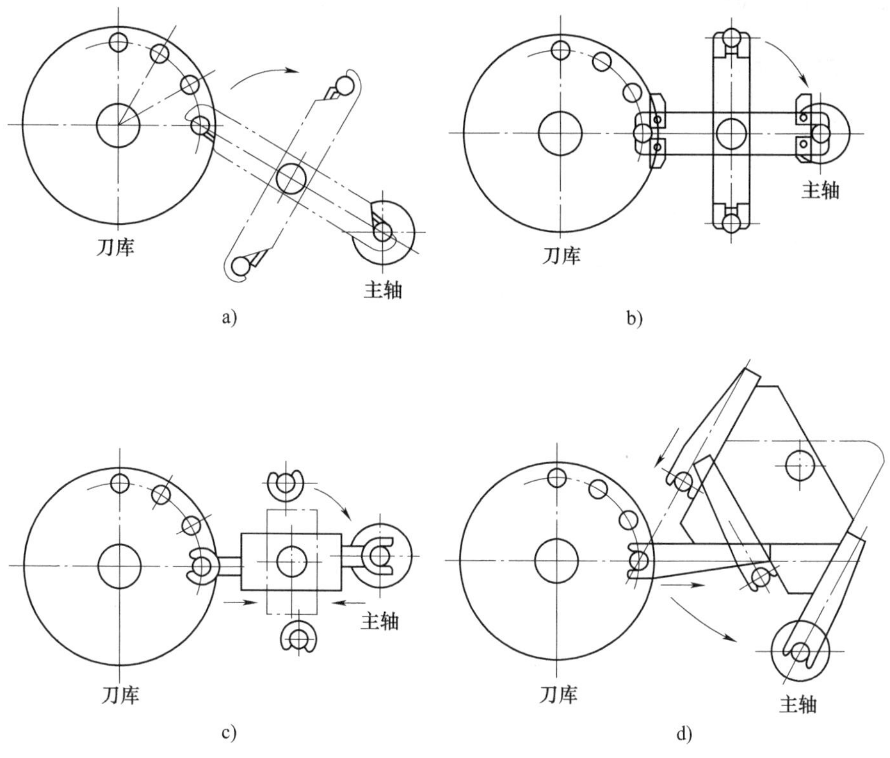

图 4-47　双臂机械手常用结构

任务实践

1. 以加工过程中提高切削加工效率引入自动换刀装置，并通过 FANUC 0i-TC 数控车床和加工中心的操作让学生观察换刀过程。

2. 让学生自主查阅资料了解现代数控机床常用的刀库形式及应用场合，拓宽学生对现代数控机床刀库形式的理解。

4.7 其他辅助装置

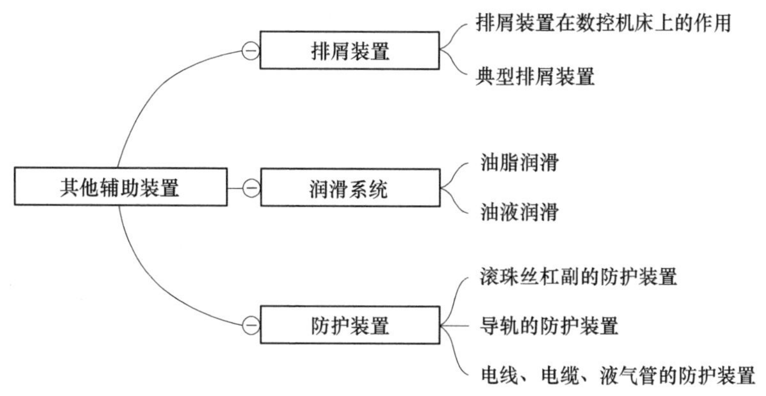

4.7.1 排屑装置

1. 排屑装置在数控机床上的作用

数控机床的出现和发展，使机械加工的效率大大提高，在单位时间内数控机床的金属切削量大大高于普通机床，而工件上的多余金属在变成切屑后所占的空间将成倍加大。这些切屑堆占加工区域，如果不及时排除，必将覆盖或缠绕在工件和刀具上，使自动加工无法继续进行。此外，灼热的切屑向机床或工件散发的热量，会使机床或工件产生变形，影响加工精度。因此，迅速而有效地排除切屑，对数控机床加工而言是十分重要的，而排屑装置正是数控机床完成这项工作的一种必备附属装置。排屑装置的主要工作是将切屑从加工区域排出数控机床之外。在数控车床和磨床上的切屑中往往混合着切削液，排屑装置从其中分离出切屑，并将它们送入切屑收集箱（车）内，而切削液则被回收到切削液箱。数控铣床、加工中心和数控镗铣床的工件安装在工作台上，切屑不能直接落入排屑装置，故往往需要采用大流量切削液冲刷，或采用压缩空气吹扫等方法使切屑进入排屑槽，然后再回收切削液并排除切屑。

排屑装置是一种具有独立功能的部件，它的工作可靠性和自动化程度随着数控机床技术的发展而不断提高，并逐步趋向标准化和系列化，由专业工厂生产。数控机床排屑装置的结构和工作形式应根据机床的种类、规格、加工工艺特点、工件的材质和使用的切削液种类等来选择。

2. 典型排屑装置

排屑装置的种类繁多，图 4-48 所示为其中的几种。排屑装置的安装位置一般都尽可能靠近刀具切削区域。如车床的排屑装置装在旋转工件下方，铣床和加工中心的排屑装置装在床身的回水槽上或工作台边侧位置，以利于简化机床和排屑装置结构，减小机床占地面积，提高排屑效率。排出的切屑一般都落入切屑收集箱或小车中，有的则直接排入车间排屑系统。

下面对几种常见的排屑装置做一简要介绍。

（1）平板链式排屑装置　平板链式排屑装置如图 4-48a 所示，该装置以滚动链轮牵引钢质平板链带在封闭箱中运转，加工中的切屑落到链带上被带出机床。这种装置能排除各种形状的切屑，适应性强，各类机床都能采用。在车床上使用时多与机床切削液箱合为一体，以简化机床结构。

（2）刮板式排屑装置　刮板式排屑装置如图 4-48b 所示，该装置的传动原理与平板链式基本相同，只是链板不同，它带有刮板链板。这种装置常用于输送各种材料的短小切屑，排屑能力较强。因负载大，故需采用较大功率的驱动电动机。

（3）螺旋式排屑装置　螺旋式排屑装置如图 4-48c 所示，该装置是利用电动机经减速装置驱动安装在沟槽中的一根长螺旋杆进行工作的。螺旋杆转动时，沟槽中的切屑即由螺旋杆推动连续向前运动，最终排入切屑收集箱（车）。螺旋杆有两种结构形式，一种是用扁形钢条卷成螺旋弹簧状；另一种是在轴上焊有螺旋形钢板。这种装置占据空间小，适于安装在机床与立柱间空隙狭小的位置上。螺旋式排屑结构简单，排屑性能良好，但只适合沿水平或小角度倾斜的直线方向排运切屑，不能大角度倾斜、提升或转向排屑。

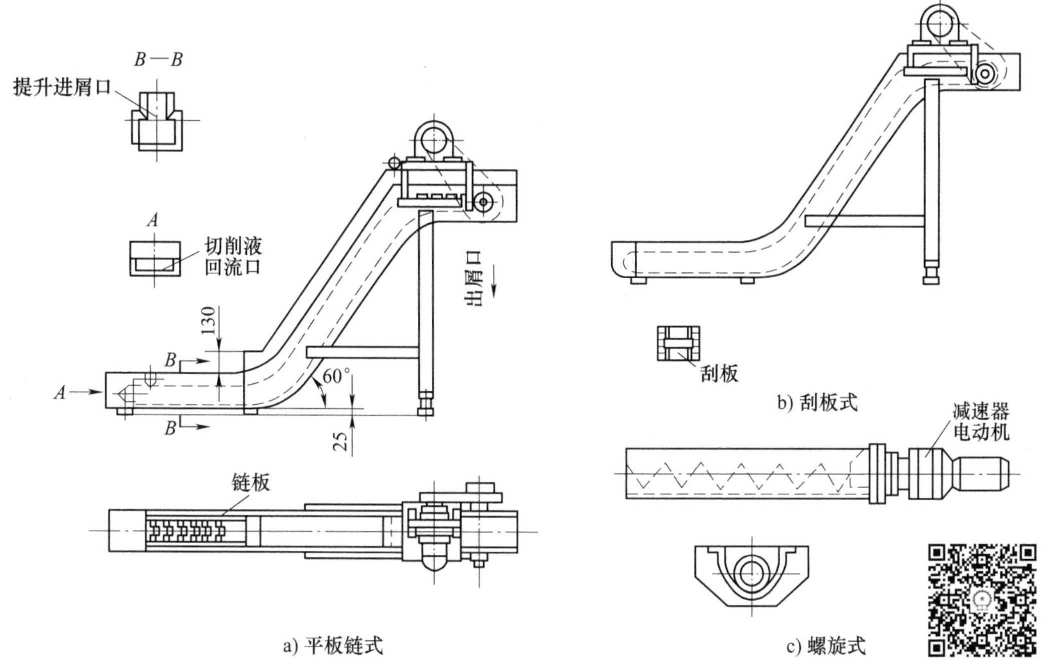

图 4-48　排屑装置

4.7.2　润滑系统

数控机床的润滑系统在机床整机中占有十分重要的位置，它不仅起着润滑作用，而且还起着冷却作用，以减小机床热变形对加工精度的影响。数控机床上常用的润滑方式有油脂润滑和油液润滑两种方式。油脂润滑是数控机床的主轴支承轴承、滚珠丝杠支承轴承及低速滚动直线导轨（$v<35\text{m/min}$）最常采用的润滑方式；高速滚动直线导轨（$v\geqslant35\text{m/min}$）、贴塑导轨及变速齿轮等多采用油液润滑方式；滚珠丝杠副有采用油脂润滑的，也有采用油液润滑的。

1. 油脂润滑

油脂润滑不需要润滑设备，工作可靠，不需要经常添加和更换润滑脂，维护方便，但摩擦阻力大。支承轴承油脂的封入量一般为润滑空间容积的 10%，滚珠丝杠副油脂的封入量一般为内部空间容积的 1/3。封入的油脂过多，会加剧运动部件的发热。采用油脂润滑时，必须在结构上采取有效的密封措施，以防止切削液或润滑脂失去功效。油脂润滑方式一般使用锂基等高级润滑脂。当需要添加或更换润滑脂时，其名称和牌号可查阅机床使用说明书。

2. 油液润滑

数控机床的油液润滑一般采用集中润滑系统。集中润滑系统是从一个润滑油供给源把一定压力的润滑油，通过各主、次油路上的分配器，按所需的油量分配到各润滑点。同时，系统具备润滑时间、次数的监控和故障报警及停机等功能，以实现润滑系统的自动控制。集中润滑系统的特点是定时、定量、准确、高效，使用方便可靠，润滑剂不被重复使用，有利于提高机床寿命。

集中润滑系统按使用润滑元件不同，可分为容积式润滑系统、单线阻尼式润滑系统、递进式润滑系统。

（1）容积式润滑系统　容积式润滑系统（图4-49）可以按需要对各润滑点精确定量，工作压力为1.2~1.5MPa，适用于润滑点在300点以下的数控机床等机械设备。该系统以定量阀为分配器向润滑点供油，在系统中配有压力继电器，使得系统油压达到预定值后发出信号，使电动机延时停止，润滑油从定量分配器供给，系统通过换向阀卸荷，并保持一个最低压力，使定量阀分配器补充润滑油，电动机再次起动，重复这一过程，直至达到规定的润滑时间。该系统压力一般在50MPa以下，润滑点可达几百个，其应用范围广、性能可靠，但不能作为连续润滑系统。

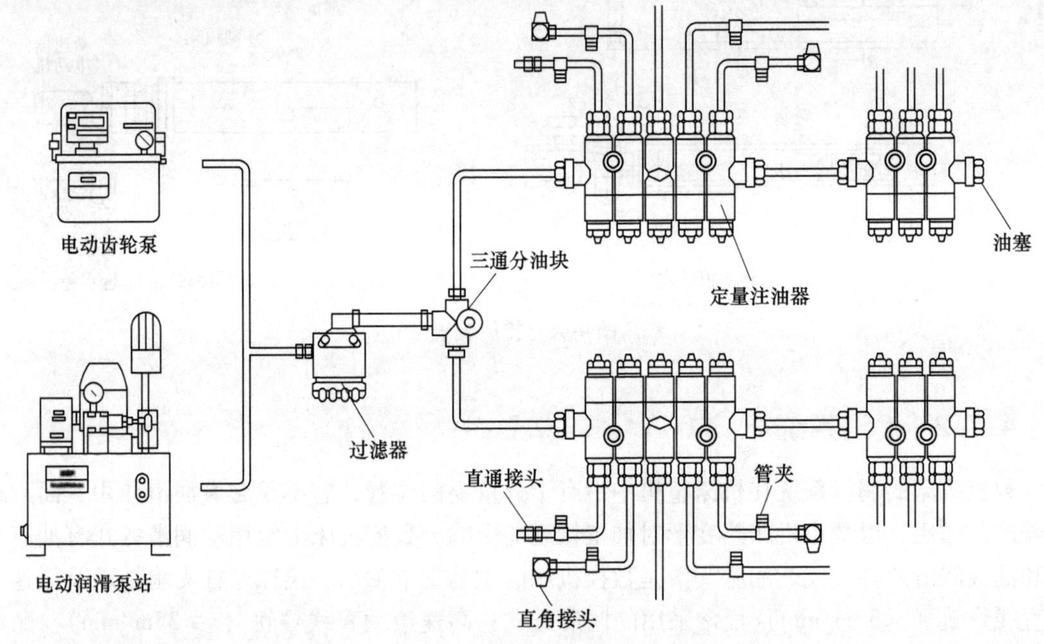

图4-49　容积式润滑系统

（2）单线阻尼式润滑系统　此系统适合于机床润滑点需油量相对较少，并需周期供油的场合。它是利用阻尼式分配器，把泵输出的油按一定比例分配到润滑点。一般用于循环系统，也可以用于开放系统，可通过时间控制润滑点的油量。该润滑系统非常灵活，多一个润滑点或少一个都可以，并可由用户安装，且当某一点发生阻塞时，不影响其他点的使用，故应用十分广泛。图4-50所示为单线阻尼式润滑系统。

（3）递进式润滑系统　递进式润滑系统主要由泵站、递进片式分流器组成，并可附有控制装置加以监控。其特点是能对任一润滑点的堵塞进行报警并终止运行，以保护设备；定量准确、压力高，不但可以使用稀油，而且还适用于使用油脂润滑的情况。其润滑点可达100个，压力可达21MPa。

递进式分流器由一块底板、一块端板及最少三块中间板组成。一组阀最多可有8块中间板，可润滑18个点。其工作原理是由中间板中的柱塞从一定位置起依次动作供油，若某一点产生堵塞，则下一个出油口就不会动作，因而整个分流器停止供油。堵塞指示器可以指示堵塞位置，便于维修。图4-51所示为递进式润滑系统。

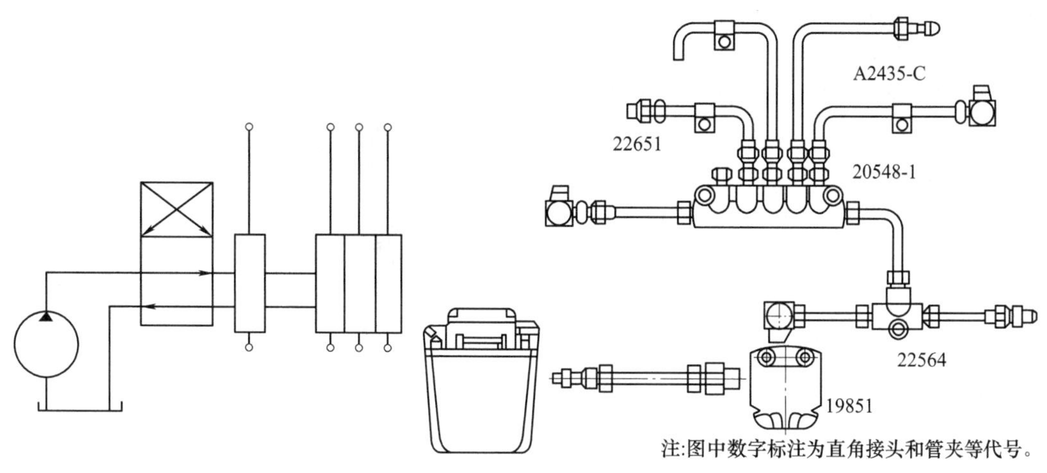

图 4-50　单线阻尼式润滑系统

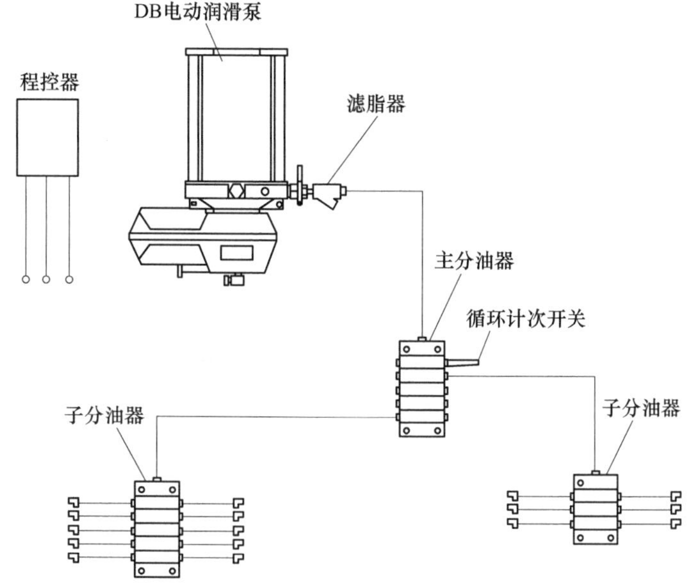

图 4-51　递进式润滑系统

4.7.3　防护装置

1. 滚珠丝杠副的防护装置

如果在滚珠丝杠副滚道上落入了污物及异物，不仅会妨碍滚珠的正常运转，而且会使滚珠丝杠副的磨损急剧增加。对于制造误差和预紧变形量以微米计的滚珠丝杠副来说，这种磨损就特别敏感。因此，必须对滚珠丝杠副进行有效的防护与密封。

对于处于隐蔽位置的丝杠，通常在螺母两端安装密封圈。密封圈有接触式和非接触式，通常在没有异物、浮尘的环境下使用。对于精密滚珠丝杠副可采用迷宫式密封圈；对于冷轧滚珠丝杠副可采用刷子式密封圈。迷宫式密封圈装在丝杠轴和滚道之间，只有很小的间隙，并不增加转矩及发热。对于暴露在外面的丝杠，一般采用如图 4-52 所示的钢带防护套或橡胶防护套等封闭式的防护装置，以保护丝杠表面不受尘埃、切屑等污染。

2. 导轨的防护装置

滚动导轨副运动时，在滑块运动方向的后方将形成负压区域，这样将吸入尘埃。吸入的尘埃积聚在导轨的固定螺钉内及导轨面上，使滚动导轨副的寿命急剧下降。为保证其使用寿命，必须采取适当的防护装置。

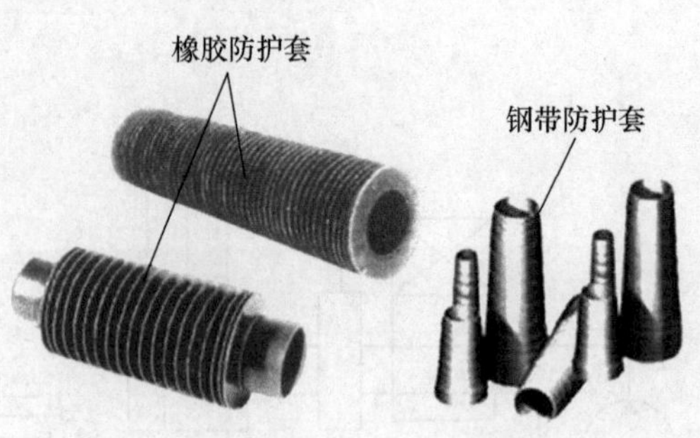

图 4-52 丝杠防护装置

(1) 导轨刮屑板 如图 4-53 所示，导轨刮屑板由耐油、耐磨的刮舌与铝合金结合而成，根据不同的导轨形状组成直角形、燕尾形等，安装在移动导轨的两端。它能提高机床导轨面的刮屑、除尘和防护功能，以保护机床的精度，延长机床使用寿命。

(2) 导轨防护罩 数控机床的导轨防护罩有伸缩式、风琴式、卷帘式及卷筒式等多种形式。如图 4-54a 所示的钢制伸缩式导轨防护罩，适用于各类型数控机床在各个传动方向上导轨的防护，最大运行速度达到 60mm/min。它不但具有防尘、防屑、防切削液等功能，而且还能增加机床的封闭性，使机床精度不受切屑影响，延长导轨的使用寿命。如图 4-54b 所示的导轨防护裙帘，适用于安装在空间有限、无法安装其他形式防护罩的地方，具有体积小、外形美观等特点。

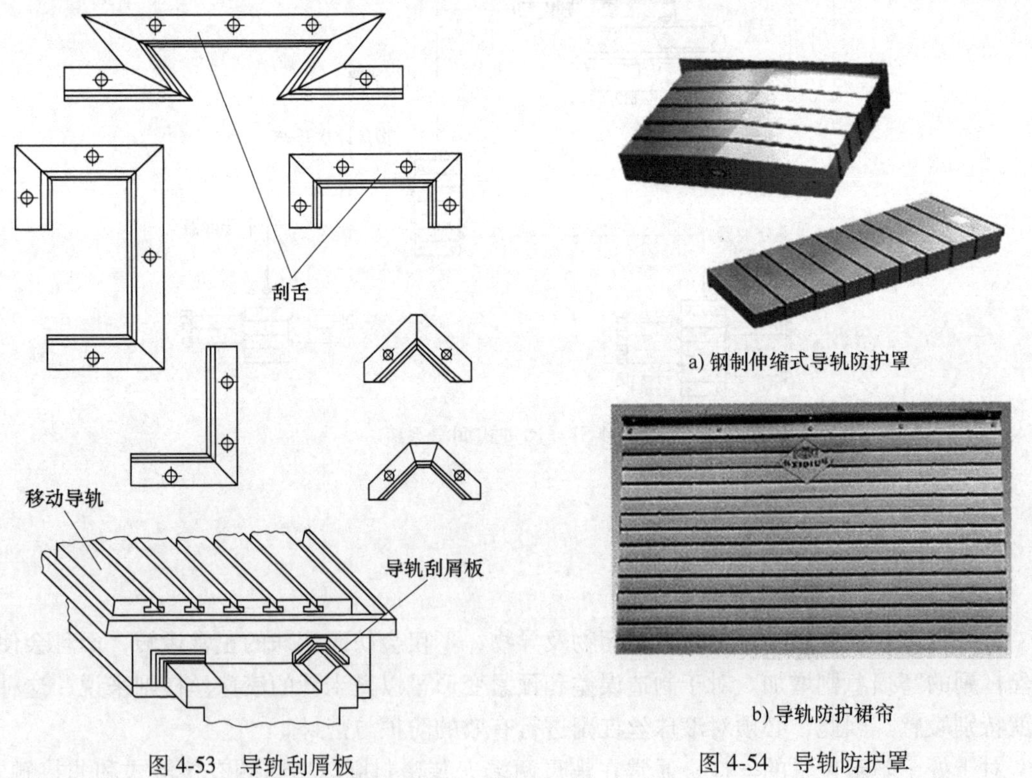

图 4-53 导轨刮屑板

图 4-54 导轨防护罩

3. 电线、电缆、液气管的防护装置

数控机床上的电线、电缆、液压软管、气动软管等一般需要随机床部件协调地运行，为防止电线、电缆、液气管受到挤压或磨损，避免管路分布凌乱，也要采用防护装置。

图 4-55 所示为导管防护套，其上夹箍和下夹箍采用不锈钢材料制成，链环采用工程塑料制成。它适用于行程较短、往复运动速度较低的各类型数控机床，并且噪声低，但不适于在高温环境下工作。

图 4-55 导管防护套

图 4-56 所示为金属软管拖链，适用于移动行程较短、往复运动速度较低的数控机床，可以在-40～180°C 环境温度下工作，金属软管拖链适用于加工中心工作台和床鞍。

图 4-57 所示为金属拖链，适用于各类型数控机床，可作为质量大的电缆管、液压管的防护装置，且可以在高温环境下工作。

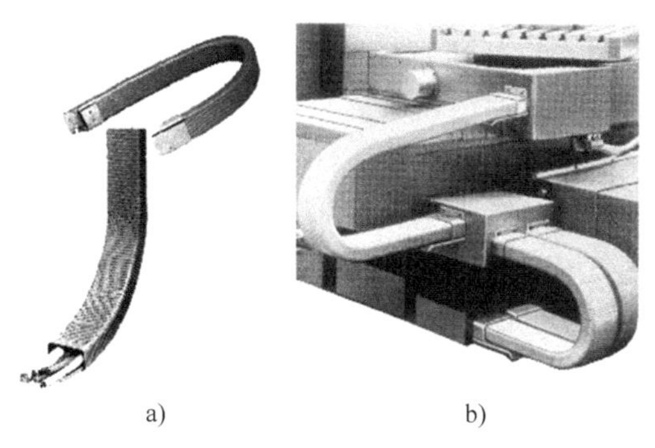

a) b)

图 4-56 金属软管拖链

图 4-57 金属拖链

任务实践

1. 带领学生到实训车间，让学生观察数控机床的各种排屑装置、润滑系统及防护装置，并掌握不同排屑装置、润滑系统及防护装置的作用及特点。

2. 让学生自主查阅资料了解当前数控机床的前沿排屑装置、润滑系统以及防护装置，拓宽学生对现代数控机床排屑装置、润滑系统以及防护装置的理解。

学习情境小结

本学习情境主要对数控机床的主要部件及其功能加以阐述，使学习者进一步了解数控机床的机械系统，为后续学习各种典型数控机床打好基础；使学生掌握数控机床机械系统的组成和特点，对数控机床的主传动系统、进给传动系统、导轨、工作台、位置检测装置、自动换刀装置、辅助装置等重要组成部分有一定的认识。

思考与练习

1. 简述数控机床机械系统的组成及特点。
2. 数控机床主传动系统有哪几种传动方式？各有何特点？
3. 在数控机床的进给传动中，为什么采用同步带传动？
4. 主轴轴承的配置形式主要有几种？各适用于什么场合？
5. 主轴准停装置设置的目的是什么？
6. 滚动导轨、塑料导轨、静压导轨各有何特点？数控机床常采用什么导轨及导轨材料？

7. 滚珠丝杠副的工作原理与特点是什么？什么是内循环和外循环方式？
8. 试述滚珠丝杠副消除间隙的方法。
9. 消除齿轮传动副传动间隙的方法有哪几种？各有何特点？
10. 分度工作台的功用如何？试述其工作原理。
11. 数控回转工作台的功用如何？数控机床回转工作台和分度工作台在结构上有何区别？
12. 车床上的回转刀架换刀时需完成哪些动作？如何实现？
13. 自动换刀装置有哪几种形式？各有何特点？
14. 常用的刀库有哪几种形式？各适用于什么场合？
15. 数控机床排屑装置有哪几种形式？

学习情境 5　典型数控机床

情境导入

《国家中长期科学和技术发展规划纲要（2006—2020 年）》明确规定了“高档数控机床与基础制造装备”科技重大专项要“重点开发航空航天、船舶、汽车制造、发电设备制造等需要的高档数控机床”，“逐步提高我国高档数控机床与基础制造成套装备的自主开发能力，满足国内主要行业对制造装备的基本需求”。图 5-1 所示为典型数控机床的应用领域。

图 5-1　典型数控机床的应用领域

情境解析

上述情境导入中的航空、船舶、汽车以及电力行业都是彰显我国国力的重要产业，其发展对我国具有重要意义。然而，航空、船舶、汽车以及电力行业都存在着典型零部件结构复杂、难于加工的特点。

其中，航空工业的典型零件大部分是结构复杂的薄壁件、蜂窝件，工艺刚性差；大型船舶的关键加工件主要是质量大、形状复杂的机座、机架、减速器传动轴、舵轴和推进器等；汽车的关键加工件主要是高精度的发动机缸体、曲轴、凸轮轴、箱体等。而发电设备的关键加工件主要是质量大、形状特殊且价格高昂的核电站压力容器、大型汽轮机的转子等。

显然，航空、船舶、汽车及电力等各行业的发展都离不开数控机床。因此，掌握典型数控机床的特点与应用具有重要意义。

学习目标

序号	学习内容	知识目标	技能目标	创新目标
1	数控车床	√	√	
2	数控铣床	√	√	
3	加工中心	√		√

学习流程

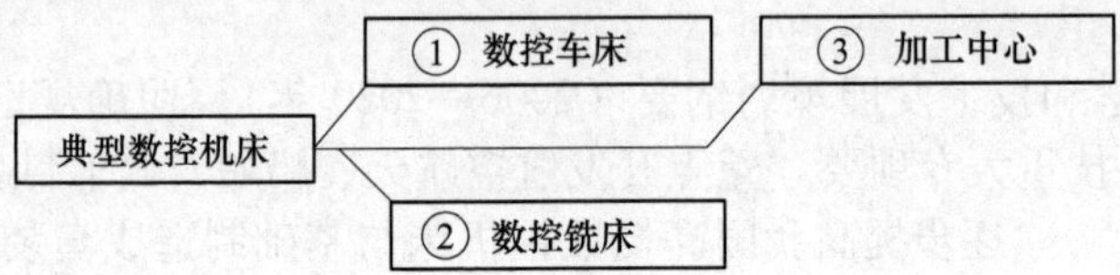

5.1 数控车床

知识导图

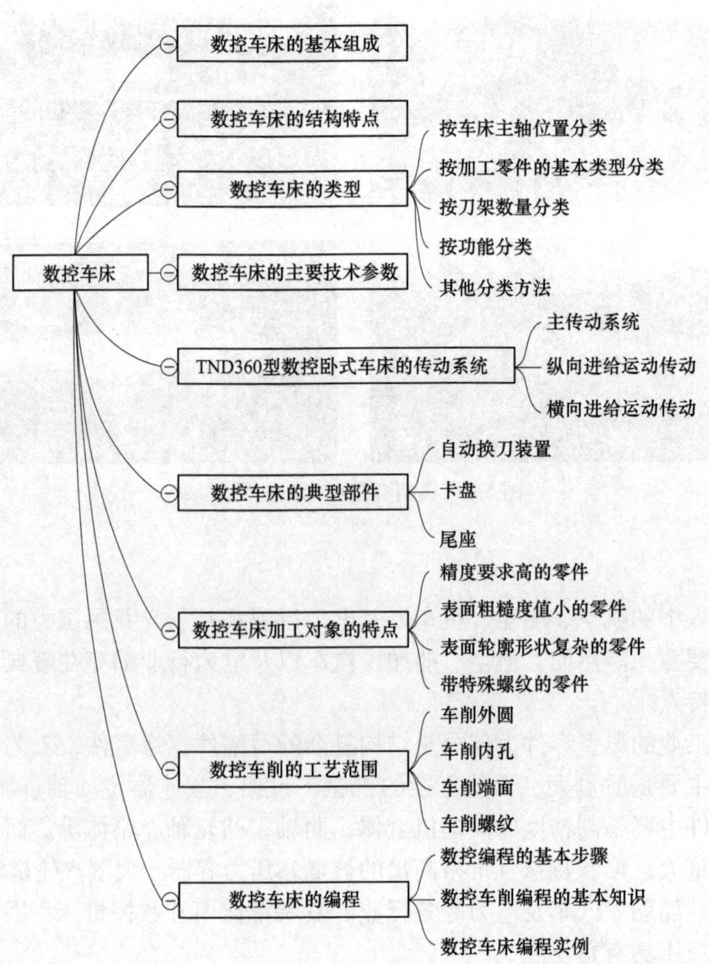

数控车床是目前使用最为广泛的数控机床。数控车床集普通车床的万能型、精密型和专用型的特点于一身，主要用于加工轴类、盘套类等回转体零件，能够自动完成内外圆柱面、锥面、圆弧、螺纹等工序的切削加工，并进行切槽、钻孔、扩孔、铰孔等工作。而近年来研制出的数控车削中心和数控车铣中心，可在一次装夹中完成更多工序的加工。

5.1.1 数控车床的基本组成

从总体结构上看，数控车床与普通卧式车床相似，由床身、主轴箱、刀架、进给系统、液压系统、冷却系统、润滑系统等组成。与普通车床不同的是，数控车床的进给系统没有进给箱、溜板箱和交换齿轮架，而是直接用伺服电动机通过滚珠丝杠驱动滑板和刀架，有的通过一对或两对减速齿轮副使伺服电动机带动丝杠传动，实现 Z 向（纵向）和 X 向（横向）的进给运动，因而进给系统的结构大大简化。由于实现了数控，各部分之间的联系不仅要靠机械结构，而且还要靠电气方式。图 5-2 所示为 TND360 型（国内型号为 CK6136）数控车床的外形与组成部件。

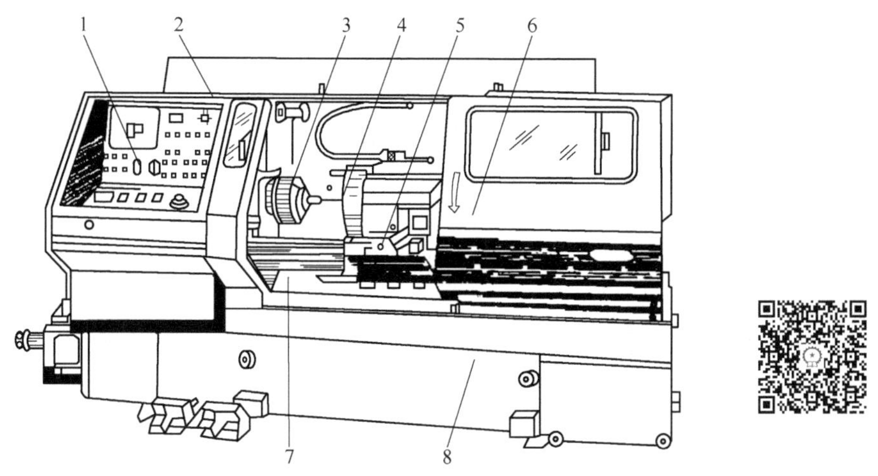

图 5-2 TND360 型数控车床的外形与组成部件

1—操作面板 2—主轴箱 3—卡盘 4—转塔刀架 5—刀架滑板 6—防护罩 7—导轨 8—床身

（1）主轴箱 主轴箱固定在床身的最左边。主轴箱中的主轴上装有卡盘等夹具，用于装夹工件。主轴箱的功能是支承主轴并传动主轴，使主轴带动工件按照规定的转速旋转，以实现机床的主运动。

（2）床身 床身固定在机床底座上，是机床的基础支承件，在床身上安装着车床的各主要部件。床身的作用是支承各主要部件并使它们在工作时保持准确的相对位置。

数控车床的床身结构和导轨有多种形式，主要有水平床身、倾斜床身、水平床身斜滑鞍和立床身，如图 5-3 所示。中小规格的数控车床采用倾斜床身和水平床身斜滑鞍较多。倾斜床身多采用 30°、45°、60°、75°角。大型数控车床和小型精密数控车床采用水平床身较多。

（3）机械式转塔刀架 机械式转塔刀架安装在机床的刀架滑板上，在它上面可安装 8 把刀具，加工时可实现自动换刀。刀架的作用是装夹车刀、孔加工刀具及螺纹刀具，并在加工时能准确、迅速地选择刀具。

（4）刀架滑板 刀架滑板由纵向（Z 向）滑板和横向（X 向）滑板组成。纵向滑板安装在床身导轨上，沿床身实现纵向（Z 向）运动；横向滑板安装在纵向滑板上，沿纵向滑板

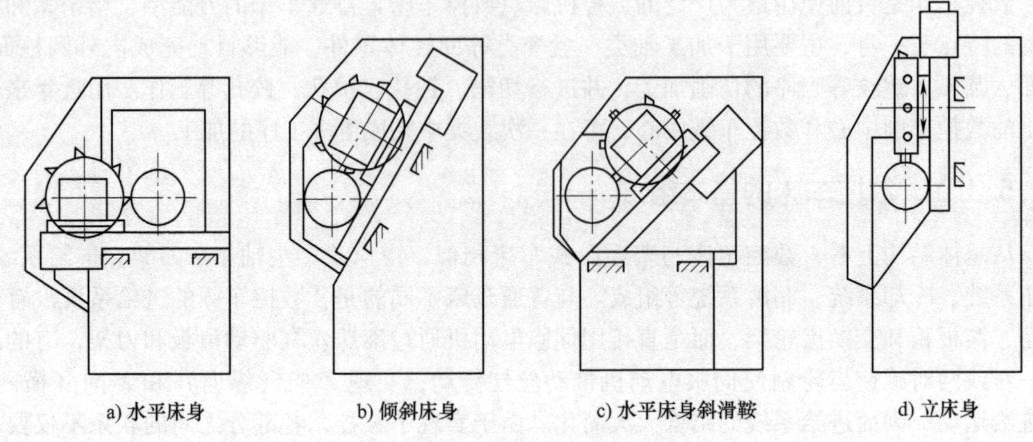

图 5-3　数控车床床身和导轨的布局形式

上的导轨实现横向（X 向）运动。刀架滑板的作用是安装在其上的刀具在加工中实现纵向进给运动和横向进给运动。

（5）尾座　尾座安装在床身导轨上，并沿导轨可进行纵向移动调整位置。尾座的作用是安装顶尖支承工件，在加工中起辅助支承作用。

（6）底座　底座是车床的基础，用于支承机床的各部件，连接电气柜，支承防护罩和安装排屑装置。

（7）防护罩　防护罩安装在机床底座上，用于加工时保护操作者的安全和保护环境的清洁。

（8）机床的液压传动系统　机床的液压传动系统用于实现机床上的一些辅助运动，主要是实现机床主轴的变速、尾座套筒的移动及工件自动夹紧机构的动作。

5.1.2　数控车床的结构特点

与普通车床相比，数控车床的结构有以下特点：

1）进给传动系统传动链短。普通车床由主轴运动经过交换齿轮架、进给箱、溜板箱传到刀架，实现纵向和横向进给运动。而数控车床采用伺服电动机直接与丝杠连接来带动刀架运动，或者采用伺服电动机经同步带或齿轮副带动丝杠旋转来控制刀架运动。

2）主传动系统采用无级调速的形式。主传动采用交流调速电动机或直流调速电动机驱动，这样能方便地实现无级变速，且传动链短，电动机与主轴之间不必用多级齿轮副来进行变速。为扩大变速范围，现在一般还要通过二级齿轮副，以实现分段无级调速，即使这样，床头箱内的结构也比传统车床简单得多。

3）进给传动轻拖动。数控机床的刀架移动一般采用滚珠丝杠副，可减少摩擦，提高传动效率。

4）导轨耐磨性好。数控车床一般采用镶钢导轨，这样机床精度保持的时间就比较长，其使用寿命也可延长许多。

5）安装有防护罩。数控车床一般都安装有防护罩，加工时一般都处于全封闭或半封闭状态。

6）数控车床一般还配有自动排屑装置。

5.1.3　数控车床的类型

数控车床品种繁多，规格不一，可按如下方法进行分类。

1. 按车床主轴位置分类

（1）立式数控车床　立式数控车床简称数控立车，其车床主轴垂直于水平面，一个直径很大的圆形工作台用来装夹工件。这类车床主要用于加工径向尺寸大、轴向尺寸相对较小的大型复杂零件。

（2）卧式数控车床　卧式数控车床又分为数控水平导轨卧式车床和数控倾斜导轨卧式车床，其倾斜导轨结构可以使车床具有更大的刚性，并易于排出切屑。

2. 按加工零件的基本类型分类

（1）卡盘式数控车床　这类车床没有尾座，适合车削盘类（含短轴类）零件。其夹紧方式多为电动或液动控制，卡盘结构多具有可调卡爪或不淬火卡爪（即软卡爪）。

（2）顶尖式数控车床　这类车床配有普通尾座或数控尾座，适合车削较长的零件及直径不太大的盘类零件。

3. 按刀架数量分类

（1）单刀架数控车床　这类数控车床一般都配置有各种形式的单刀架，如四工位卧式转位刀架或多工位转塔式自动转位刀架。

（2）双刀架数控车床　这类车床的双刀架配置为平行分布，也可以是相互垂直分布。

4. 按功能分类

（1）经济型数控车床　这类车床是采用步进电动机和单片机对普通车床的进给系统进行改造后形成的简易型数控车床，成本较低，但自动化程度和功能都比较差，车削加工精度也不高，适用于要求不高的回转类零件的车削加工。

（2）普通数控车床　这类车床是根据车削加工要求在结构上进行专门设计并配备通用数控系统而形成的数控车床，数控系统功能强，自动化程度和加工精度也比较高，适用于一般回转类零件的车削加工。这种数控车床可同时控制两个坐标轴，即 X 轴和 Z 轴。

（3）车削加工中心　车削加工中心在普通数控车床的基础上，增加了 C 轴和铣削动力头，更高级的数控车床带有刀库，可控制 X、Z 和 C 三个坐标轴，联动控制轴可以是 X 轴、Z 轴，X 轴、C 轴或 Z 轴、C 轴。由于增加了 C 轴和铣削动力头，这种数控车床的加工功能大大增多，除可以进行一般车削外，还可以进行径向和轴向铣削、曲面铣削、中心线不在零件回转中心的孔和径向孔的钻削等加工。

5. 其他分类方法

按数控系统的不同控制方式等指标，数控车床可以分为很多种类，如直线控制数控车床、两主轴控制数控车床等；按特殊或专门工艺性能，数控车床可分为螺纹数控车床、活塞数控车床、曲轴数控车床等多种。

5.1.4　数控车床的主要技术参数

数控车床的技术参数是其性能和工艺范围的重要指标。CK6140、CK6136 型数控车床的主要技术参数见表 5-1。

表 5-1　CK6140、CK6136 型数控车床的主要技术参数

主要技术参数	CK6140 型	CK6136 型
床身上最大工作回转直径 /mm	400	360
托板上最大工作回转直径/mm	150	140
最大车削长度/mm	520	600
两顶尖最大支承长度/mm	750	750/1000
X、Y 轴行程/mm	X：220，Z：550	X：250，Z：550
主轴通孔直径/mm	ϕ52	ϕ58(机械)/ϕ52(变频)
套管孔径/mm	ϕ27	—
主轴锥孔锥度	Morse 6	Morse 6
主轴端部代号	A2-6	D6
装刀基面至主轴中心距离/mm	20/25	20
刀杆截面尺寸（长度×宽度）/mm	20×20(四刀)，25×25(六刀)	20×20(四刀)，25×25(六刀)
刀具数量/把	4/6	4/6
尾座套筒锥孔锥度	Morse 4	Morse 4
主轴转速范围/(r/min)/转速级数	20~2000/无级，50~2000/12 级	20~2000/无级，26~1600/12 级
X、Z 轴最快进给速度/(mm/min)	X：6000，Z：8000	X：6000，Z：8000
X、Z 轴最小设定单位/mm	0.001	0.001
X、Z 轴定位精度 /mm	X：0.03，Z：0.04	X：0.03，Z：0.04
X、Z 轴重复定位精度/mm	X：0.012，Z：0.016	X：0.012，Z：0.016
电动机功率/kW	5.5	4
机床外形尺寸（长×宽×高）/mm	2000×1300×1550	2000(2450)×1230×1520
机床质量/kg	1870	1800

5.1.5　TND360 型数控卧式车床的传动系统

1. 主传动系统

数控车床主运动要求速度在一定范围内可调、有足够的驱动功率、主轴回转轴线的位置准确稳定，并有足够的刚性与抗振性。

数控车床的主轴变速是按照加工程序指令自动进行的。为了确保机床主传动的精度，降低噪声，减小振动，主传动链要尽可能地缩短；为了保证满足不同的加工工艺要求并能获得最佳切削速度，主传动系统应能无级地大范围变速；为了保证端面加工的生产率和加工质量，还应能实现恒切削速度控制；主轴应能配合其他构件实现工件自动装夹。

图 5-4 所示为 TND360 型数控卧式车床 Z 向的传动系统图，其中主运动传动由主轴直流伺服电动机（27kW）驱动，经齿数为 27/48 的同步带传动到主轴箱中的轴Ⅰ上；再经轴Ⅰ上的双联滑移齿轮，经齿轮 84/60 或 29/86 传递到轴Ⅱ（即主轴），使主轴获得高（800~3150r/min）、低（7~800r/min）两档转速范围。在各转速范围内，由主轴伺服电动机驱动实现无级变速调速。主轴箱内部省去了大部分齿轮传动变速机构，因此减小了齿轮传动对主轴精度的影响，并且维修方便，振动小。同时，主轴的运动经过齿轮副 60/60 传递到轴Ⅲ上，由轴Ⅲ经联轴器驱动圆光栅。圆光栅将主轴的转速信号转变为电信号送回数控装置，一方面

实现主轴调速用的数字反馈，另一方面可用于进给运动的控制，如车削螺纹，主轴每转一圈，进给轴 Z 轴或 X 轴移动一个导程。

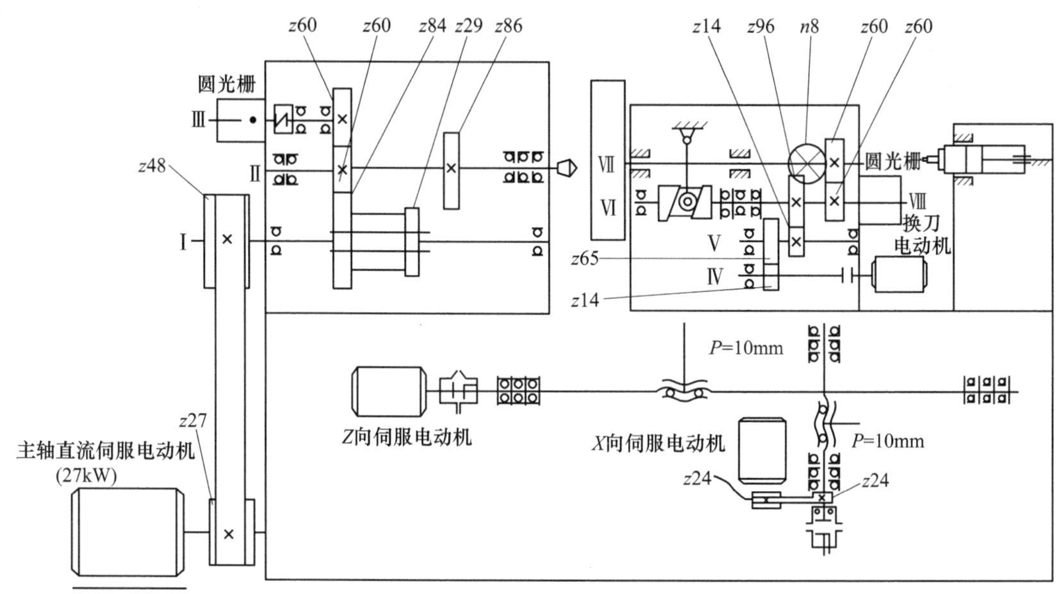

图 5-4　TND360 型数控卧式车床 Z 向的传动系统图

2. 纵向进给运动传动

纵向进给运动传动由 Z 向直流伺服电动机经过安全联轴器直接驱动滚珠丝杠副，从而带动机床上的纵向滑板实现纵向运动。

3. 横向进给运动传动

横向进给运动传动是由 X 向直流伺服电动机通过齿数均为 24 的同步带传动，再经安全联轴器驱动滚珠丝杠副，使横向滑板实现横向进给运动。

5.1.6　数控车床的典型部件

1. 自动换刀装置

数控车床的刀架是机床的重要组成部分。刀架用于夹持切削用的刀具，因此其结构直接影响机床的切削性能和切削效率。按换刀方式的不同，数控车床的刀架系统主要有排式刀架和转塔式刀架。

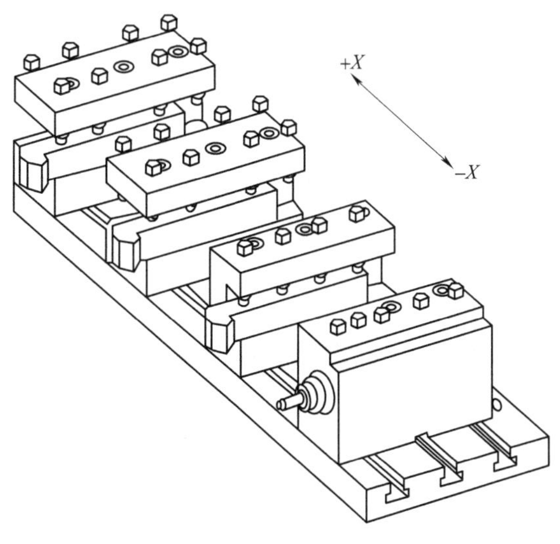

图 5-5　排式刀架

（1）排式刀架　排式刀架一般用于小规格数控车床，以加工棒料或盘类零件为主。它的结构形式为：夹持着各种不同用途刀具的刀夹沿着机床的 X 轴方向排列在横向滑板上，刀具的典型布置方式如图 5-5 所示。这种刀架在刀具布置和机床调整等方面都较为方便，可以根据具体工件的车削工艺要求，任意组合各种不同用途的刀具，第一把刀具完成车削任务后，横向滑板只要按程序沿 X 轴移动预先设定的距离后，第二把刀就到达加工位置，这样就完成了机床的换刀动作。这种换刀方式迅速省时，有利于提高机床的生产效率。宝鸡机床集团有限公司生产的 CK7620P 型全功能数控车床配置的就是排式刀架。

（2）转塔式刀架　转塔式刀架是数控车床普遍采用的刀架形式，它用转塔头各刀座安装或支持各种不同用途的刀具，通过转塔头的旋转、分度、定位来实现机床的自动换刀工作。转塔式刀架分度准确，定位可靠，重复定位精度高，转位速度快，夹紧刚性好，可以保证数控车床的高精度和高效率。

转塔式刀架分为立式和卧式两种，立式转塔刀架的回转轴与机床主轴成垂直布置，刀位数有四位与六位两种，如图 5-6 所示，其结构比较简单，经济型数控车床多采用这种刀架。

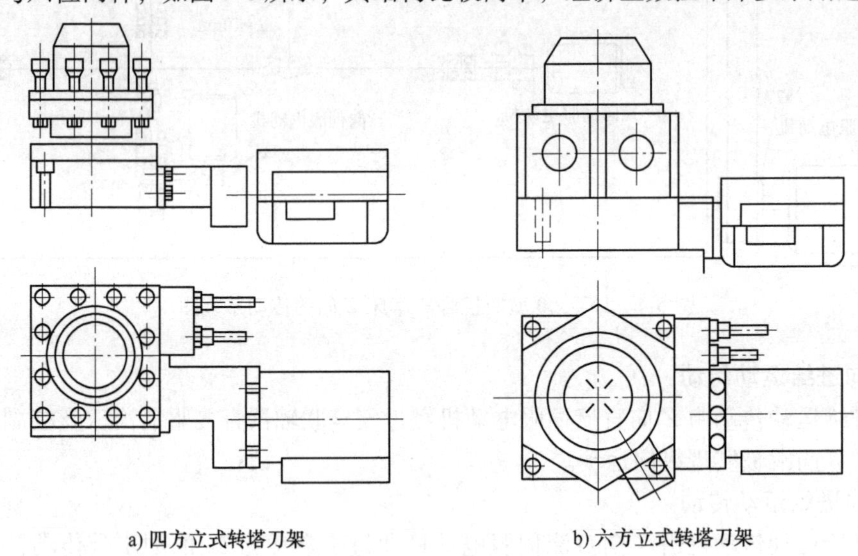

a) 四方立式转塔刀架　　b) 六方立式转塔刀架

图 5-6　立式转塔刀架

卧式转塔刀架的回转轴与机床主轴平行，可以在其径向与轴向安装刀具。径向刀具多用作外圆柱面及端面加工；轴向刀具多用作孔加工。卧式转塔刀架的工位数最多可达 20 个，但最常用的有 8、10、12、14 四种工位。图 5-7 所示为数控车床的一种卧式转塔刀架，其转位换刀过程为：当接收到数控系统的换刀指令后，刀盘松开→刀盘旋转到指令要求的刀位→刀盘夹紧并发出转位结束信号。

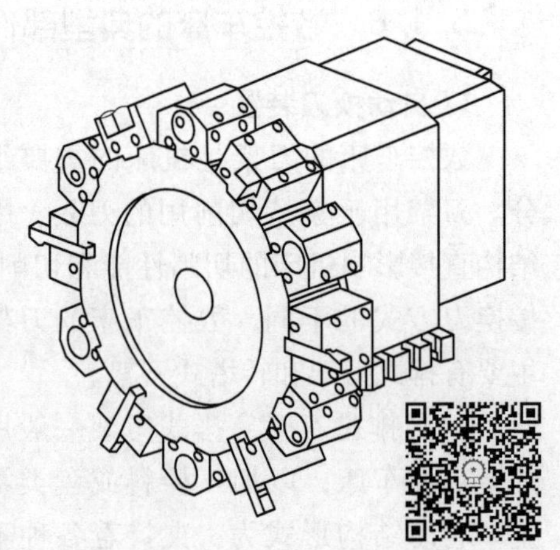

图 5-7　卧式转塔刀架

2. 卡盘

为了减少工件装夹辅助时间和减轻劳动强度，适应自动化和半自动加工的需要，数控车床多采用动力卡盘装夹工件，目前使用较多的是自动定心液压或气动动力卡盘。图 5-8 所示为数控车床上常采用的一种液压驱动动力自定心卡盘，卡盘 3 用螺钉固定在主轴前端，液压缸 5 固定在主轴后端，通过改变液压缸左右腔的通油状态，使活塞杆 4 带动卡盘内的驱动爪 1 驱动卡爪 2 夹紧或松开工件，并通过行程开关 6 和 7 发出相应信号。

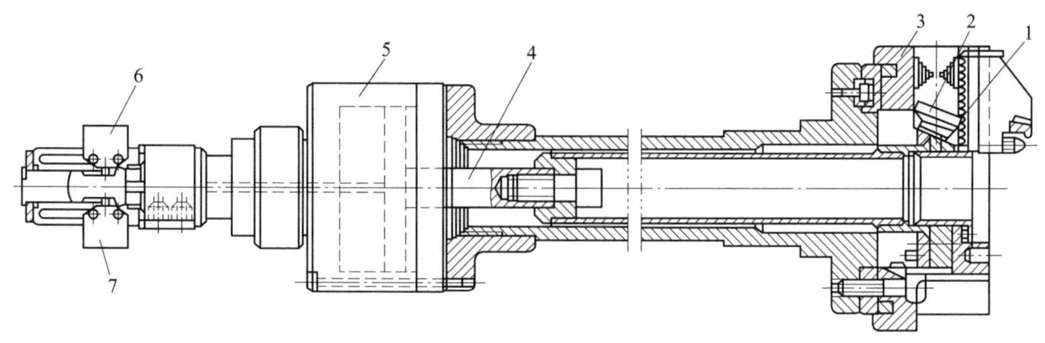

图 5-8 液压驱动动力自定心卡盘

1—驱动爪 2—卡爪 3—卡盘 4—活塞杆 5—液压缸 6、7—行程开关

3. 尾座

数控车床的液压尾座一般在加工长轴类零件时使用。尾座一般有手动尾座和可编程尾座两种。尾座套筒的动作与主轴互锁，即在主轴转动时，按动尾座套筒退出按钮，套筒不动作，只有在主轴停止状态下，尾座套筒才能退出，以保证安全。

TND360 型数控车床出厂时配置标准尾座，图 5-9 所示为 TND360 型数控车床尾座结构简图。尾座体的移动由滑板带动实现。尾座体移动后，由手动控制的液压缸将其锁紧在床身上。在调整机床时，可以手动控制尾座套筒移动。顶尖 1 与尾座套筒 2 用锥孔连接，尾座套筒可以带动顶尖一起移动。在机床自动工作循环中，可通过加工程序由数控系统控制尾座套筒的移动。当数控系统发出尾座套筒伸出的指令后，液压电磁阀动作，压力油通过活塞杆 4 的内孔进入尾座套筒液压缸的左腔，推动尾座套筒伸出。当数控系统指令其退回时，压力油进入尾座套筒 2 液压缸的右腔，从而使尾座套筒退回。尾座套筒移动的行程，靠调整尾座套筒外部连接的行程杆 9 上面的移动挡块 5 来完成。图 5-9 中所示的移动挡块的位置在右端极限位置时，尾座套筒的行程最长。当尾座套筒伸出到位时，行程杆上的移动挡块 5 压下行程开关 7，向数控系统发出尾座套筒到位信号。当尾座套筒退回时，行程杆上的固定挡块 6 压下行程开关 8，向数控系统发出尾座套筒退回的确认信号。

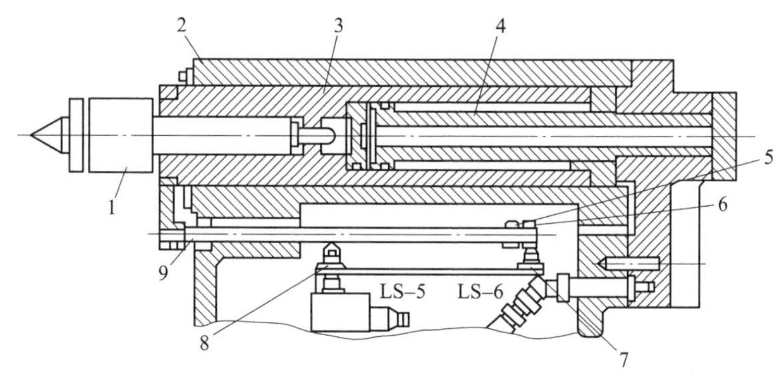

图 5-9 TND360 型数控车床尾座结构简图

1—顶尖 2—尾座套筒 3—尾座体 4—活塞杆 5—移动挡块 6—固定挡块 7、8—行程开关 9—行程杆

5.1.7 数控车床加工对象的特点

数控车削是数控加工中用得最多的加工方法之一。由于数控车床具有加工精度高、能做

直线和圆弧插补以及在加工过程中能自动变速等特点，因此其加工范围比普通车床宽得多。凡是能在数控车床上装夹的回转体零件都能在数控车床上加工。与普通车床相比，数控车床比较适合车削具有以下要求和特点的回转体零件。

1. 精度要求高的零件

零件的精度要求主要指尺寸、形状、位置和表面等精度要求，其中的表面精度主要指表面粗糙度。由于数控车床刚性好，制造和对刀精度高，并能方便、精确地进行人工补偿和自动补偿，所以能加工尺寸精度要求较高的零件，有些场合能达到以车代磨的效果。另外，由于数控车床的运动是通过高精度插补运算和伺服驱动来实现的，所以它能加工直线度、圆度、圆柱度等形状精度要求高的零件。由于数控车床一次装夹能完成加工的内容较多，所以它能有效提高零件的位置精度，并且加工质量稳定。一般数控车床的加工精度可达0.001mm，表面粗糙度 Ra 可达0.16μm（精密数控车床可达0.02μm）。

2. 表面粗糙度值小的零件

数控车床具有恒线速切削功能，能加工出表面粗糙度值小而均匀的零件，如图5-10所示。因为在材质、精车余量和刀具已定的情况下，表面粗糙度取决于进给量和切削速度。切削速度变化，致使车削后的表面粗糙度不一致，而使用数控车床的恒线切削功能，就可选用最佳线速度来切削锥面、球面和端面等，使车削后的表面粗糙度值既小又一致。

a) 高精度机床主轴

b) 高速电动机主轴

图5-10 表面粗糙度值小而均匀的回转体零件

3. 表面轮廓形状复杂的零件

由于数控车床具有直线和圆弧插补功能（部分数控车床还有某些非圆弧曲线插补功能），因此它可以车削由任意直线和各类平面曲线组成的形状复杂的回转体零件（图5-11），包括通过拟合计算处理后的、不能用方程式描述的列表曲线。如图5-11a所示的壳体零件封闭内腔的成形面，在普通车床上是无法加工的，而在数控车床上则很容易加工出来。

a) 阀门壳体零件

b) 钢制连接件

c) 隔套

d) 连接套

图5-11 轮廓形状复杂的零件

4. 带特殊螺纹的零件

数控车床具有加工各类螺纹的功能，包括任何等导程的直、锥和端面螺纹，增导程、减导程，以及要求等导程与变导程之间平滑过渡的螺纹，如图5-12所示的非标丝杠。数控车床通常在主轴箱内安装有脉冲编码器，主轴的运动通过同步带1∶1地传到脉冲编码器。采用伺服电动机驱动主轴旋转，当主轴旋转时，脉冲编码器便发出检测脉冲信号给数控系统，使主轴

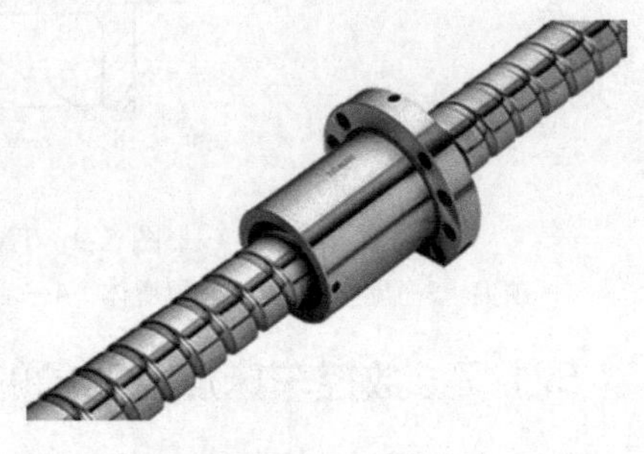

图5-12 非标丝杠

电动机的旋转与刀架的切削进给保持同步关系，即实现加工螺纹时主轴转一转，刀架 Z 向移动工件一个导程的运动关系，而且数控车床车削出来的螺纹精度高，表面粗糙度值小。

5.1.8 数控车削的工艺范围

根据数控车床的工艺特点，数控车削主要有以下加工内容。

1. 车削外圆

车削外圆是最常见、最基本的车削方法。工件外圆一般由圆柱面、圆锥面、圆弧面及回转槽等基本面组成。图 5-13 所示为使用各种不同的车刀车削中小型零件外圆（包括车外回转槽）的方法。其中，右偏刀主要用于从左向右进给，车削右边有直角轴肩的外圆以及左偏刀无法车削的外圆。

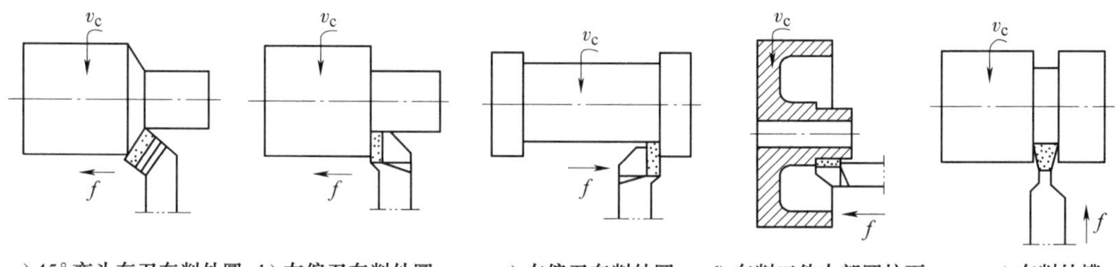

图 5-13 车削外圆示意图

锥面车削可以分别视为内圆、外圆切削的一种特殊形式。锥面可分为内锥面和外锥面，在普通车床上加工锥面的方法有小滑板转位法、尾座偏移法、靠模法和宽刀法等，而在数控车床上车削圆锥，则完全和车削其他外圆一样，不必像普通车床那么麻烦。车削圆弧面时，则更能体现数控车床的优越性。

2. 车削内孔

车削内孔是指用车削方法扩大工件的孔或加工空心工件的内表面，是常用的车削加工方法之一。常见的车孔方法如图 5-14 所示。在车削盲孔和台阶孔时，车刀要先纵向进给，当车到孔的根部时再横向进给车端面或台阶端面。

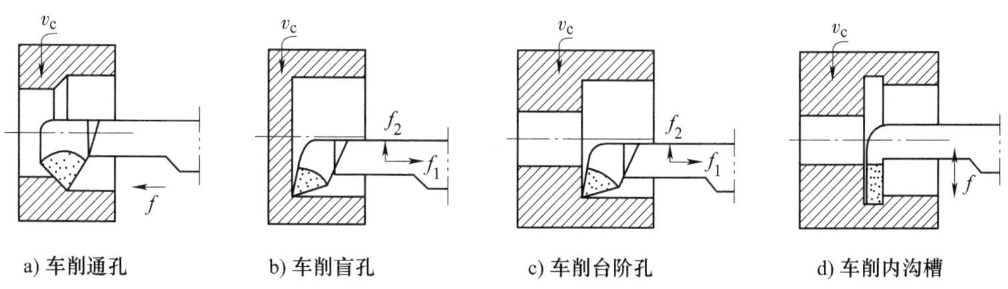

图 5-14 车削内孔示意图

3. 车削端面

车削端面包括台阶端面的车削，常见的方法如图 5-15 所示。图 5-15a 所示为使用 45°弯头车刀车削端面，可采用较大的背吃刀量，切削顺畅，表面光洁，而且大、小端面均可车削；图 5-15b 所示为使用 90°左偏刀从外向工件中心进给车削端面，适用于加工尺寸较小的端面或一般的台阶端面；图 5-15c 所示为使用 90°左偏刀从工件中心向外进给车削端面，适用于加工工件中心带孔的端面或一般的台阶端面；图 5-15d 所示为使用右偏刀车削端面，刀头强度较高，适宜车削较大端面，尤其是铸锻件的大端面。

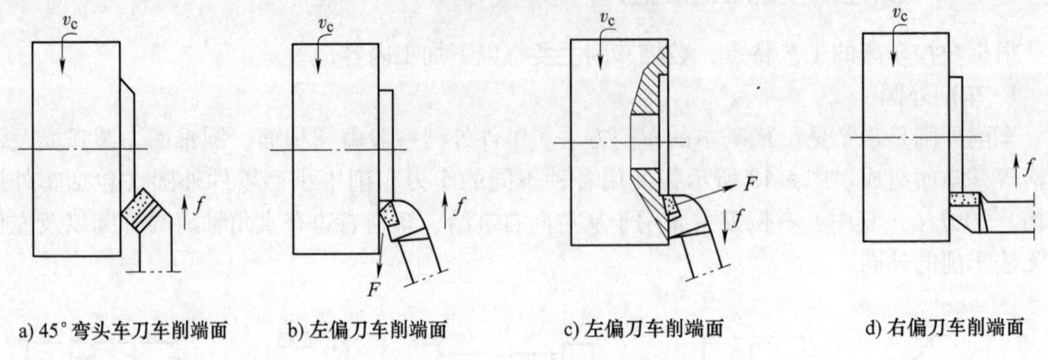

图 5-15　车削端面示意图

4. 车削螺纹

车削螺纹是数控车床的特点之一。在普通车床上一般只能加工少量的等螺距螺纹，而在数控车床上，只要通过调整螺纹加工程序，指出螺纹终点坐标值及螺纹导程，即可车削各种不同螺距的圆柱螺纹、锥螺纹或端面螺纹等。螺纹的车削可以通过单刀切削的方式进行，也可进行循环切削。

5.1.9　数控车床的编程

数控编程是数控加工的主要内容之一，通常包括分析零件图样，确定加工工艺过程；计算走刀轨迹，得出刀位数据；编写数控加工程序；将程序输入数控系统；校验程序及首件试切。数控编程有手工编程和自动编程两种方法。总之，它是从零件图样到获得数控加工程序的全过程。

1. 数控编程的基本步骤

1）分析零件图样，确定加工工艺过程。对零件图样要求的形状、尺寸、精度、材料及毛坯进行分析，明确加工内容与要求；确定加工方案、走刀路线、切削参数以及选择刀具及夹具等。

2）数值计算。根据零件的几何尺寸、走刀路线、计算出零件轮廓上的几何要素的起点、终点及圆弧的圆心坐标等。

3）编写加工程序单。在完成上述两个步骤后，按照数控系统规定使用的功能指令代码和程序段格式，编写加工程序单。

4）将程序输入数控系统。程序可以通过键盘直接输入数控系统，也可以通过计算机通信接口输入数控系统。

5）检验程序与首件试切。利用数控系统提供的图形显示功能，检查刀具轨迹的正确性；对工件进行首件试切，分析误差产生的原因，及时修正，直到试切出合格零件。

2. 数控车削编程的基本知识

（1）机床坐标　数控车床坐标分为机床坐标系和工件坐标系（编程坐标系）。无论哪种坐标系都规定与车床主轴轴线平行的方向为 Z 轴，且规定从卡盘中心至尾座顶尖中心的方向为其正方向。在水平面内与车床主轴轴线垂直的方向为 X 轴，且规定刀具远离主轴旋转中心的方向为其正方向。车床坐标系及其方向如图 5-16 所示。

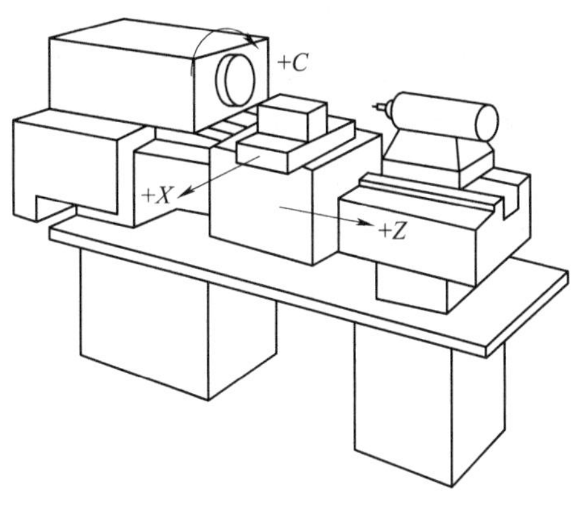

图 5-16　车床坐标系及其方向

1）机床坐标系。以机床原点为坐标原点建立起来的 X、Z 轴直角坐标系，称为机床坐标系。机床坐标系是机床固有的坐标系，它是制造和调整机床的基础，也是设置工件坐标系的基础。机床坐标系在出厂前已经调整好，一般情况下，不允许用户随意变换。

机床原点为机床上的一个固定的点。车床的机床原点为主轴旋转中心与卡盘后端面的交点。参考点也是机床上的一个固定点，该点是刀具退离到一个固定不变的极限点，其位置由机械挡块来确定。

2）工件坐标系。工件坐标系是编程时使用的坐标系，所以又称为编程坐标系。数控编程时，应该首先确定工件坐标系和工件原点。

零件在设计中有设计基准。在加工过程中有工艺基准，同时要尽量将工艺基准与设计基准统一，该基准点通常称为工件原点。以工件原点为坐标原点建立的 X、Z 轴直角坐标系，称为工件坐标系。工件坐标系是人为设定的，依据是符合图样要求。从理论上讲，工件原点选在任何位置都是可以的，但实际上，为了编程方便以及各尺寸较为直观，应尽量把工件原点的位置选得合理些。

3）工件坐标系设定。编程人员在确定起刀点的位置（X_0，Z_0）后，还应通过坐标系设定指令 G50（有的机床用 G92 指令）告诉系统，刀尖点相对于工件原点的位置，即设定一个工件坐标系。G50 是一个非运动指令，只起预置寄存作用，一般作为第一条指令放在整个程序的前面。

其指令格式为：G50　X____　Z____；

式中短线为刀尖的起始点距工件原点在 X 向和 Z 向的坐标值。

指令功能：执行 G50　X____　Z____；系统内部即对 X、Z 向的坐标值进行记忆，并显示在显示器上，这就相当于在系统内部建立了一个以工件原点为坐标原点的工件坐标系。

（2）程序结构　数控程序由程序编号、程序内容和程序结束段组成。例如：

程序编号：O＿ ＿ ＿ ＿；

```
程序内容：N001 G92 X40.0 Y30.0;
          N002 G90 G00 X28.0 T01 S800 M03;
          N003 G01 X-8.0 Y8.0 F200;
          N004 X0 Y0;
          N005 X28.0 Y30.0;
          N006 G00 X40.0;
程序结束段：N007 M02;
```

1）程序编号。程序编号要单独使用一个程序段，采用程序编号地址码区分存储器中的程序，不同数控系统程序编号地址码不同，如日本 FANUC 数控系统采用大写字母 O 作为程序编号地址码；美国的 AB8400 数控系统采用 P 作为程序编号地址码；德国的西门子（SIE-

MENS）数控系统采用%作为程序编号地址码等。

2）程序内容。程序内容部分是整个程序的核心，由若干个程序段组成，每个程序段由一个或多个指令字构成，每个指令字由地址符和数字组成，它代表机床的一个位置或一个动作，每一程序段结束用“；”号。

3）程序结束段。以程序结束指令 M02 或 M30 作为整个程序结束的符号。M02 表示程序结束，M30 表示程序结束并返回。

4）程序段格式。每个程序段由程序段编号、若干个指令（功能字）和程序段结束符号组成。程序段格式如图 5-17 所示，说明如下：

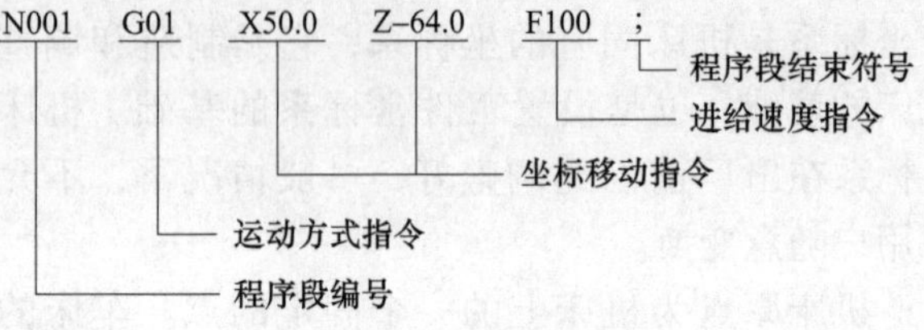

图 5-17 程序段格式

N、G、X、Z、F 为地址码，“-”为符号（负号），64.0 为数据字。

N——程序段地址码，用来指定程序段序号。

G——准备功能地址码，G01 为直线插补指令。

X、Z——坐标轴地址码，其后面数据字表示刀具在该坐标轴方向应移动的距离。

F——进给速度地址码，其后面数据字表示刀具进给速度值，F100 表示进给速度为 100mm/min。

；——程序段结束码，与“NL”“LF”或“CR”“＊”等符号含义等效，不同的数控系统规定有不同的程序段结束符。

注意：数控机床的指令格式在国际上有很多标准，并不完全一致。而随着数控机床的发展，以及不断改进和创新，其系统功能更加强大，使用更加方便，在不同数控系统之间，程序格式上存在一定的差异，因此，在具体进行某一数控机床编程时，要仔细了解其数控系统的编程格式，参考该数控机床编程手册。

（3）常用编程指令（功能字） 功能字也称为程序字或指令，是机床数字控制的专用术语，它的定义是一组有规定次序的代码符号，可以作为一个信息单元存储、传递和操作。

坐标字：用来设定机床各坐标的位移量，由坐标地址符及数字组成，一般以 X、Y、Z、U、V、W 等字母开头，后面紧跟“+”或“-”及一串数字。该数字一般以脉冲当量为单位，不使用小数点，如果使用小数表示该数，则基本单位为 mm。

准备功能字（简称 G 功能）：指定机床的运动方式，为数控系统的插补运算做准备，由准备功能地址符“G”和两位数字所组成，G 功能的代号已标准化，一些多功能机床已有数字大于 100 的指令。常用 G 指令有坐标定位与插补、坐标平面选择、固定循环加工、刀具补偿、绝对坐标及增量坐标等。

进给功能字：指定刀具相对工件的运动速度，进给功能字以地址符“F”为首，后跟一串字代码，单位为 mm/min，在进给速度与主轴转速有关时，如进行车螺纹、攻螺纹或套螺纹等加工时，使用的单位还可为 mm/r。

主轴速度功能字：指定主轴旋转速度，以地址符“S”为首，后跟一串数字。数字的意义、分档方法及对照表与进给功能字通用，只是单位为 r/min。

刀具功能字：当系统具有换刀功能时，刀具功能字用以选择替换的刀具，以地址符“T”为首，其后一般跟两位数字，该数字代表刀具的编号。

辅助功能字：用于机床加工操作时的工艺性指令，以地址符“M”为首，其后跟两位数字，如 M00~M99。常用 M 指令：主轴的转向与起停、切削液的打开与关闭、刀具的夹紧与松开、程序结束等。

模态指令和非模态指令：G 指令和 M 指令均有模态和非模态指令之分。模态指令也称续效指令，按功能分为若干组。模态指令一经程序段中指定，便一直有效，直到出现同组另一指令或被其他指令取消时才失效，与上一段相同的模态指令可省略不写。

3. 数控车床编程实例

编制如图 5-18 所示锥套的车削加工程序，毛坯为 ϕ65mm 棒料，已加工毛坯孔 ϕ18mm，材料为 45 钢。T01：93°粗、精车外圆刀，T02：镗孔刀，T04：切断刀（刀宽 3mm）。

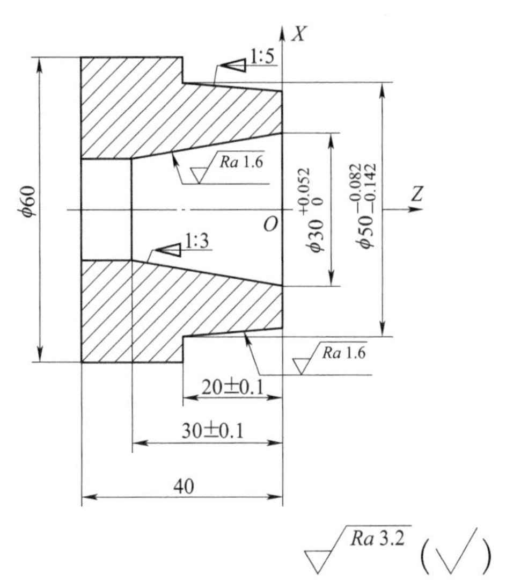

图 5-18　锥套

程序编制过程如下：

（1）零件图工艺分析

1）技术要求分析。如图 5-18 所示，零件包括内外圆锥面、内外圆柱面、端面、切断等加工。零件材料为 45 钢，无热处理和硬度要求。

2）确定装夹方案、定位基准、加工起点、换刀点。由于毛坯为棒料，用自定心卡盘夹紧定位。由于工件较小，为了加工路径清晰，加工起点和换刀点可以设为同一点，放在 Z 向距工件前端面 200mm、X 向距轴线 100mm 的位置。

3）制订加工方案，确定各刀具及切削用量。零件的加工工艺卡见表 5-2。

表 5-2　零件的加工工艺卡

<table>
<tr><td>材料</td><td>45 钢</td><td>零件图号</td><td>5-18</td><td>数控系统</td><td>FANUC</td><td>工序号 | 063</td></tr>
<tr><td rowspan="2">操作序号</td><td rowspan="2">工步内容</td><td rowspan="2">G 功能</td><td rowspan="2">T 功能</td><td colspan="3">切削用量</td></tr>
<tr><td>转速 /(r/min)</td><td>进给速度 /(mm/r)</td><td>切削深度 /mm</td></tr>
<tr><td>主程序 1</td><td colspan="6">夹住棒料一头，留出长度大约 65mm，调用主程序 1 加工</td></tr>
<tr><td>1</td><td>车端面</td><td>G94</td><td>T0101</td><td>475</td><td>0.1</td><td></td></tr>
<tr><td>2</td><td>粗车外表面</td><td>G90</td><td>T0101</td><td>475</td><td>0.3</td><td>2</td></tr>
<tr><td>3</td><td>粗镗内表面</td><td>G90</td><td>T0202</td><td>640</td><td>0.3</td><td>1</td></tr>
<tr><td>4</td><td>精车外表面</td><td>G01</td><td>T0101</td><td>900</td><td>0.1</td><td>0.2</td></tr>
<tr><td>5</td><td>精镗内表面</td><td>G01</td><td>T0202</td><td>900</td><td>0.1</td><td>0.2</td></tr>
<tr><td>6</td><td>切断</td><td>G01</td><td>T0404</td><td>236</td><td>0.1</td><td></td></tr>
<tr><td>7</td><td>检测、校核</td><td></td><td></td><td></td><td></td><td></td></tr>
</table>

（2）数值计算

1）设定程序原点，以工件右端面与轴线的交点为程序原点建立工件坐标系。

2）计算各基点位置坐标值，略。

3）当循环起点 Z 坐标为 Z3 时，计算精加工外圆锥面时，切削起始点的直径 D 值。根据公式 $C=\dfrac{D-d}{L}$（L 为切削起始点到锥台终点的长度），即 $C=\dfrac{1}{5}=\dfrac{50\text{mm}-d}{23\text{mm}}$（$C$=1/5 是已知

条件，图示已标注)，得 d = 45.4mm，则 $R=\frac{45.4-50}{2}\text{mm}=-2.3\text{mm}$。

当 X 向留有 0.2mm 余量时，加工外锥面的切削终点为（50.4，–20）；当还有 2.2mm 余量时，加工外锥面的切削终点为（54.4，–20）；当还有 4.2mm 余量时，加工外锥面的切削终点为（58.4，–20）。

4）内锥小端直径：根据公式 $C=\frac{D-d}{L}$，即 $C=\frac{1}{3}=\frac{30\text{mm}-d}{30\text{mm}}$，得 d=20mm。

5）当加工内锥孔循环起点 Z 坐标为 Z3 时，计算精加工内圆锥面时，切削起始点的直径 D 值。根据公式 $C=\frac{D-d}{L}$，即 $C=\frac{1}{3}=\frac{D-30\text{mm}}{30\text{mm}}$，得 D = 31mm，则 $R=\frac{31-20}{2}\text{mm}=5.5\text{mm}$。

当留有 0.2mm 余量时，加工内锥面的切削终点为（19.6，–30）；当留有 1.2mm 余量时，加工内锥面的切削终点为（17.6，–30）；当留有 2.2mm 余量时，加工内锥面的切削终点为（15.6，–30）。

（3）选择车床及夹具　选用 CAK6150DJ 型数控车床，夹具为自定心卡盘。

（4）编写加工程序　加工程序如下：

```
O6003;
N010 G50 X200 Z100;
N020 M03 S475 T0101;
N030 G99;
N040 X70 Z3;
N050 G94 X0 Z0.5 F0.1;
N060 Z0;
N070 G90 X62 Z-43 F0.3;
N080 X60.4;
N090 G90 X58.4 Z-20 R-23;
N100 X54.4;
N110 X50.4;
N120 G00 X200 Z200 T0100 M05;
N130 M01;
N140 M03 S640 T0202;
N150 G00 X13 Z3;
N160 G90 X19.6 Z-43 F0.3;
N170 X5.6 Z-30 R5.5;
N180 X17.6;
N190 19.6;
N200 G00 X200 Z200 T0200 M05;
N210 M01;
N220 M03 S900 T0101;
N230 G00 X45.4 Z3;
N240 G01 X50 Z-20 F0.1;
N250 X60;
N260 Z-43;
```

```
N270 X70;
N280 G00 X200 Z200 T0100 M05;
N290 M01;
N300 M03 S900 T0202;
N310 G00 X31 Z3;
N320 G01 X20 Z-30 F0.1;
N330 Z-43;
N340 X18;
N350 G00 Z3;
N360 G00 X200 Z200 T0200 M05;
N370 M01;
N380 M03 S236 T0404;
N390 G00 X70 Z-43;
N400 G01 X15 F0.1;
N410 G00 X70;
N420 G00 X200 Z200 T0400 M05;
N430 T0100;
N440 M02;
```

任务实践

1. 以实训车间的数控车床为例，让学生观察并了解数控车床的特点、分类及其技术参数。
2. 让学生到实训车间观察数控车床的工作过程，区分主传动系统和进给传动系统。
3. 通过让学生加工简单的阶梯轴，使其掌握数控车床的编程步骤及数控车床的操作过程。

5.2 数控铣床

知识导图

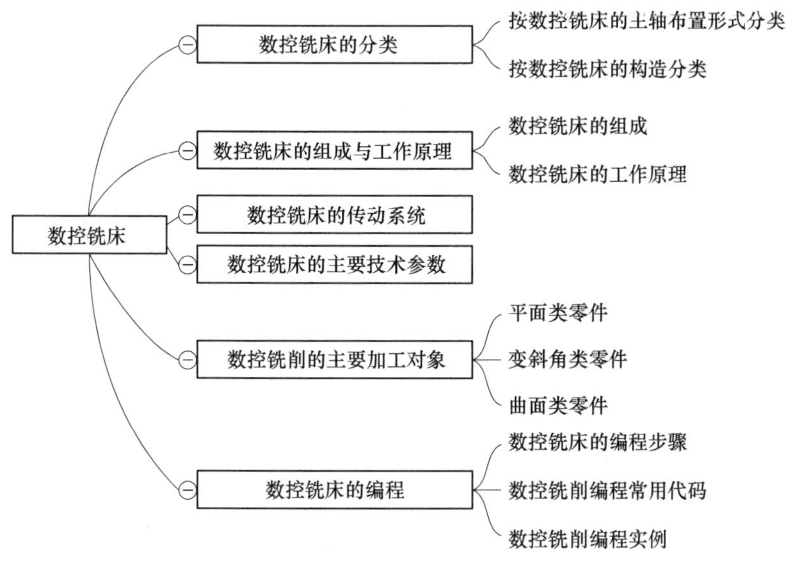

数控铣床是在普通铣床的基础上发展起来的。数控铣床在加工工艺和结构上都与普通铣床相似。数控铣床能完成平面铣削、平面型腔铣削、外形轮廓铣削、三维及三维以上复杂型面铣削，还可进行钻削、镗削、螺纹切削等加工。若再添加回转工作台等附件（此时变为四坐标），则应用范围将更广，可用于加工螺旋桨、叶片等空间曲面零件。

5.2.1 数控铣床的分类

1. 按数控铣床的主轴布置形式分类

（1）立式数控铣床　立式数控铣床是数控铣床中数量最多的一种，应用范围最广，其主轴垂直于水平面，如图 5-19 所示。数控铣床 *X*、*Y*、*Z* 方向的移动一般都由工作台完成，且工作台还可手动升降。主运动由主轴完成，主轴除完成主运动外，还能沿竖直方向伸缩。数控铣床可进行 3 轴联动加工，也有部分机床只能进行 3 个坐标中的任意两个坐标联动加工，称为 2.5 轴加工。此外，还有机床主轴可以绕 *X*、*Y*、*Z* 坐标轴中的其中一个或两个坐标轴做数控摆角运动的 4 轴和 5 轴立式数控铣床。大型立式数控铣床由于需要考虑扩大行程、缩小占地面积和刚性等技术问题，多采用龙门架移动式，其主轴可以在龙门架的横向与垂直溜板上运动，而龙门架则沿床身做纵向运动。

（2）卧式数控铣床　如图 5-20 所示，卧式数控铣床的主轴水平布置，为了扩大加工范围和使用功能，通常采用增加数控转盘或万能数控转盘来实现 4 轴、5 轴加工，这样不但可以加工工件侧面上的连续回转轮廓，而且可以实现在一次安装中，通过转盘改变工位，进行“四面加工”。尤其是万能数控转盘可以把工件上各种不同角度的加工摆成水平面来加工，可以省去许多专用夹具或专用角度成形铣刀。对箱体类零件或在一次安装中需要改变工位的工件来说，选择带数控转盘的卧式数控铣床进行加工是非常合适的。

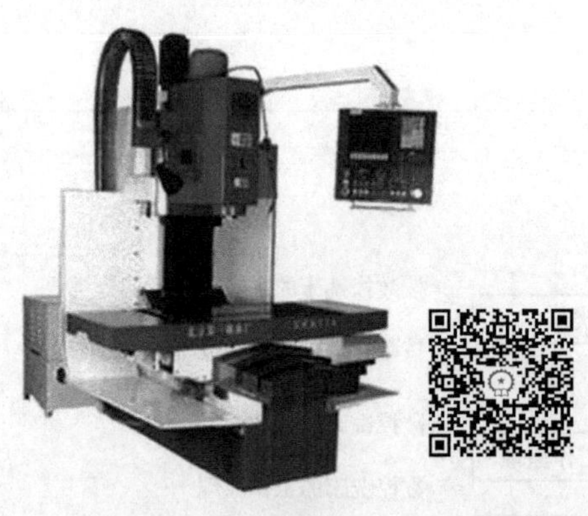

图 5-19　立式数控铣床

图 5-20　卧式数控铣床

（3）立、卧两用数控铣床　如图 5-21 所示，立、卧两用数控铣床目前已不多见，它的主轴方向可以变换，能达到在一台机床上既可以进行立式加工，又可以进行卧式加工。其使用范围更广、功能更全，选择的加工对象和余地更大，给用户带来了很多方便，特别是当生产批量小，品种较多，又需要立、卧两种方式加工时，用户只需要一台这样的机床就行了。

立、卧两用数控铣床的主轴方向的更换有手动与自动两种。采用数控万能主轴头的立、卧两用数控铣床，其主轴头可以任意转换方向，可以加工出与水平面呈各种不同角度的工件表面。当立、卧两用数控铣床增加数控转盘后，就可以实现对工件的“五面加工”，即除了工件与转盘贴面的定位面外，其他表面都可以在一次安装中进行加工。因此，其加工性能非常优越。

2. 按数控铣床的构造分类

（1）工作台升降式数控铣床　这类数控铣床采用工作台移动、升降，而主轴不动的方式，小型数控铣床一般采用此种方式。

（2）主轴头升降式数控铣床　这类数控铣床采用工作台纵向和横向移动，且主轴沿垂向溜板上下运动；主轴头升降式数控铣床在精度保持、承载重量、系统构成等方面具有很多优点，已成为数控铣床的主流。

（3）龙门式数控铣床　如图5-22所示，龙门式数控铣床的主轴可以在龙门架的横向与垂向溜板上运动，而龙门架则沿床身做纵向运动。大型数控铣床，因要考虑到扩大行程、缩小占地面积及刚性等技术上的问题，往往采用龙门架移动式。

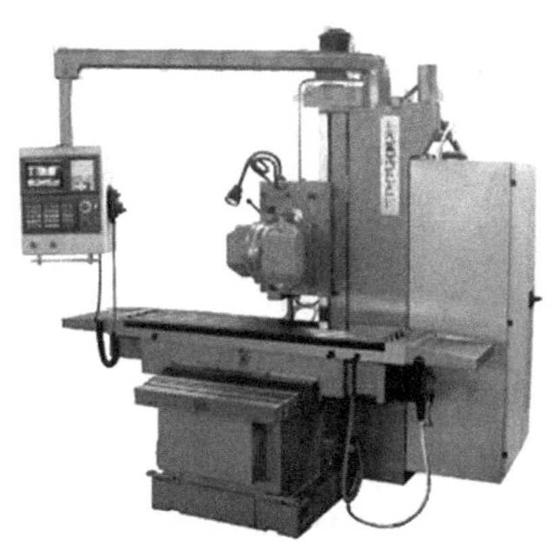

图5-21　立、卧两用数控铣床

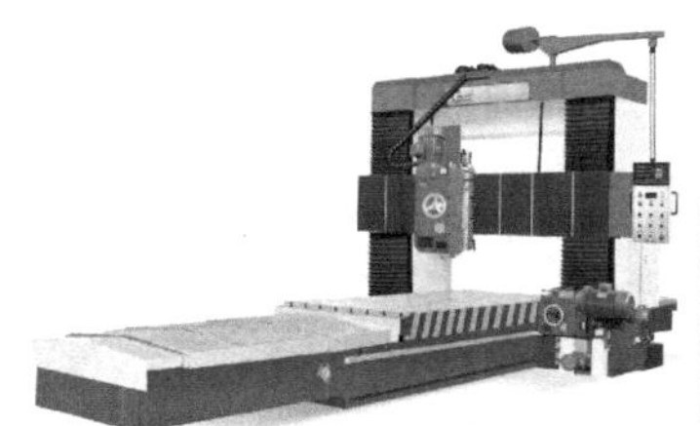

图5-22　龙门式数控铣床

5.2.2　数控铣床的组成与工作原理

1. 数控铣床的组成

数控铣床一般由数控系统、主传动系统、进给传动系统、冷却润滑系统等几大部分组成。数控铣床形式多样，不同类型的数控铣床在组成上虽有所差别，但却有许多相似之处。下面以XK5040A型数控立式升降台铣床为例介绍其组成情况。

图5-23所示为XK5040A型数控立式升降台铣床的外形，它为两轴半控制的数控铣床。床身6固定在底座1上，用于安装机床各部件。操纵箱10上有CRT显示器、机床操作按钮、各种开关及指示灯。纵向工作台16和横向溜板12安装在升降台15上，通过纵向进给伺服电动机13、横向进给伺服电动机14和竖直方向进给伺服电动机4的驱动，完成X、Y、Z方向的进给运动。强电柜2中装有机床电气部分的接触器和继电器等。变压器箱3安装在床身立柱后面。数控柜7内装有机床数控系统。保护开关8和11可控制纵向行程硬限位。挡铁9为纵向参考点设定挡块。主轴变速手柄和按钮板5用于手动调整主轴的正、反转和停止以及切削液的开、停等。

2. 数控铣床的工作原理

根据零件形状、尺寸、精度和表面粗糙度等技术要求制订加工工艺，选择加工参数；通过手工编程或利用CAM软件自动编程，将编好的加工程序输入控制器；控制器对加工程序处理后，向伺服装置传送指令；伺服装置向伺服电动机发出控制信号；主轴电动机使刀具旋转，X、Y 和 Z 向的伺服电动机控制刀具和工件按一定的轨迹相对运动，从而实现工件的切削。

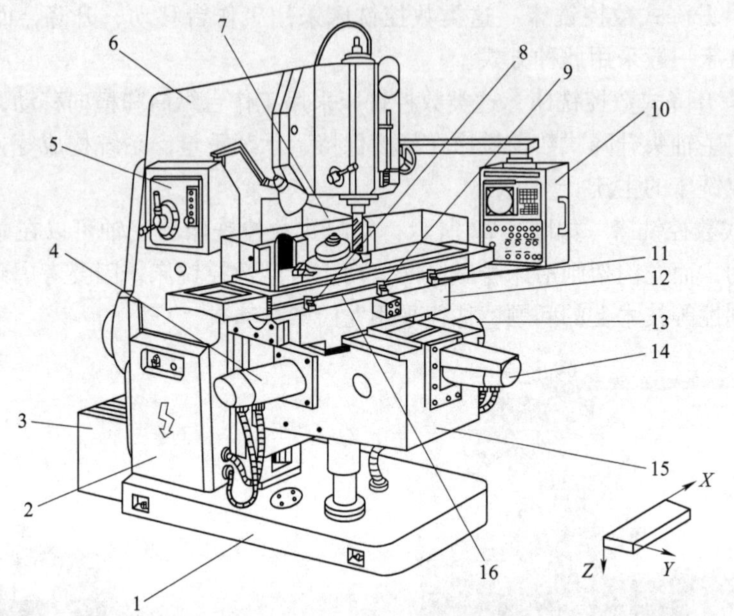

图 5-23 XK5040A 型数控立式升降台铣床的外形

1—底座 2—强电柜 3—变压器箱 4—竖直方向进给伺服电动机 5—主轴变速手柄和按钮板 6—床身 7—数控柜 8、11—保护开关 9—挡铁 10—操纵箱 12—横向溜板 13—纵向进给伺服电动机 14—横向进给伺服电动机 15—升降台 16—纵向工作台

5.2.3 数控铣床的传动系统

图 5-24 所示为 XK5040A 型数控立式升降台铣床的传动系统。该数控铣床的主运动采用有级变速。由转速为 1450r/min、功率为 7.5kW 的主电动机经 V 带柔性传动，可减小振动并防止主轴在制动时损坏齿轮。再经两组三联滑移齿轮和一组双联滑移齿轮变速，共获得 18 级转速。主轴上部装有飞轮，可改善铣削性能。主轴轴承采用精密主轴轴承 2261 系列和精密滚子轴承组合，使整个结构紧凑，刚性好，主轴精度稳定。

工作台可做互相垂直的纵向、横向、垂向三个方向的无级进给运动。纵向、横向进给运动由 FB-15 型直流伺服电动机（功率为 1.4kW，最高转速 1500r/min）驱动，再经斜齿轮副传动滚珠丝杠，由滚珠丝杠副将旋转运动转换成工作台的直线运动。垂向进给运动由 FB-25 型（功率为 2.5kW，最高转速 1000r/min）带制动器的直流伺服电动机驱动。再经锥齿轮副传动滚珠丝杠，由滚珠丝杠副将旋转运动转换成升降台的垂向进给直线运动。由于数控机床是按指令脉冲或指令位置和实际位置之差进行工作的，因此其进给系统是以机床移动部件的位置和速度为控制量的伺服系统。它与一般通用机床的进给系统有着本质的不同，除能控制执行件的速度外，还能精确控制执行件的位置和运动轨迹。

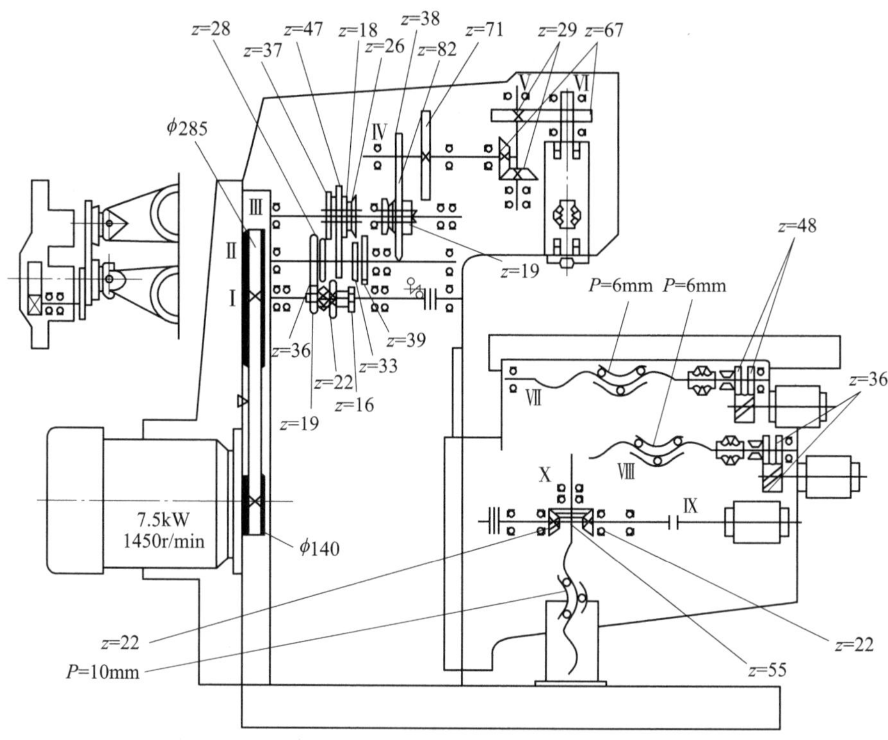

图 5-24　XK5040A 型数控立式升降台铣床的传动系统

5.2.4　数控铣床的主要技术参数

XK5040A 型数控立式升降台铣床的主要技术参数见表 5-3。

表 5-3　XK5040A 型数控立式升降台铣床的主要技术参数

工作台参数	工作台工作尺寸（长×宽）/mm		1600×400
	工作台最大纵向行程/mm		900
	工作台最人横向行程/mm		375
	工作台最大垂直方向行程/mm		400
	工作台 T 形槽数		3
	工作台 T 形槽宽/mm		18
	工作台 T 形槽间距/mm		100
	工作台进给量 /(mm/min)	纵向	10~1500
		横向	10~1500
		垂直方向	10~600
	工作台侧面至床身竖直导轨距离/mm		30~405
主轴参数	主轴孔锥度		7：24；莫氏 50
	主轴孔直径/mm		27
	主轴套筒移动距离/mm		70
	主轴端面到工作台距离/mm		10~450

（续）

<table>
<tr><td rowspan="3">主轴参数</td><td colspan="2">主轴中心线至床身竖直导轨距离/mm</td><td>430</td></tr>
<tr><td colspan="2">主轴转速范围/(r/min)</td><td>30~1500</td></tr>
<tr><td colspan="2">主轴转速级数</td><td>18</td></tr>
<tr><td rowspan="4">电动机参数</td><td colspan="2">主电动机功率/kW</td><td>7.5</td></tr>
<tr><td rowspan="3">伺服电动机额定转矩
/N·m</td><td>X向</td><td>18</td></tr>
<tr><td>Y向</td><td>18</td></tr>
<tr><td>Z向</td><td>35</td></tr>
<tr><td>机床外形尺寸
(长×宽×高)/mm</td><td colspan="3">2495×2100×2170</td></tr>
</table>

5.2.5 数控铣削的主要加工对象

数控铣削是机械加工中最常用和最主要的数控加工方法之一，除了能铣削普通铣床能加工的各类零件表面外，还能铣削普通铣床不能加工的需要2~5轴坐标联动的各种平面轮廓和立体轮廓。与加工中心相比，数控铣床除了缺少自动换刀功能及刀库外，其他方面均与加工中心相同，也可以对工件进行钻、扩、铰、锪和镗孔加工与攻螺纹等，但它主要还是被用来对工件进行铣削加工，这里所说的主要加工对象及分类也是从铣削加工的角度来考虑的。

1. 平面类零件

加工面平行或垂直于水平面，或加工面与水平面的夹角为定角的零件为平面类零件，其特点是各个加工面是平面，或可以展开成平面。一般只需用三坐标数控铣床的两坐标联动（即2.5轴坐标联动）就可以把它们加工出来。如图5-25所示，三个零件均为平面类零件。

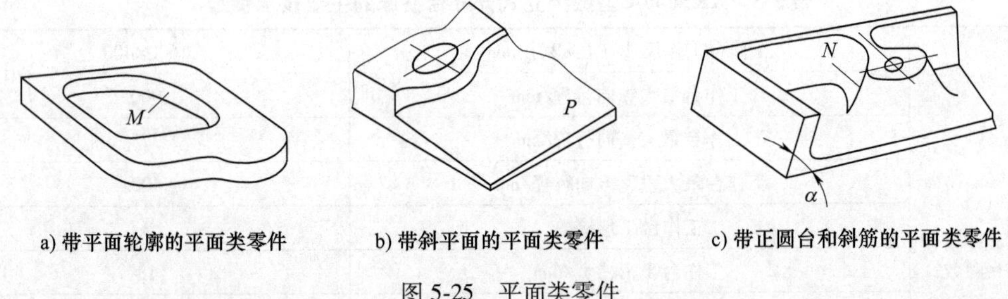

a) 带平面轮廓的平面类零件　b) 带斜平面的平面类零件　c) 带正圆台和斜筋的平面类零件

图5-25 平面类零件

2. 变斜角类零件

加工面与水平面的夹角呈连续变化的零件称为变斜角类零件，这类零件多数为飞机零件，如飞机上的整体梁、框、缘条与肋等，此外还有检验夹具与装配型架等。变斜角类零件的变斜角加工面不能展开为平面，但在加工中，加工面与铣刀圆周接触的瞬间为一条线。最好采用四坐标或五坐标数控铣床摆角加工，在没有上述机床时，可采用三坐标数控铣床，进行两轴半坐标近似加工。如图5-26所示的零件为飞机上的变斜角梁，其缘条在第②肋至第⑤肋的斜角从3°10′均匀变化为2°32′，从第⑤肋至第⑨肋再均匀变化至1°20′，从第⑨肋至第⑫肋又均匀变化至0°。

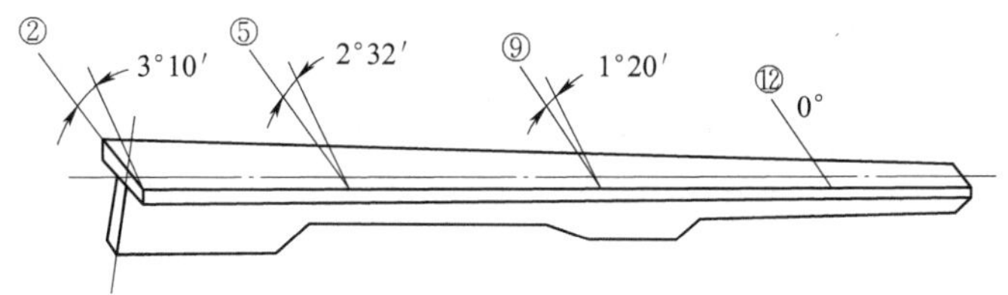

图 5-26　变斜角类零件

3. 曲面类零件

加工面为空间曲面的零件称为曲面类零件，如模具、叶片、螺旋桨等。曲面类零件的加工面不能展开为平面，加工时，加工面与铣刀始终为点接触。常用两轴半联动数控铣床来加工精度要求不高的曲面；精度要求高的曲面类零件一般采用三轴联动数控铣床加工；当曲面较复杂、通道较狭窄、会伤及毗邻表面及需刀具摆动时，要采用四轴甚至五轴联动数控铣床加工。图 5-27 所示为两个曲面类零件。

图 5-27　曲面类零件

5.2.6　数控铣床的编程

1. 数控铣床的编程步骤

数控编程的主要内容包括分析零件图样、确定加工过程、数学处理、编写程序清单、程序检查、输入程序和首件试切。

（1）分析零件图样和工艺处理　首先根据图样对零件的几何形状、尺寸、技术要求进行分析，明确加工内容，决定加工方案、加工顺序，设计夹具，选择刀具，确定合理的走刀路线和切削用量等。同时还应充分发挥数控系统的性能，正确选择对刀点及进刀方式，尽量减少加工辅助时间。

（2）数学处理　编程前根据零件的几何特征，建立一个工件坐标系，根据图样要求制订加工路线，在工件坐标系上计算出刀具的运动轨迹。对于形状比较简单的零件（如直线和圆弧组成的零件），只需计算出几何元素的起点、终点、圆弧的圆心、两几何元素的交点或切点的坐标值。对于形状复杂的零件（如非圆曲线、曲面组成的零件），数控系统的插补功能不能满足零件的几何形状时，必须计算出曲面或曲线上一定数量的离散点，点与点之间用直线或圆弧逼近，根据要求的精度计算出节点间的距离。

（3）编写零件程序单　加工路线和工艺参数确定以后，根据数控系统规定的指令代码及程序段格式，逐段编写零件加工程序。

（4）程序输入　现代数控机床主要利用键盘将程序输入计算机中；通信控制的数控机

床，程序可以由计算机接口传送。

（5）程序校验与首件试切　程序清单必须经过校验和首件试切才能正式使用。校验的方法是将程序内容输入数控装置中，机床空刀运转，若是平面工件，可以用笔代刀，以坐标纸代替工件，画出加工路线，以检查机床的运动轨迹是否正确。若数控机床有图形显示功能，可以采用模拟刀具切削过程的方法进行检验。但这些过程只能检验出运动是否正确，不能检验被加工零件的精度，因此必须进行零件的首件试切。首次试切时，应该以单程序段的运行方式进行加工，以便监视加工状况，调整切削参数和状态。

2. 数控铣削编程常用代码

FANUC 系统常用辅助功能 M 代码见表 5-4。FANUC 系统常用准备功能 G 代码见表 5-5。

表 5-4　FANUC 系统辅助功能 M 代码

代码	功能	代码	功能
M00	程序停止	M07	喷雾
M01	计划停止	M08	切削液开
M02	程序结束	M09	切削液关
M03	主轴正转	M10	夹紧
M04	主轴反转	M11	松开
M05	主轴停转	M30	程序结束并返回
M06	换刀		

表 5-5　FANUC 系统准备功能 G 代码

代码	功能	代码	功能
G00	定位（快速进给）	G40	取消刀具偏移
G01	直线插补	G41	刀具左偏
G02	顺时针方向圆弧插补	G42	刀具右偏
G03	逆时针方向圆弧插补	G80	取消固定循环
G17	*XY* 平面选择	G81～G89	用于镗孔、钻孔、攻螺纹等的固定循环
G18	*ZX* 平面选择	G90	绝对坐标编程
G19	*YZ* 平面选择	G91	相对坐标编程
G33	螺纹切削		

3. 数控铣削编程实例

试编写如图 5-28 所示零件的精加工程序，工件材料为硬铝。

程序编制过程如下：

（1）零件图及工艺分析

1）分析零件图。该零件外轮廓不需要加工。有两个加工面，分别是六边形轮廓和中间长圆形槽。尺寸标注完整，设计基准在对称中心。

2）刀具的选择。采用 ϕ20mm 高速钢铣刀，切削用量的选择综合工件的材料和硬度、加工的精度要求、刀具的材料和寿命、使用切削液等因素，主轴转速设为 800r/min，进给速度设为 120mm/min。

3）工件的装夹。工件的毛坯形状为长方体，为使其定位和装夹准确可靠，选择机用虎钳进行装夹。

4）工件坐标系的确定。本例的工件坐标系原点选择如图 5-28 所示，按基准重合原则，选择在工件上表面的中心。

5）走刀路线的选择。外轮廓加工顺序为 $A \to B \to C \to D \to E \to F \to A$，内轮廓加工顺序为 $G \to H \to I \to J \to G$。

6）数学处理。坐标计算结果为：A(−49.075，85)，B(49.075，85)，C(98.15，0)，D(49.075，−85)，E(−49.075，−85)，F(−98.15，0)，G(40，−32.5)，H(40，32.5)，I(−40，32.5)，J(−40，−32.5)。假设刀具的初始位置在（0，0，100）处。

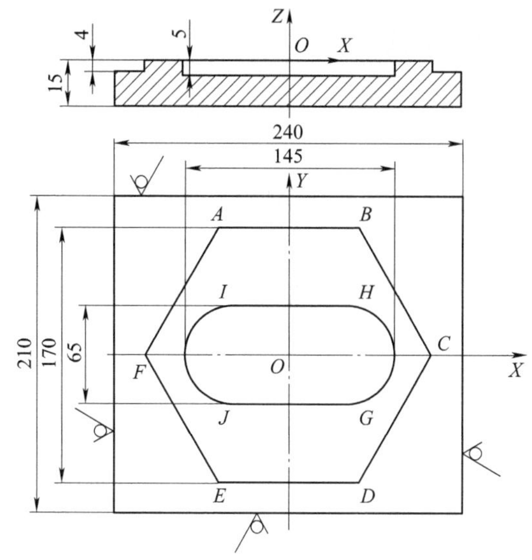

图 5-28　铣削加工实例

（2）编制加工程序　加工程序如下：

```
O0001;
N10 G90 G54 G00 X-70 Y85;
N20 Z1 S800 M03 M08;
N30 G01 Z4 F50;
N40 G41 G01 X-60 F120;
N50 X49.075;
N60 X98.15 Y0;
N70 X49.075 Y-85;
N80 X-49.075;
N90 X-98.15 Y0;
N100 X-37.5 Y105;
N110 M09;
N120 G00 Z10;
N130 G40 G00 X0 Y0;
N140 Z1 M08;
N150 G01 Z-5 F50;
N160 G41 G01 X40 F120;
N170 Y-32.5;
N180 G03 X-40 Y32.5 R32.5;
N190 G01 X-40;
N200 G03 X-40 Y-32.5R32.5;
N210 G01 X40;
N220 G03 Y0 R16.25;
N230 G00 Z10;
N240 G40 G00 X0Y0;
N250 M09 Z200;
N260 M05;
N270 M30;
```

任务实践

1. 以实训车间的数控铣床为例，让学生观察并了解数控铣床的特点、分类及其技术参数。

2. 到实训车间观察数控铣床的工作过程，观察主传动系统和进给传动系统与数控车床的区别。

3. 让学生加工简单的盘类零件，使其掌握数控铣床的编程步骤及数控铣床的操作过程。

5.3 加工中心

知识导图

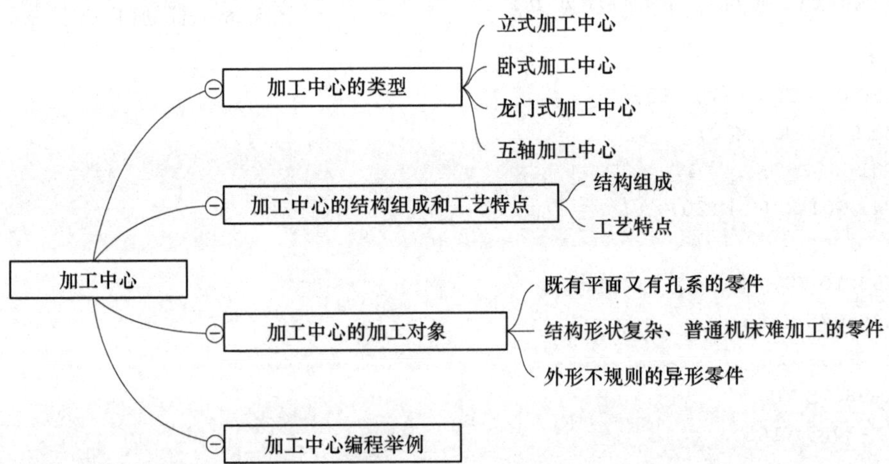

加工中心是一种带有刀库并能自动更换刀具，对工件能够在一定的范围内进行多种加工操作的数控机床。

5.3.1 加工中心的类型

1. 立式加工中心

立式加工中心是指主轴为垂直状态的加工中心。其结构形式多为固定立柱，工作台为长方形，无分度回转功能，适合加工盘、套、板类零件，它一般具有两个直线运动坐标轴，并可在工作台上安装一个沿水平轴旋转的回转台，用以加工螺旋线类零件。图 5-29 所示为 JCS-018A 型立式加工中心的外形。

立式加工中心装夹方便，便于操作，易于观察加工情况，调试程序容易，应用广泛。但受立柱高度及换刀装置的限制，立式加工中心不能加工太高的零件，在加工型腔或下凹的型面时，切屑不易排出，严重时会损坏刀具，破坏已加工表面，影响加工的顺利进行。

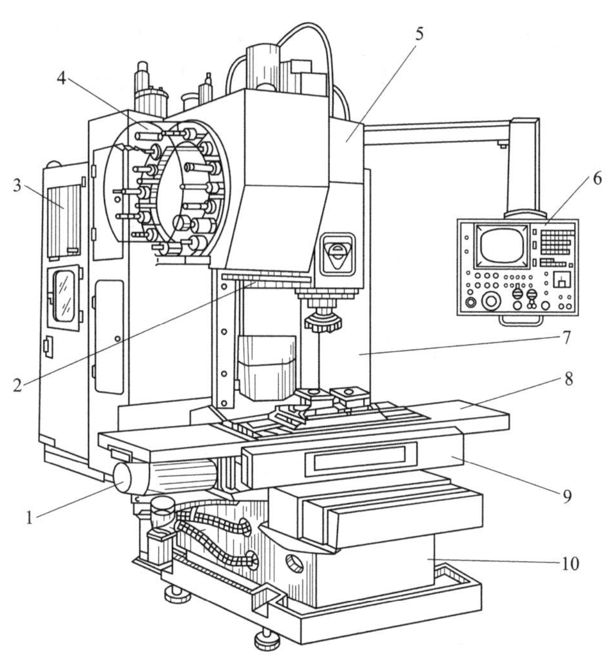

图 5-29　JCS-018A 型立式加工中心的外形

1—X 轴直流伺服电动机　2—换刀机械手　3—数控柜　4—盘式刀库　5—主轴箱　6—操作面板　7—驱动电源柜　8—工作台　9—滑座　10—床身

2. 卧式加工中心

卧式加工中心是指主轴为水平状态的加工中心，如图 5-30 所示。卧式加工中心通常都带有自动分度的回转工作台，它一般具有 3~5 个运动坐标轴，常见的是三个直线运动坐标轴加一个回转运动坐标轴，工件在一次装夹后，完成除安装面和顶面以外的其余四个表面的加工，它最适合加工箱体类零件。

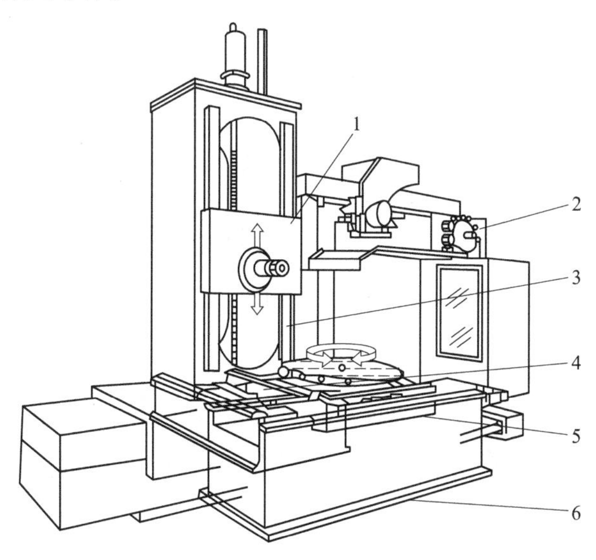

图 5-30　卧式加工中心

1—主轴头　2—刀库　3—立柱　4—立柱底座　5—工作台　6—工作台底座

与立式加工中心相比较，卧式加工中心结构复杂，占地面积大，价格也较高，而且卧式加工中心在加工时不便观察，零件装夹和测量时不方便，但加工时排屑容易，对加工有利。

3. 龙门式加工中心

龙门式加工中心的形状与数控龙门铣床相似，如图 5-31 所示。龙门式加工中心主轴多为竖直布置，除自动换刀装置以外，还带有可更换的主轴头附件，数控装置的功能也较齐全，能够一机多用，尤其适用于加工大型工件和形状复杂的工件。

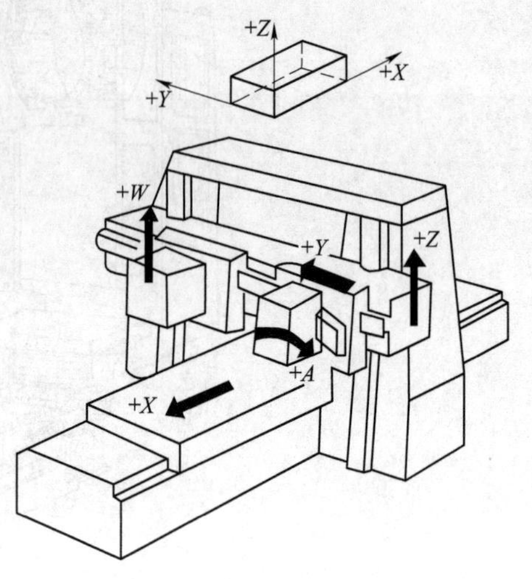

图 5-31　龙门式加工中心

4. 五轴加工中心

五轴加工中心具有立式加工中心和卧式加工中心的功能，如图 5-32 所示。五轴加工中心在工件一次安装后能完成除安装面以外的其余五个面的加工。常见的五轴加工中心有两种形式：一种是主轴可以旋转 90°，对工件进行立式和卧式加工；另一种是主轴不改变方向，而由工作台带着工件旋转 90°，完成对工件五个表面的加工。

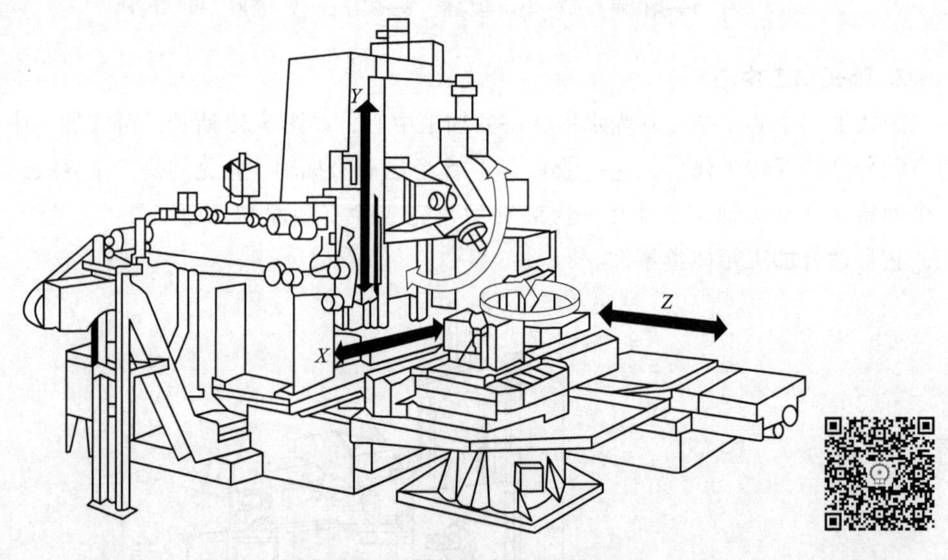

图 5-32　五轴加工中心

工件在加工中心上经一次装夹后，数控系统能控制机床按不同加工工序，自动选择及更换刀具，自动改变机床主轴转速、进给速度和刀具相对工件的运动轨迹及其他辅助功能，依次完成工件多个面上多工序的加工，并且有多种换刀或选刀功能，从而使生产效率大大提高。

加工中心由于工序的集中和自动换刀，减少了工件的装夹、测量和机床调整等时间，使机床的切削时间达到机床开动时间的 80%左右（普通机床仅为 15%～20%），同时也减少了工序之间的工件周转、搬运和存放时间，缩短了生产周期，具有明显的经济效果。

5.3.2　加工中心的结构组成和工艺特点

1. 结构组成

加工中心自问世至今已有多年，世界各国出现了各种类型的加工中心，虽然外形结构各异，但从总体来看主要由以下几部分组成。

（1）基础部件　它是加工中心的基础结构，由床身、立柱和工作台等组成，它们主要承受加工中心的静载荷以及在加工时产生的切削负载，因此必须要有足够的刚度。这些大型部件可以是铸铁件也可以是焊接而成的钢结构件，它们是加工中心中体积和重量最大的部件。

（2）主轴部件　主轴部件由主轴箱、主轴电动机、主轴和主轴轴承等零部件组成。主轴的起停和变速等动作均由数控系统控制，并且通过装在主轴上的刀具参与切削运动，是切削加工的功率输出部件。

（3）数控系统　加工中心的数控系统由数控装置、可编程控制器、伺服驱动装置以及操作面板等组成。它是执行顺序控制动作和完成加工过程的控制中心。主轴是加工中心的关键部件，其结构优劣对加工中心性能有很大的影响。

（4）自动换刀系统　自动换刀系统由刀库、机械手等部件组成。当需要换刀时，数控系统发出指令，由机械手（或通过其他方式）将刀具从刀库内取出装入主轴孔中。

（5）辅助装置　辅助装置包括润滑、冷却、排屑、防护、液压、气动和检测系统等部分。这些装置虽然不直接参与切削运动，但对加工中心的加工效率、加工精度和可靠性起着保障作用，因此也是加工中心中不可缺少的部分。

2. 工艺特点

加工中心是一种功能较全的数控机床，它集铣削、钻削、铰削、镗削、攻螺纹和套螺纹于一身，具有多种工艺手段，与普通机床加工相比，加工中心具有许多显著的工艺特点。

（1）适合于加工周期性复合投产的零件　有些产品的市场需求具有周期性和季节性，如果采用专门生产线则得不偿失，用普通设备加工效率又太低，质量不稳定，数量也难以保证。而采用加工中心首件试切完成后，程序和相关生产信息可保留下来，产品再生产时只要很短的准备时间就可开始生产。

（2）适合加工高效、高精度零件　有些零件需求甚少，但属于关键部件，要求精度高且工期短。用传统工艺需用多台机床协调工作，周期长、效率低，在长工序流程中，受人为影响易产生废品，从而造成重大经济损失。而采用加工中心进行加工，生产完全由程序自动控制，避免了长工序流程，减少了硬件投资和人为干扰，具有生产效益高及质量稳定的优点。

（3）适合具有合适批量的零件　加工中心生产的柔性不仅体现在对特殊要求的快速反应上，而且可以快速实现批量生产，拥有并提高市场竞争能力。加工中心适合于中小批量生产，特别是小批量生产，在应用加工中心时，尽量使批量大于经济批量，以达到良好的经济效果。随着加工中心及辅助工具的不断发展，经济批量越来越小，对一些复杂零件，5~10件就可生产，甚至单件生产时也可考虑用加工中心。

（4）适合于加工形状复杂的零件　四轴联动、五轴联动加工中心的应用及CAD/CAM技术的发展，使加工零件的复杂程度大幅提高。DNC（实时传输）的使用使同一程序的加工内容足以满足各种加工要求，使复杂零件的自动加工变得非常容易。

（5）其他特点　加工中心还适合于加工多工位和工序集中的零件及难测量零件。但是，装夹困难或完全由找正定位来保证加工精度的零件不适合在加工中心上生产。

5.3.3 加工中心的加工对象

针对加工中心的工艺特点，加工中心适合加工形状复杂、加工内容多、要求较高、需用多种类型的通用机床和众多的工艺装备，且经多次装夹和调整才能完成加工的零件。加工中心的主要加工对象有下列几种。

1. 既有平面又有孔系的零件

加工中心具有自动换刀装置，在一次安装中可以完成零件上平面的铣削、孔系的钻削、镗削、铰削、铣削及攻螺纹等多工步加工。加工的部位可以在一个平面上，也可以在不同的平面上。五面体加工中心一次安装可以完成除装夹面以外的五个面的加工。因此，既有平面又有孔系的零件是加工中心的首选加工对象，这类零件常见的有箱体类零件和盘、套、板类零件。

(1) 箱体类零件　箱体类零件一般都要进行多工位孔系及平面加工，精度要求较高，特别是形状精度和位置精度要求较严格，通常要经过铣、钻、扩、镗、铰、锪、攻螺纹等，需要刀具较多，在普通机床上加工难度大，工装套数多，需多次装夹找正，手工测量次数多，精度不易保证。在加工中心上一次安装可完成普通机床的60%~95%的工序内容，零件各项精度一致性好，质量稳定，生产周期短。

(2) 盘、套、板类零件　这类零件端面上有平面、键槽或端面分布孔系，径向也常分布一些孔。加工部位集中在单一端面上的盘、套、板类零件宜选择立式加工中心，加工部位不是位于同一方向表面上的零件宜选择卧式加工中心。

2. 结构形状复杂、普通机床难加工的零件

主要表面是由复杂曲线、曲面组成的零件，加工时需要多坐标联动加工，这在普通机床上是难以甚至无法完成的，加工中心是加工这类零件最有效的设备。常见的典型零件有以下几类：

(1) 凸轮类　这类零件有各种曲线的盘形凸轮、圆柱凸轮、圆锥凸轮和端面凸轮等，加工时，可根据凸轮表面的复杂程度，选用三轴、四轴或五轴联动的加工中心。

(2) 整体叶轮类　整体叶轮常见于航空发动机的压气机、空气压缩机、船舶水下推进器等，它除具有一般曲面加工的特点外，还存在许多特殊的加工难点，如通道狭窄，刀具很容易与加工表面和邻近曲面产生干涉。典型零件如轴向压缩机涡轮，它的叶面是一个典型的三维空间曲面，加工这样的型面，可采用四轴以上联动的加工中心。

(3) 模具类　常见的模具有锻压模具、铸造模具、注塑模具及橡胶模具等。采用加工中心加工模具，由于工序高度集中，动模、定模等关键件的精加工基本上是在一次安装中完成全部机加工内容，尺寸累积误差及修配工作量小。同时，模具的可复制性强，互换性好。

3. 外形不规则的异形零件

异形零件是指加工中心支架、拨叉类外形不规则的零件，大多需要点、线、面多工位混合加工。由于外形不规则，在普通机床上只能采取工序分散的原则加工，需用工装较多，周期较长。利用加工中心多工位点、线、面混合加工的特点，可以完成大部分甚至全部工序内容。

5.3.4 加工中心编程举例

加工图5-33所示底板零件，材料为45钢。毛坯尺寸为100mm×70mm×22mm，且底面和四周轮廓均已加工。

程序编制过程如下：

（1）零件图样分析与装夹方案确定　该零件的设计基准在工件表面的左下角，根据基准重合的原则，将工件坐标系建立在如图5-33所示位置。根据零件特点，选取机用虎钳装夹。

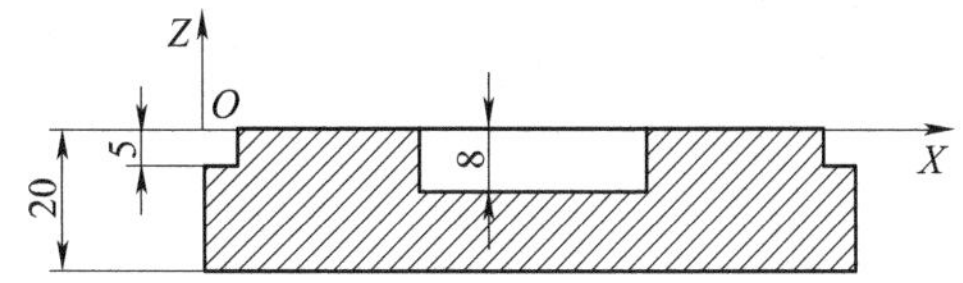

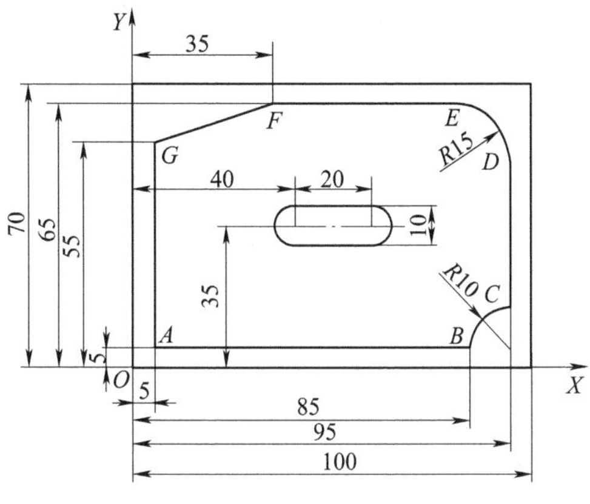

图5-33　底板零件图

（2）制订加工工艺方案

1）加工上表面，表面毛坯余量为2mm，采用ϕ80mm的面铣刀，分两次走刀，一次粗加工背吃刀量为1.5mm，一次精加工到位背吃刀量为0.5mm，刀具号为T01。

2）粗加工工件外轮廓，使用立铣刀，精加工余量留0.5mm，刀具号为T02。主轴转速为300r/mm。加工路线为：*A*→*B*→*C*→*D*→*E*→*F*→*G*→*A*。

3）精加工外轮廓，使用T02一次加工到图样要求。主轴转速为800r/mm。

4）加工键槽，使用ϕ14mm键槽铣刀，采用斜线下刀方法，刀具号为T03，主轴转速为400r/mm。

（3）编写加工程序　加工程序如下：

```
O2222;
N10 G28 Z0;
N20 T01 M06;
N30 G00 G90 G54 X-50 Y35;
N40 G43 G01 Z20;
N50 M03 S300 M08;
N60 G00 Z5;
N70 G01 Z0.5 D50;
N80 X150 F100;
N90 Z0 F50;
N100 X-50 F100;
N110 Z5;
N120 M05 M09;
N130 G28;
N140 T02 M06;
N150 G00 X-20 Y0;
N160 G43 G00 Z50 H02;
N170 M03 S400;
N180 M08;
N190 G00 Z5;
N200 G01 Z-5 F50;
```

```
N210 G01 G42 X-10 D02 F100;
N220 G01 X85;
N230 G02 X95 Y15 R10;
N240 G01 Y50;
N250 G03 X80 Y65 R15;
N260 G01 X35;
N270 G01 X5 Y55;
N280 G01 Y-10;
N290 G01 G40 X-20;
N300 G01 Y0;
N310 S400;
N320 G01 G42 X-10 D99 F100;
N330 G01 X85;
N340 G02 X95 Y15 R10;
N350 G01 Y50;
N360 G03 X80 Y65 R15;
N370 G01 X35;
N380 G01 X5 Y55;
N390 G01 Y-10;
N400 G01 G40 X-20;
N410 G01 Z5;
N420 M05 M09;
N430 G28;
N440 T03 M06;
N450 G43 G00 Z50 H03;
N460 M03 S400;
N470 G00 Z5;
N480 G00 X40 Y35;
N490 G01 Z0 F50;
N500 G01 X60 Z-2;
N510 X40 Z-4;
N520 X60 Z-6;
N530 X40 Z-8;
N540 X60;
N550 Z5;
N560 G05;
N570 G28;
N580 T01 M06;
N590 M30;
```

任务实践

1. 以实训车间的加工中心为例，让学生观察加工中心的结构及工艺特点。
2. 带领学生到实训车间去实际观察加工中心的加工过程，使得学生更好地理解主刀库的换刀动作。

3. 让学生尝试加工复杂的盘类零件，使其掌握加工中心的编程步骤及加工中心的操作过程。

学习情境小结

本学习情境具体介绍了数控车床、数控铣床、加工中心的结构特点、传动系统、加工对象以及相对应的编程方法。

数控车床作为当今使用最广泛的数控机床之一，它的传动链短、刚度好、精度高，主要用于加工轴类、盘套类等回转体零件，能够通过程序控制自动完成内外圆柱面、锥面、圆弧、螺纹等工序的切削加工，并能进行切槽、钻、扩、铰孔等工作。

数控铣床是一种加工功能很强的数控机床，目前迅速发展起来的加工中心、柔性加工单元等都是在数控铣床、数控镗床的基础上产生的，主要用于加工平面类、变斜角类、曲面类零件，能够通过程序控制自动完成孔类、型腔、沟槽、圆弧等工序的切削加工。

加工中心作为一种高效、多功能的自动化机床，使工件在一次装夹后，可实现多表面、多特征、多工位的连续、高效、高精度加工。

思考与练习

1. 什么是数控车床？数控车床的主要结构是什么？
2. 数控车床一般分为哪几种？主要适合加工什么类型的零件？
3. 数控车床床身的布局形式有哪几种？哪种形式较好？
4. 数控铣床一般分为哪几种？其主要适合加工什么类型的零件？
5. 分析 XK5040A 数控铣床的主传动系统：① 写出传动链的两端件；② 写出传动路线；③ 列出平衡表达式；④ 求出主轴转速的最大值和最小值。
6. 数控程序由哪几部分组成？试述字地址程序段的构成与格式。
7. 加工中心的主要结构是什么？有何特点？
8. 加工中心与数控铣床的主要的区别是什么？
9. 编制图 5-34 所示轴类工件的车削加工程序。
10. 加工图 5-35 所示异形板工件。加工程序启动时刀具在参考点位置，选择 ϕ30mm 立铣刀，并以零件的中心孔作为定位孔，加工时的走刀路线如图，试编写其精加工程序。

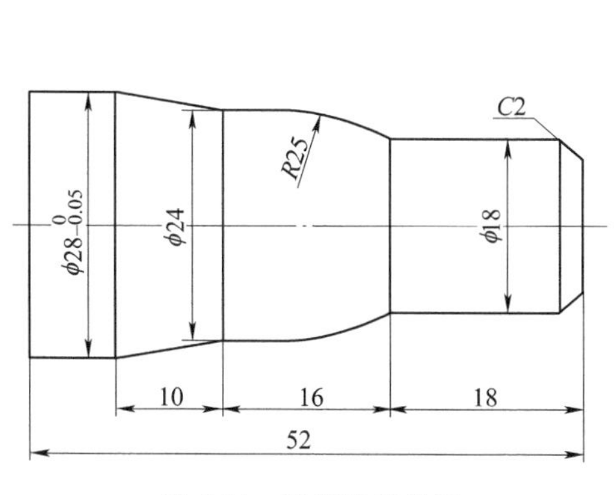

图 5-34 阶梯轴零件图

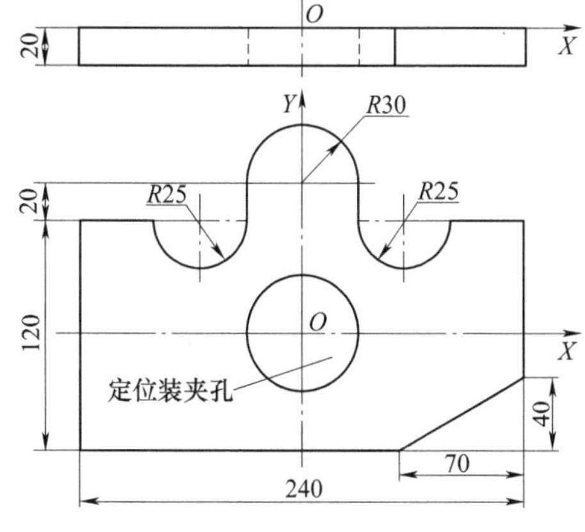

图 5-35 异形板零件图

学习情境 6　数控机床的安装与维修

情境导入

随着智能制造、智慧工厂、工业互联网等的发展，传统工厂的转型之路逐渐开启，纷纷上马各种类型的数控机床。但是，企业不能单单增加了数控机床、建立了智能产线，就认为自己的工厂或车间进入了智能化、无人化时代。整个工厂车间想要高效精益生产，那么需要第一时间了解到以下细节：产线中数控机床的运作状况是否良好？是否有异常情况发生？每个工位上机床的生产效率、工作状态是否正常？生产制造工序完成后，良品率、库存以及能源消耗情况如何？图 6-1 所示为智慧工厂。

图 6-1　智慧工厂

情境解析

上述情境导入中智能工厂的精益生产并不是购置数控机床就能轻易解决的，随着车间里面数控机床的数量大大增加，那么设备出现故障的概率就会大大增加。要保证一个拥有几百台数控机床的车间的安装精度和加工精度，并且降低故障率，只有维修和响应及时，才能充分利用资源去做到高效精益生产管理。

学习目标

序号	学习内容	知识目标	技能目标	创新目标
1	数控机床的选择	√	√	
2	数控机床的安装与调试	√		
3	数控机床的检测	√	√	√
4	数控机床的维护与检修	√	√	√

学习流程

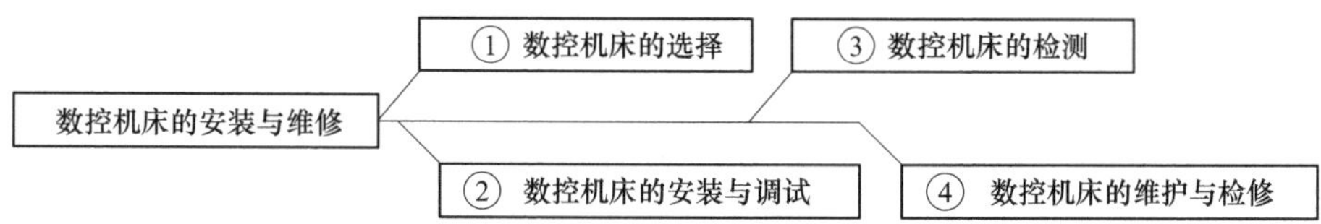

6.1 数控机床的选择

知识导图

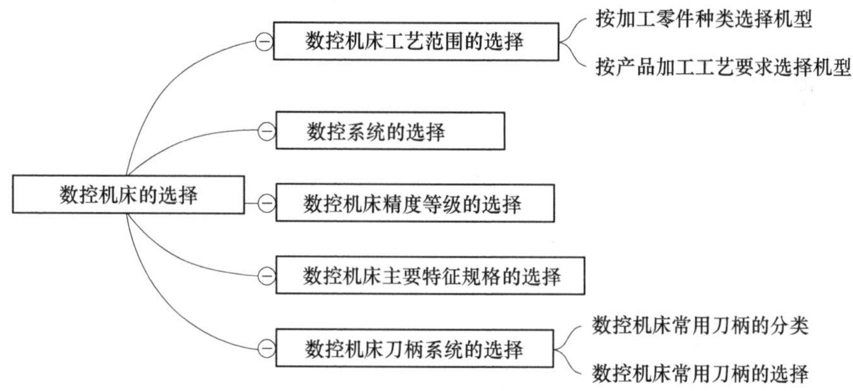

数控机床作为一种先进的、高效的机械加工设备，适用于形状比较复杂、精度要求较高的零件的加工。使用数控机床不仅可以节约劳动力，提高生产率，而且可以提高产品质量，对开发新产品和促进产品的更新换代、满足用户的要求等方面都起着很大的作用。因此，如何从众多的数控机床中选择合适的数控机床，是广大用户十分关心的问题。

6.1.1 数控机床工艺范围的选择

一般来说，机床功能越多，其价格越高，维修也就越困难。当工件只钻或铣时，就不要选用加工中心；能用数控车床加工的工件就不要选用车削中心；能用三轴联动机床加工的零件就不要选用四轴、五轴联动的数控机床。总之，选择数控机床应紧紧围绕加工零件的实际需要，功能上以够用为原则，尽可能要做到不闲置浪费，在投资不多的情况下可适当考虑发展余地，但不能盲目地追求“先进”。如圆柱面或复杂的回转曲面类零件，两个数控轴运动（含联动）即可加工，因此选用数控车床即可满足；而只有很多孔（或孔系）加工的零件，数控钻床就能满足加工要求，因此首先要考虑选择数控钻床。一般的数控机床比加工中心要便宜；而加工复杂的空间曲面零件、箱体、泵体、阀体、壳体和箱盖，则要考虑两个以上数控轴和多种刀具的机床，因此选用加工中心较合适。

1. 按加工零件种类选择机型

1）对回转体类（盘、套、轴、法兰）工件，直径 600mm 以下，一般选用卧式数控车床。

2）对回转体类（盘、套、轴、法兰）工件，直径 600mm 以上，一般选用立式数控车床。

3）对复杂回转体类（盘、套、轴、法兰）零件，含定向型面加工、孔加工的一般选用卧式全功能数控车床或车削中心。

4）对简单箱体类、异形类、型腔模具零件，如果加工余量大（粗加工）且以型面加工为主的，一般选用数控铣床。

5）对箱体类、异形类、型腔模具零件，如果加工余量小（精加工）且以单面孔系加工为主，工序集中的，一般选用立式加工中心。

6）对箱体类、异形类、型腔模具零件，如果加工余量小（精加工）且以多面孔系加工为主，工序集中且复杂的，一般选用卧式加工中心。

7）对一些要求多轴联动加工（如四轴、五轴联动加工）的零件，必须对应相配套的编程软件、测量手段等有全面考虑和安排。

2. 按产品加工工艺要求选择机型

在满足加工工艺要求的前提下，设备越简单，风险越小。车削中心和数控车床都可以加工轴类零件，但一台满足同样加工规格的车削中心价格要比数控车床贵几倍，如果没有进一步的工艺要求，则选择数控车床风险较小。同样在经济型和普通型数控车床中要尽量选择经济型数控车床。在加工箱体、型腔、模具零件时，同规格的数控铣床和加工中心都能满足基本加工要求，但两种机床价格相差约一半（不包括气源、刀库等配套费用），所以模具加工中只有非常频繁地换刀具的工艺才选用加工中心，固定一把刀具长时间铣削的，选用数控铣床。目前很多加工中心都作为数控铣床使用。数控车床能加工的零件普通车床往往也能加工，但数控铣床能加工的零件普通铣床大多不能加工，因此在既有轴类零件又有箱体、型腔类零件的综合机加工企业中应优先选择数控铣床。

6.1.2 数控系统的选择

在选购数控机床时，同一种机床本体可配置多种数控系统。在可供选择的系统中，性能高低差别很大，直接影响设备价格。目前数控系统种类、规格极其繁多，进口系统主要有日本 FANUC、德国 SINUMERIK、日本 MITSUBISHI、法国 NUM、意大利 FIDIA、西班牙 FAGOR、美国 ALLEN-Bradley（简称 A-B）等。国产系统主要有广州系统、航天系统、华中系统、辽宁蓝天系统、南京大方系统、北方凯奇系统、清华系统、KND 系统等，每家公司都有一系列规格的产品。减小数控系统选型风险的基本原则是，性能价格比大，使用维修方便，系统的市场寿命长。因此不能片面追求高水平、新系统，而应该以满足主机性能为主，对系统性能和价格等做一个综合分析，选用合适的系统。同时应少选传统的封闭体系结构的数控系统或 PC 嵌入 NC 结构的数控系统，因为这类系统的功能扩展、改变和维修都必须借助于系统供应商。应尽可能选用 NC 嵌入 PC 结构或 SOFT 结构的开放式数控系统，这类系统的 CNC 软件全部装在计算机中，而硬件部分仅是计算机与伺服驱动和外部 I/O 之间的标准化通用接口，就像计算机上可以安装各种品牌的声卡、显卡和对应的驱动程序一样，用户可以在 Windows NT 平台上，利用开放的 CNC 内核开发所需的功能，构成各种类型的数控系统。除数控系统中基本功能以外，还有很多选择功能，用户可以根据自己的工件加工要求、测量要求、程序编制要求等，额外再选择一些功能列入订货合同附件中，特别是实时传输的 DNC 功能等。

6.1.3 数控机床精度等级的选择

典型零件关键部位的加工精度要求决定了数控机床的精度等级。

数控机床根据用途分为简易型、全功能型、超精密型，其精度也各不一样。简易型数控机床目前还用于一部分车床和铣床，其最小运动分辨力为 0.01mm，运动精度和加工精度都在 0.03mm 以上。超精密型数控机床用于特殊加工，其精度可达 0.001mm 以下。本文主要介绍应用最多的全功能型数控机床（以加工中心为主）。

数控机床精度等级的选择取决于典型零件的加工精度。一般数控机床精度检验项目都有 20~30 项，其中最有特征的项目是：单轴定位精度、单轴重复定位精度、两轴以上联动加工出来试件的圆度。定位精度和重复定位精度综合反映了该轴各运动部件的综合精度。单轴定位精度是指在该轴行程内任意一个点定位时的误差范围，它直接反映了机床的加工精度，而重复定位精度则反映了该轴在行程内任意定位点的定位稳定性，这是衡量该轴能否稳定可靠工作的基本指标。以上两个指标中，单轴重复定位精度尤为重要。目前数控系统中的软件都有丰富的误差补偿功能，能对进给传动链上各环节系统误差进行稳定的补偿，如丝杠的螺距误差和累积误差可以用螺距补偿功能补偿，进给传动链的反向死区可用反向间隙补偿来消除。

但电控方面误差补偿功能不可能补偿随机误差（如传动链各环节的间隙、弹性变形和接触刚度等因素变化产生的误差），它们往往随着工作台的负载大小、移动距离长短、移动定位速度的快慢等反映出不同的运动量损失。在一些开环和半闭环进给伺服系统中，测量元件以后的机械驱动元件受各种偶然因素影响，也会产生相当大的随机误差，例如滚珠丝杠热伸长引起的工作台实际定位位置漂移等。所以单轴重复定位精度的合理选择可大大减少精度选择风险。铣削圆柱面精度或铣削空间螺旋槽（螺纹）精度是综合评价该机床有关数控轴（2 轴或 3 轴）伺服跟随运动特性和数控系统插补功能的性能指标，评价指标采用测量加工出的圆柱面的圆度。

在数控铣床试切件中还有铣斜方形四边加工法，这也是判断两个可控轴在直线插补运动时精度的一种方法。对于数控铣床，两轴以上联动加工出来试件的圆度指标也不容忽略。定位精度要求较高的机床还必须注意它的进给伺服系统是采用半闭环方式还是全闭环方式，注意使用检测元件的精度及稳定性。如机床采用半闭环伺服驱动方式，则精度稳定性要受到一些外界因素影响，如传动链中滚珠丝杠受工作温度变化造成丝杠伸长，对工作台实际定位位置造成漂移影响，使加工件的加工精度受到影响。

6.1.4 数控机床主要特征规格的选择

数控机床的规格应根据确定的典型工件族加工尺寸范围来选择。数控机床的最主要规格是几个数控轴的行程范围和主轴电动机功率。机床的 3 个基本直线坐标（X、Y、Z）行程反映该机床允许的加工空间，在车床中两个坐标 X、Z 反映允许回转体的大小。一般情况下加工件的轮廓尺寸应在机床的加工空间范围之内，如典型工件是 450mm×450mm×450mm 的箱体，那么应选取工作台面尺寸为 500mm×500mm 的加工中心，选用工作台面比典型工件稍大一些是考虑到安装夹具所需的空间。机床工作台面尺寸和三个直线坐标行程都有一定比例关系，如上述工作台尺寸为 500mm×500mm 的机床，X 轴行程一般为 700～800mm，Y 轴行程为 500～700mm，Z 轴行程为 500～600mm。因此，工作台面的大小基本上确定了加工空间的大小。个别情况下也可以大于坐标行程，这时必须要求工件上的加工区域处在行程范围之内，而且要考虑机床工作台的允许承载能力，以及工件是否与机床换刀空间干涉、与机床防护罩等附件干涉等一系列问题。数控机床的主轴电动机功率在同类规格机床上也可以有各种不同配置，一般情况下反映了该机床的切削刚性和主轴高速性能。轻型机床比标准型机床主轴电动机功率就可能小 1～2 级。目前一般加工中心主轴转速在 4000～8000r/min，高速型立式机床可达$(2\sim7)\times10^4$r/min，卧式机床可达$(1\sim2)\times10^4$r/min，其主轴电动机功率也成倍加大。主轴电动机功率反映了机床的切削效率，从另一个侧面也反映了切削刚性和机床整体刚度。在现代中小型数控机床中，主轴箱的机械变速已较少采用，往往都采用功率较大的直流或交流可调速电动机直连主轴，甚至采用电主轴结构，这样的结构在低速切削中转矩受到限制，即调速电动机在低转速时输出功率下降，为了确保低速输出转矩，必须采用大功率电动机。所以同规格数控机床主轴电动机比普通机床大几倍。当典型工件上有大量的低速加工时，必须对机床的低速输出转矩进行校核。

6.1.5 数控机床刀柄系统的选择

工具系统的选择是数控机床配置中的重要内容之一，因为工具系统不仅影响数控机床的生产效率，而且直接影响零件的加工质量。根据数控机床（或加工中心）的性能与数控加工工艺的特点优化刀具与刀柄系统，可以取得事半功倍的效果。

1. 数控机床常用刀柄的分类

与普通加工方法相比，数控加工对刀具的刚度、精度、寿命及动平衡性能等方面要求更为严格。刀具的选择要注重工件的结构与工艺性，结合数控机床的加工能力、工件材料及工序内容等因素综合考虑。

数控加工常用刀柄主要分为钻孔刀具刀柄、镗孔刀具刀柄、铣刀类刀柄、螺纹刀具刀柄和直柄刀具类刀柄（立铣刀刀柄和弹簧夹头刀柄）。

2. 数控机床常用刀柄的选择

（1）刀柄的结构形式　数控机床刀具刀柄的结构形式分为整体式与模块式两种。整体式刀柄装夹刀具的工作部分与它在机床上安装定位用的柄部是一体的。这种刀柄对机床与零件的变换适应能力较差。为适应零件与机床的变换，用户必须储备各种规格的刀柄，因此刀柄的利用率较低。模块式刀具系统是一种较先进的刀具系统，其每把刀柄都可通过各种系列化的模块组装而成。针对不同的加工零件和所用机床，采取不同的组装方案，可获得多种刀柄系列，从而提高刀柄的适应能力和利用率。

刀柄结构形式的选择应兼顾技术先进与经济合理：①对一些长期反复使用、不需要拼装的简单刀具，以配备整体式刀柄为宜，使工具刚性好，价格便宜（如加工零件外轮廓用的立铣刀刀柄、弹簧夹头刀柄及钻夹头刀柄等）；②在加工孔径、孔深经常变化的多品种、小批量零件时，宜选用模块式刀柄，以取代大量整体式镗刀柄，降低加工成本；③对数控机床较多尤其是机床主轴端部、换刀机械手各不相同时，宜选用模块式刀柄，由于各机床所用的中间模块（接杆）和工作模块（装刀模块）都可通用，故可大大减少设备投资，提高工具利用率。

（2）刀柄的规格　数控刀具刀柄多数采用7∶24圆锥工具刀柄，并采用相应形式的拉钉拉紧结构与机床主轴相配合。刀柄有各种规格，常用的有30号、40号、45号、50号和60号。目前在我国应用较为广泛的有ISO 7388：2007、GB/T 10944.1—2013、GB/T 10094.2—2013等，选择时应考虑刀柄规格与机床主轴、机械手相适应。

（3）刀柄的规格数量　整体式的TSG工具系统包括20种刀柄，其规格数量多达数百种，用户可根据所加工的典型零件的数控加工工艺来选取刀柄的品种规格，既可满足加工要求又不致造成积压。考虑到数控机床工作的同时还有一定数量的刀柄处于预调或刀具修磨中，因此通常刀柄的配置数量是所需刀柄的2~3倍。

（4）刀具与刀柄的配套　关注刀柄与刀具的匹配，尤其是在选用攻螺纹刀柄时，要注意配用的丝锥传动方头尺寸。此外，数控机床上选用单刃镗孔刀具可避免退刀时划伤工件，同时应注意刀尖相对于刀柄上键槽的位置方向：有的机床要求与键槽方位一致，而有的机床则要求与键槽方位垂直。

（5）选用高效和复合刀柄　为提高加工效率，应尽可能选用高效率的刀具和刀柄。如粗镗孔可选用双刃镗刀刀柄，既可提高加工效率，又有利于减少切削振动；选用强力弹簧夹头不仅可以夹持直柄刀具，也可通过接杆夹持带孔刀具等。对于批量大、加工复杂的典型工件，应尽可能选用复合刀具。尽管复合刀具与刀柄价格较为昂贵，但在加工中心上采用复合刀具加工，可把多道工序合并成一道工序、由一把刀具完成，有利于减少加工时间和换刀次数，显著提高生产效率。对于一些特殊零件，还可考虑采用专门设计的复合刀柄。

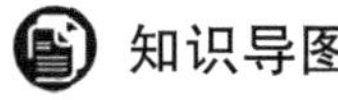

1. 让学生到实训车间，观察数控机床的加工特点，继而掌握选择数控机床及数控系统的能力。

2. 让学生观察刀具及刀柄的形状，并掌握不同刀具适用的场合。

6.2 数控机床的安装与调试

知识导图

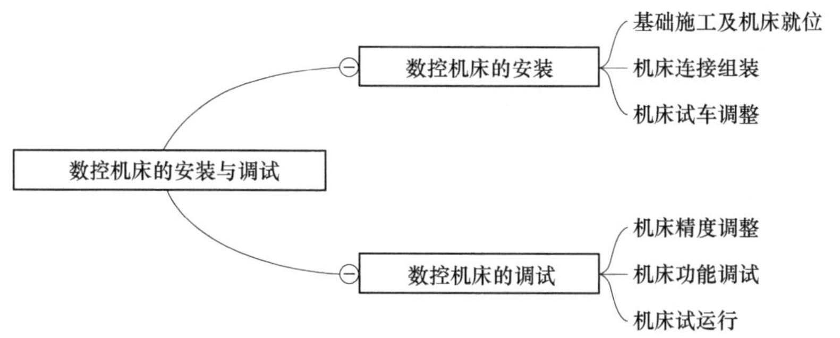

数控机床的安装与调试，是指机床从生产厂家发货到用户后，安装到工作场地直到能正常工作所应完成的工作。数控机床的安装与调试是使机床恢复和达到出厂时的各项性能指标的重要环节。数控机床的安装与调试的优劣直接影响到机床的性能。

6.2.1 数控机床的安装

数控机床的安装一般包括基础施工、机床拆箱、吊装就位、连接组装以及试车调试等工作。数控机床安装时应严格按产品说明书的要求进行。小型机床的安装可以整体进行，所以比较简单。大、中型机床由于运输时分解为几个部分，安装时需要重新组装和调整，因而工作复杂得多。现将机床的安装过程分别予以介绍。

数控机床的安装

1. 基础施工及机床就位

机床安装之前就应先按机床厂提供的机床基础图打好机床地基。机床的位置和地基对于机床精度的保持和安全稳定地运行具有重要意义。机床的位置应远离振源，避免阳光照射，放置在干燥的地方。若机床附近有振源，在地基四周必须设置防振沟。安装地脚螺栓的位置做出预留孔。机床拆箱后先取出随机技术文件和装箱单，按装箱单清点各包装箱内的零部件、附件等资料是否齐全，然后仔细阅读机床说明书，并按说明书的要求进行安装，在地基上放多块用于调整机床水平的垫铁，再把机床的基础件（或小型整机）吊装就位在地基上。同时把地脚螺栓按要求安放在预留孔内。

2. 机床连接组装

机床连接组装是指将各分散的机床部件重新组装成整机的过程。如主床身与加长床身的连接，立柱、数控柜和电气柜安装在床身上，刀库机械手安装在立柱上等。机床连接组装前，先清除连接面和导轨运动面上的防锈涂料，清洗各部件的外表面，再把清洗后的部件连接组装成整机。部件连接定位要使用随机所带的定位销、定位块，使各部件恢复到拆卸前的位置状态，以利于进一步的精度调整。

对新机床数控系统的连接与调整应进行以下各项内容并注意有关问题。

（1）数控系统的开箱检查　对于数控系统，无论单个购入还是随机床配套购入，均应在到货后进行开箱检查。检查包括系统本体以及与之配套的进给速度控制单元和伺服电动机、主轴控制单元、主轴电动机。检查它们的包装是否完整无损，实物和订单是否相符。此外，还应检查数控柜内各插接件有无松动，接触是否良好。

（2）外部电缆的连接　外部电缆的连接是指数控装置与外部 MDI/CRT 单元、强电柜、机床操作面板、进给伺服电机的动力线与反馈线、主轴电动机动力线与反馈信号线的连接以及手摇脉冲发生器等的连接。应使这些连接符合随机提供的连接手册的规定。最后，还应进行地线连接。地线要采用一点接地法（即辐射式接地法），这种接地法要求将数控柜中的信号地、强电地、机床地等连接到公共接地点上，而数控柜与强电柜之间应有足够粗的保护接地电缆，如截面面积为 $5.5\sim14\text{mm}^2$ 的接地电缆。另外，总的公共接地点必须与大地接触良好，一般要求接地电阻小于 7Ω。

（3）数控系统电源线的连接　应在先切断控制柜电源开关的情况下连接数控柜电源变压器一次侧的输入电缆。检查电源变压器与伺服变压器绕组抽头连接是否正确，尤其是引进的国外数控系统或数控机床更需要如此，因为有些国家的电源电压等级与我国不同。

（4）设定的确认　数控系统内的印制电路板上有许多用短路棒作为短路的设定点，需要对其进行适当设定以适应各种型号机床的不同要求。一般来说，用户购入的整台数控机床的该项设定已由机床制造厂完成，用户只需确认即可。但是，对于单体购入的 CNC 系统，用户则需要自行设定。确认工作应按随机维修说明书要求的方面进行。一般有以下三个方面。

1）确认控制部分印制电路板上的设定。确认主板、ROM 板、连接单元、附加轴控制板和旋转变压器或感应同步器控制板上的设定。这些设定与机床返回基准点的方法、速度反馈用检测元件、检测增益调节及分度精度调节有关。

2）确认速度控制单元印制电路板上的设定。无论直流或交流速度控制单元上都有一些设定点，用于选择检测元件种类、回路增益以及各种报警等。

3）确定主轴控制单元印制电路板上的设定。无论直流主轴控制单元还是交流主轴控制单元，均有一些用于选择主轴电动机电流极限和主轴转速等的设定点。但数字式交流主轴控制单元上已用数字式代替短路棒设定，故只能在通电时才能进行设定和确认。

3. 机床试车调整

机床试车调整包括机床通电试运转和粗调机床的主要几何精度。机床安装就位后可通电试车运转，主要目的是检查机床安装是否稳固，各传动、操纵、控制、润滑、液压、气动等系统是否正常、灵敏、可靠。

机床调试前，应适当做好调试维护机床的基本工作，并按相关技术规范说明对机床油箱润滑点处加上规定油脂，同时用煤油对液压油箱加以清洗。

在机床试车调试过程中，应对大型机床的各个部件分别进行供电，之后再全面供电加以试验。通电调试主要检查机床安全装置是否起作用，能否正常工作，能否达到额定的工作指标，如当启动液压系统时，首先应检查液压泵电动机的转向，其系统压力及元件等是否运行。总之，根据机床说明书资料粗略检查机床主要部件的功能是否齐全、正常，机床各环节是否正常运作。

然后对机床的床身水平加以调整，先粗调其几何精度，之后再调整各运动部件与主机相对应的位置，如刀库、换刀校正以及 APC 托盘和机床工作区的交换位置等。上述校正工序之后，就需要用高效快干水泥浇注主机与机床各个部件的地脚螺栓，以预留口注平为准。

当机床通电试车无故障时，应做好按压急停按钮的准备工作，从而防患于未然，及时切断供电系统电源。另外，机床各个轴的运作情况也要留意，最好手动连续进给移动各轴，通过机床显示器的 CRT（阴极射线管）、DPL（数字显示器）的显示数据判断其移动方向是否正确，若方向相反，则应将电动机动力线及检测信号反接，然后检查机床各轴移动距离是否与移动指令相符，如果不相符，应检查有关指令、反馈参数以及位置控制环增益等参数的设定是否正确。随后，再用手动进给以低速移动各轴，并使它们碰到行程开关，用以检查超程限位是否有效，数控系统是否在超程时发出报警。当运行良好且无系统问题或故障时，还需对机床进行一次返参考点操作，由于机床的参考点是机床以后进行加工的程序基准位置，因此就有必要检查有无参考点的功能以及每次返回参考点的位置是否完全一致。

6.2.2　数控机床的调试

1. 机床精度调整

机床精度调整主要包括精调机床床身的水平和机床几何精度。机床地基固化后，利用地脚螺栓和调整垫铁精调机床床身的水平，对普通机床，水平仪读数不超过 0.04mm/1000mm，对于高精度机床，水平仪读数不超过 0.02mm/1000mm。然后移动床身上各移动部件（如立柱、床鞍和工作台等），在各坐标全行程内观察记录机床水平的变化情况，并调整相应的机床几何精度，使之达到允差范围。小型机床床身为一体，刚性好，调整比较容易。大、中型机床床身大多是多点垫铁支承，为了不使床身产生额外的扭曲变形，要求在床身自由状态下调整水平，各支承垫铁全部起作用后，再压紧地脚螺栓。这样可保持床身精调后长期工作的稳定性，提高几何精度的保持性。一般机床出厂前都经过精度检验，只要质量稳定，用户按上述要求调整后，机床就能达到出厂前的精度。

2. 机床功能调试

机床功能调试是指机床试车调整后，检查和调试机床各项功能的过程。调试前，首先应检查机床的数控系统及可编程控制器的设定参数是否与随机表中的数据一致。然后试验各主要操作功能、安全措施、运行行程及常用指令执行情况等，如手动操作方式、点动方式、编辑方式（EDIT）、数据输入方式（MDI）、自动运行方式（MEMOTY）、行程的极限保护（软件和硬件保护）以及主轴挂档指令和各级转速指令等是否正确无误。最后检查机床辅助功能及附件的工作是否正常，如机床照明灯、冷却防护罩和各种护板是否齐全；切削液箱加满切削液后，试验喷管能否喷切削液，在使用冷却防护罩时是否外漏；排屑器能否正常工作；主轴箱恒温箱是否起作用及选择刀具管理功能和接触式测头能否正常工作等。对于带刀库的数控加工中心，还应调整机械手的位置。调整时，让机床自动运行到刀具交换位置，以手动操作方式调整装刀机械手和卸刀机械手对主轴的相对位置，调整后紧固调整螺钉和刀库地脚螺钉，然后装上几把接近允许质量的刀柄，进行多次从刀库到主轴位置的自动交换，以动作正确、不撞击和不掉刀为合格。

3. 机床试运行

数控机床安装调试完毕后，要求整机在带一定负载条件下经过一段时间的自动运行，较全面地检查机床功能及工件可靠性。运行时间一般采用每天运行 8h，连续运行 2~3 天，或者 24h 连续运行 1~2 天，这个过程称为安装后的试运行。试运行中采用的程序称为考机程序，可以直接采用机床厂调试时使用的考机程序，也可自编考机程序。考机程序中应包括：数控系统主要功能的使用（如各坐标方向的运动、直线插补和圆弧插补等），自动更换取用刀库中 2/3 的刀具，主轴的最高、最低及常用的转速，快速和常用的进给速度，工作台面的自动交换，主要 M 指令的使用及宏程序、测量程序等。试运行时，机床刀库上应插满刀柄，刀柄质量应接近规定质量；交换工作台面上应加上负载。在试运行中，除操作失误引起的故障外，不允许机床有故障出现，否则表示机床的安装调试存在问题。

对于一些小型数控机床，如小型经济数控机床，直接整体安装，只要调试好床身水平，检查几何精度合格后，经通电试车后就可投入运行。

任务实践

1. 根据机床几何精度的要求，让学生观察数控机床安装的注意事项。
2. 以实训车间的数控车床的实际调试为例，让学生观察并了解数控车床的调试要点。

6.3 数控机床的检测

知识导图

数控机床的检测是一项复杂的工作。它包括对机床的机、电、液和整机综合性能及单项

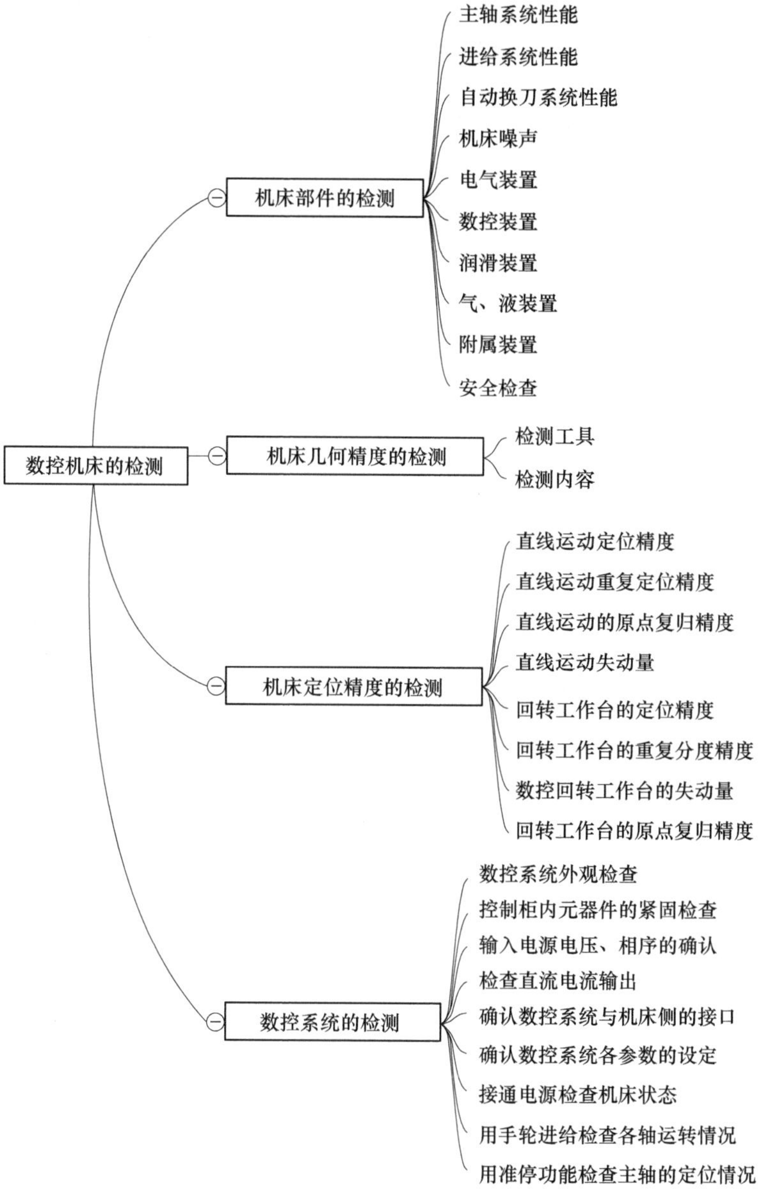

- 数控机床的检测
  - 机床部件的检测
    - 主轴系统性能
    - 进给系统性能
    - 自动换刀系统性能
    - 机床噪声
    - 电气装置
    - 数控装置
    - 润滑装置
    - 气、液装置
    - 附属装置
    - 安全检查
  - 机床几何精度的检测
    - 检测工具
    - 检测内容
  - 机床定位精度的检测
    - 直线运动定位精度
    - 直线运动重复定位精度
    - 直线运动的原点复归精度
    - 直线运动失动量
    - 回转工作台的定位精度
    - 回转工作台的重复分度精度
    - 数控回转工作台的失动量
    - 回转工作台的原点复归精度
  - 数控系统的检测
    - 数控系统外观检查
    - 控制柜内元器件的紧固检查
    - 输入电源电压、相序的确认
    - 检查直流电流输出
    - 确认数控系统与机床侧的接口
    - 确认数控系统各参数的设定
    - 接通电源检查机床状态
    - 用手轮进给检查各轴运转情况
    - 用准停功能检查主轴的定位情况

性能的检测，另外还需对机床进行刚度和热变形等一系列试验，检测手段和技术要求高，需要使用各种高精度仪器。对数控机床的用户，检测验收工作主要是根据订货合同和机床厂检验合格证上所规定的验收条件及实际可能提供的检测手段，全部或部分地检测机床合格证上的各项技术指标，并将数据记入设备技术档案中，以作为日后维修时的依据。现将机床检测验收中的一些主要工作加以介绍。

6.3.1 机床部件的检测

下面以一台卧式加工中心为例介绍数控机床各部件性能检测的主要内容。

1. 主轴系统性能

1）用手动操作方式选择不同的转速，使主轴连续地执行正转和反转的起动和停止等动作，检验主轴的灵活性和可靠性，同时观察负载功率表的变化是否符合要求。

2）用手动输入数据的方式使主轴从低速到高速旋转，测量各级转速值，转速允差为设定值的±10%，同时观察机床的振动和主轴的温升，主轴在高速运转 2h 后，允许温度升高 15℃。

3）检验主轴准停装置的可靠性和灵活性。

2. 进给系统性能

进给系统性能主要包括以下几个方面：

1）采用手动操作的方式，分别对 *X*、*Y*、*Z* 坐标轴（回转坐标轴 *A*、*B*、*C*）进行操作，检验正、反方向不同进给速度和快速移动的起动、停止、点动等动作的平稳性和可靠性。

2）用手动输入数据的方式，通过 G00、G01 指令功能测定快速移动和各进给速度，允差为±5%。

3. 自动换刀系统性能

自动换刀系统性能主要包括以下几个方面：

1）刀库在满负载条件下，通过手动操作及自动运行检查自动换刀系统的可靠性和灵活性，机械手抓取最大允许重量刀柄的可靠性、刀库内刀号选择的准确性以及换刀过程的平稳性。

2）测定自动换刀的时间。

4. 机床噪声

机床空转时总噪声不得超过标准规定值（80dB）。数控机床的噪声主要来自于主轴电动机的冷却风扇和液压系统的液压泵等处。

5. 电气装置

在运转试验前后分别做一次绝缘检查，检查接地线质量，确认绝缘的可靠性。

6. 数控装置

检查数控系统的操作面板、电柜冷却风扇和密封性等动作及功能是否正常、可靠；各种指示灯是否按机床运动情况进行工作。

7. 润滑装置

检查润滑装置给油的定时定量可靠性，检查润滑油路是否有泄漏，以及各润滑点的油量分配是否均匀。

8. 气、液装置

检查压力调节功能、气路及油路的密封情况以及液压油箱是否正常工作。

9. 附属装置

检查冷却装置、排屑器、冷却防护罩、测量装置等附属装置是否能够正常工作。

10. 安全检查

检查机床的安全保护功能。

6.3.2 机床几何精度的检测

数控机床的几何精度综合反映了机床各关键部件精度及其装配质量与精度，是数控机床验收的主要依据之一。数控机床的几何精度检查与普通机床的几何精度检查基本类似，使用的检测工具和方法也很相似，只是检验要求更高，主要依据与标准是厂家提供的合格证上的各项技术指标。

1. 检测工具

常用的检测工具有精密水平仪、直角尺、精密方箱、平尺、平行光管、千分表、测微仪、高精度主轴检验心轴等。检测工具和仪器的精度必须比所测几何精度高一个等级。

2. 检测内容

现以普通卧式加工中心为例，其几何精度检测的内容主要包括：

1）工作台面的平面度。

2）*X*、*Y*、*Z* 坐标轴的相互垂直度。

3）*X*、*Z* 轴移动时工作台面的平行度。

4）主轴回转轴线对工作台面的平行度。

5）主轴在 *Z* 轴方向移动的直线度。

6）*X* 轴移动时工作台边界与定位基准面的平行度。

7）主轴轴向跳动及主轴孔径向跳动。

8）回转工作台精度。

各种数控机床的检测项目略有区别，各项几何精度的检测方法按各机床的检测条件规定。

需要注意的是，几何精度必须在机床精调后一次完成，不允许调整一项检测一项，因为有些几何精度是相互联系、相互影响的。另外，几何精度检测必须在地基及地脚螺栓的混凝土完全固化以后进行。考虑地基的稳定时间过程，一般要求机床使用半年后再复校一次几何精度。

卧式加工中心几何精度的检测项目及方法见表 6-1。

表 6-1　卧式加工中心几何精度的检测项目及方法

<table>
<tr><th>序号</th><th colspan="2">检测内容</th><th>检测方法</th><th>允许误差/mm</th><th>实测误差</th></tr>
<tr><td rowspan="3">1</td><td rowspan="3">主轴箱沿 Z 轴方向移动的直线度</td><td>a
X 轴方向</td><td rowspan="3"> 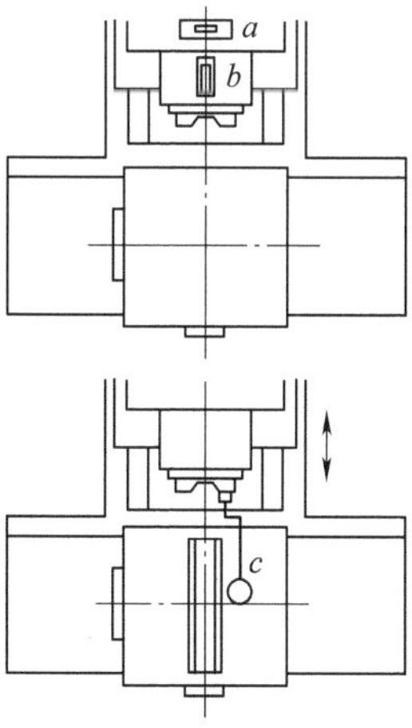a
b
c</td><td rowspan="2">0. 04/1000</td><td rowspan="3"></td></tr>
<tr><td>b
Z 轴方向</td></tr>
<tr><td>c
Z-X 面内 Z 轴方向</td><td>0. 01/500</td></tr>
</table>

（续）

序号	检测内容		检测方法	允许误差/mm	实测误差
2	工作台沿 Z 轴方向移动的直线度	a X 轴方向	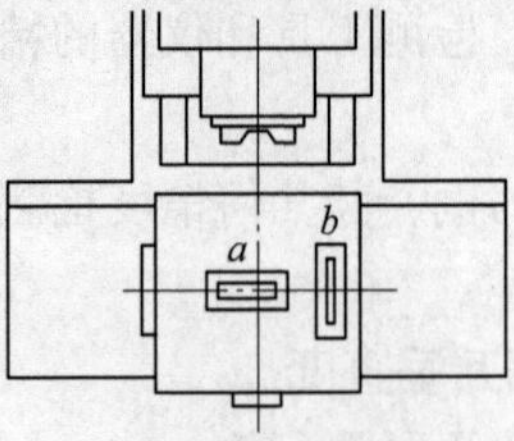	0.04/1000	
		b Z 轴方向			
		c Z-X 面内 Z 轴方向	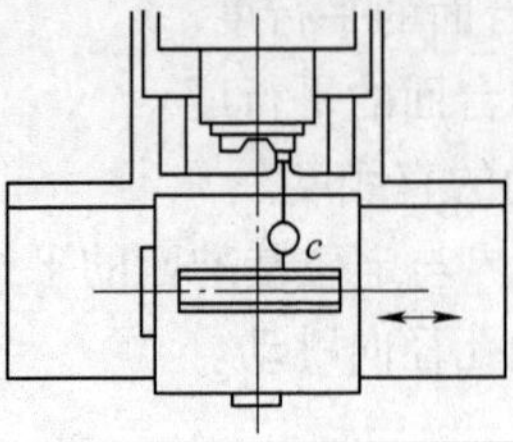	0.01/500	
3	主轴箱沿 Y 轴方向移动的直线度	a X-Y 平面 b Y-Z 平面	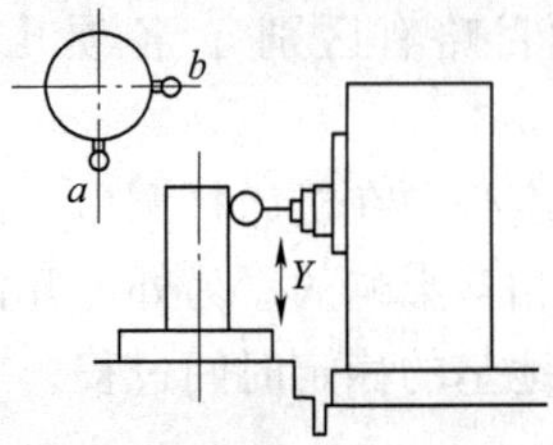	0.01/500	
4	工作面表面的直线度	X 方向	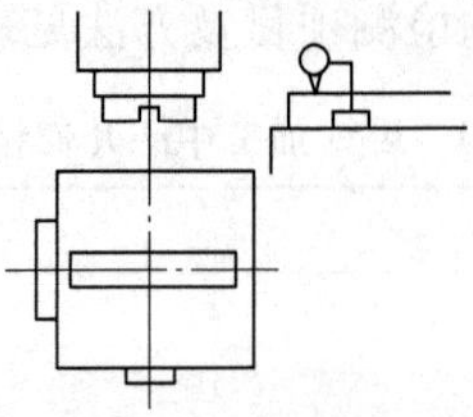	0.015/500	
		Z 方向	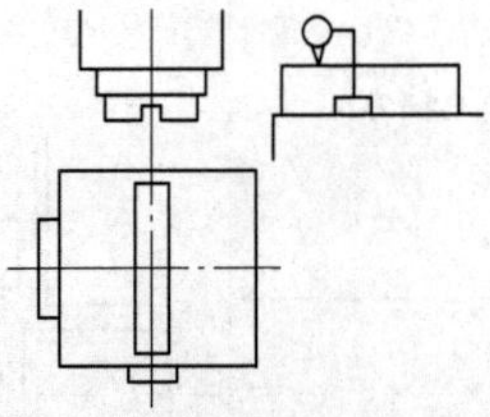	0.015/500	
5	X 轴移动工作台的平行度		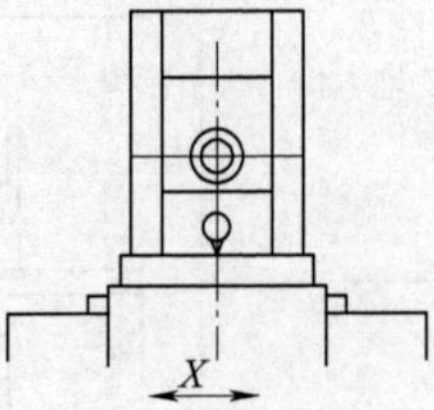	0.02/500	
6	Z 轴移动工作台的平行度		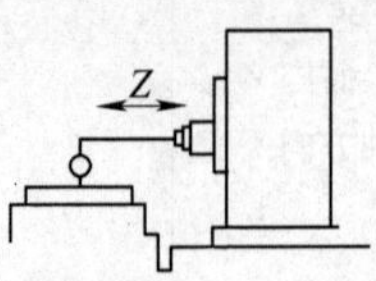	0.02/500	

（续）

<table>
<tr><th>序号</th><th colspan="2">检测内容</th><th>检测方法</th><th>允许误差/mm</th><th>实测误差</th></tr>
<tr><td>7</td><td colspan="2">X 轴移动工作台边界与定位器基准的平行度</td><td> 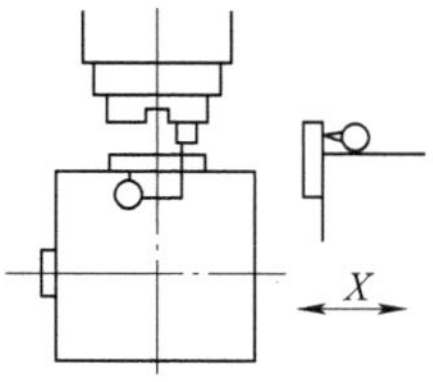X</td><td>0.015/300</td><td></td></tr>
<tr><td rowspan="3">8</td><td rowspan="3">各坐标轴之间的垂直度</td><td>X 和 Y 轴</td><td> 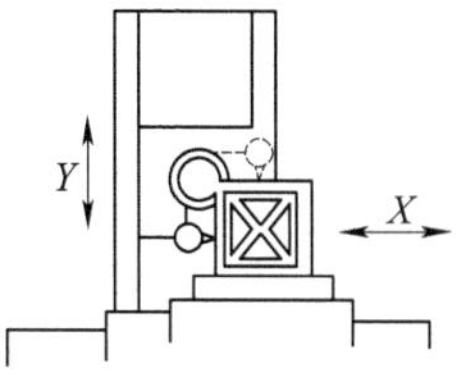Y X</td><td>0.015/300</td><td rowspan="3"></td></tr>
<tr><td>Y 和 Z 轴</td><td> 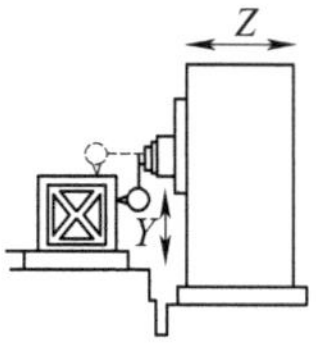Z Y</td><td>0.015/300</td></tr>
<tr><td>X 和 Z 轴</td><td> 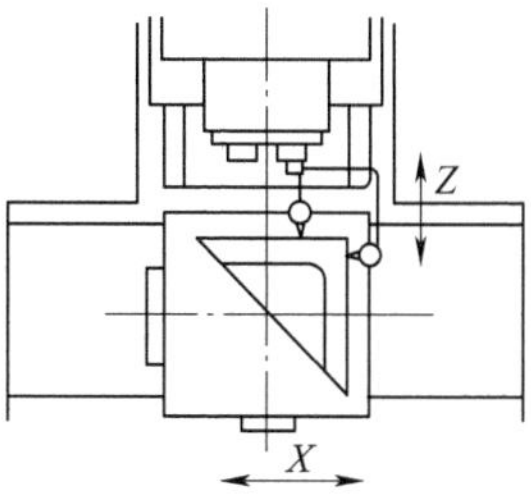Z X</td><td>0.015/300</td></tr>
<tr><td>9</td><td colspan="2">回转工作台表面的振动</td><td></td><td>0.02/500</td><td></td></tr>
<tr><td>10</td><td colspan="2">主轴轴向跳动</td><td></td><td>0.005</td><td></td></tr>
<tr><td rowspan="2">11</td><td rowspan="2">主轴孔径向跳动</td><td>a
靠主轴端</td><td rowspan="2"> 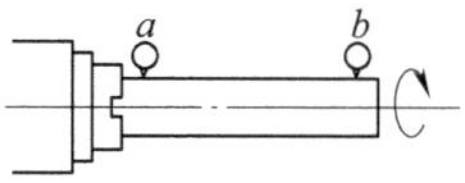a b</td><td>0.01</td><td rowspan="2"></td></tr>
<tr><td>b
离主轴端 300mm 处</td><td>0.02</td></tr>
<tr><td rowspan="2">12</td><td rowspan="2">主轴中心线对工作台面的平行度</td><td>a
Y-Z 平面</td><td rowspan="2"> 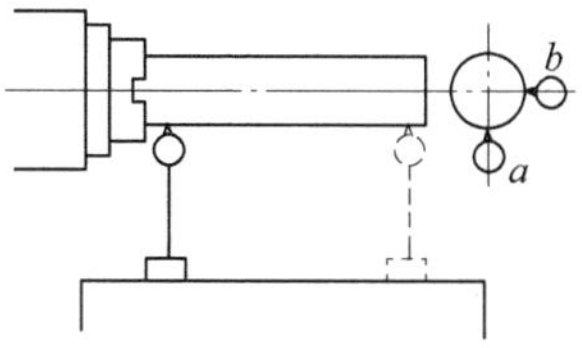b a</td><td rowspan="2">0.15/300</td><td rowspan="2"></td></tr>
<tr><td>b
X-Z 平面</td></tr>
</table>

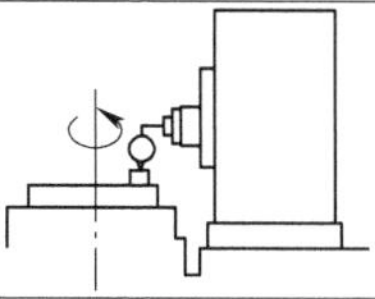

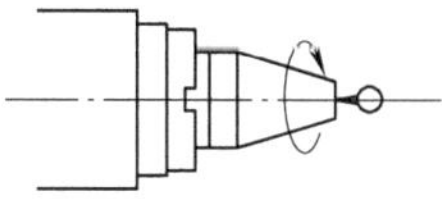

（续）

序号	检测内容	检测方法	允许误差/mm	实测误差
13	回转工作台回转90°的垂直度	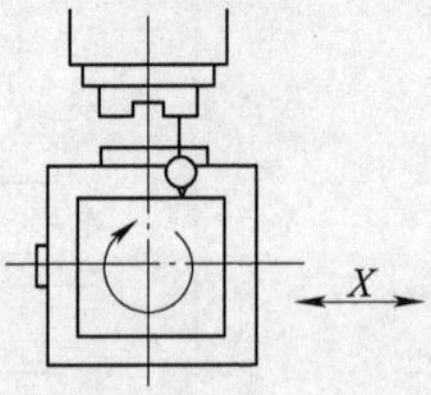 X	0.01	
14	回转工作台中心线到边界定位器基准面之间的距离精度	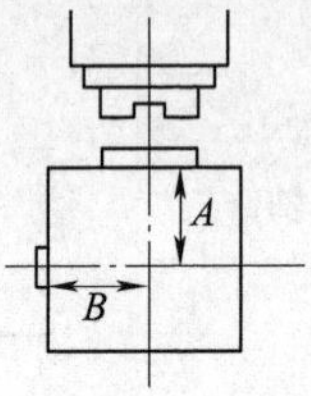 A B	0.15/300	
15	交换工作台的重复交换定位精度	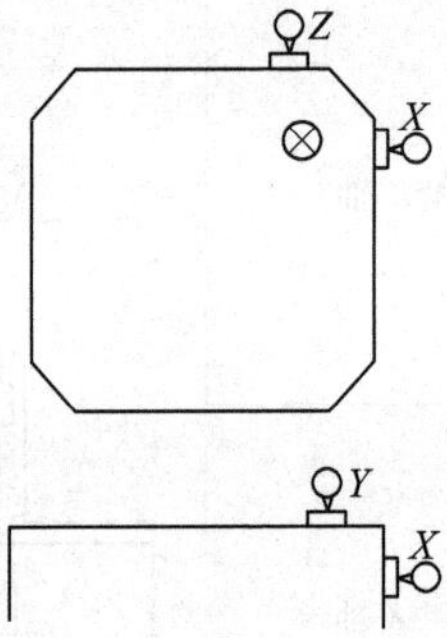 Z X Y X	0.01	
16	各交换工作台的等高度	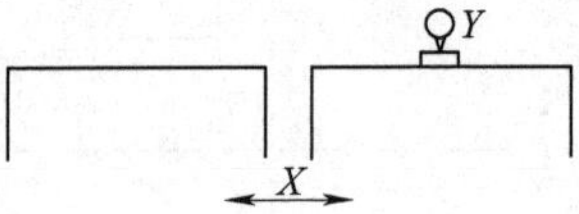 Y X	0.02	
17	分度回转工作台的分度精度	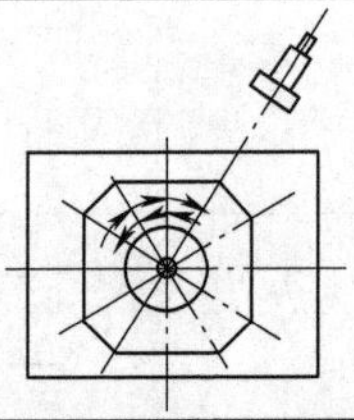	10″	

6.3.3 机床定位精度的检测

数控机床的定位精度是测量机床各坐标轴在数控系统控制下所能达到的位置精度。根据实测的定位精度数值，可判断零件加工后能达到的精度。

1. 直线运动定位精度

这项检测一般在空载条件下进行，对所测的每个坐标轴在全行程内，视机床规格分每20mm、50mm或100mm间距正向和反向快速移动定位，在每个位置上测出实际移动距离和理论移动距离之差。先进的检测仪器有双频激光干涉仪，用它快速进行五次以上的测量，由处理装置进行计算打印，绘出带±3σ的误差曲线。在该曲线上得出正、反向定位时的平均位置偏差$\overline{X}_j$、标准偏差S_j，则位置偏差$A=(\overline{X}_j+3S_j)_{\max}-(\overline{X}_j-3S_j)_{\min}$。

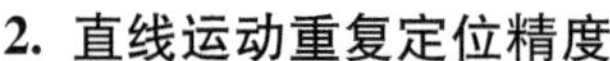

2. 直线运动重复定位精度

重复定位精度是反映轴运动稳定性的一个基本指标。机床运动精度的稳定性决定着加工零件质量的稳定性和误差的一致性。直线运动重复定位精度的测量可选择行程的中间和两端任意三个点作为目标位置，从正向和反向进行五次定位，测量出实际位置与目标位置之差。如果各测量点标准偏差最大值为 $S_{j\max}$，则直线运动重复定位精度 $R=6S_{j\max}$。

3. 直线运动的原点复归精度

数控机床每个坐标轴都要有精确的定位起点，此点即为坐标轴的原点或参考点。为提高原点返回精度，各种数控机床对坐标轴原点复归采取了一系列措施，如降速、参考点偏移量补偿等。同时，每次关机之后，重新开机的原点位置精度要求一致。因此，坐标原点的位置精度必然比行程中其他定位点精度要高。对每个直线运动轴，从七个不同位置进行原点复归，测量出其停止位置的数值，以测定值与理论值的最大差值为原点复归精度。

4. 直线运动失动量

坐标轴直线运动的失动量，又称直线运动反向差，是该轴进给传动链上的驱动元件反向死区，以及各机械传动副的反向间隙和弹性变形等误差的综合反映，测量方法与直线运动重复定位精度的测量方法相似。如正向平均位置偏差为 $\overline{X}_j\uparrow$，反向平均位置偏差为 $X_j\downarrow$，则反向偏差 $B=|\overline{X}_j\uparrow - X_j\downarrow|$。这个误差越大，定位精度和重复定位精度就越低。一般情况下，失动量是由于进给传动链刚性不足，滚珠丝杠预紧力不够，导轨副过紧或松动等原因造成的。要根本解决这个问题，只有修理和调整有关元部件。数控系统都有失动量补偿的功能（一般称反向间隙补偿），最大能补偿0.02~0.30mm 的失动量，但这种补偿要在全行程区域内失动量均匀的情况下才能取得较好效果。就一台数控机床的各个坐标轴而言，软件补偿值越大，表明该坐标轴上影响定位误差的随机因素越多，则该机床的综合定位精度不会太高。

5. 回转工作台的定位精度

以工作台某一角度为基准，然后向同一方向快速转动工作台，每隔 30°锁紧定位，选用标准转台、角度多面体、圆光栅及平行光管等测量工具进行测量，正向转动和反向转动各测量一周。各定位位置的实际转角与理论值（指令值）之差的最大值即为分度误差。如工作台为数控回转工作台，则应以每 30°为一个目标位置，再对每个目标位置正、反转进行快速定位五次。如平均位置偏差为 $\overline{Q}_j$，标准偏差 S_j，则数控回转工作台的定位精度误差 $A=(\overline{Q}_j+3S_j)_{\max}+(\overline{Q}_j+3S_j)_{\min}$。

6. 回转工作台的重复分度精度

其测量方法是在回转工作台的一周内任选三个位置正、反转重复定位三次，实测值与理论值之差的最大值为重复分度精度。对数控回转工作台，以每 30°取一个测量点作为目标位置正、反转进行五次快速定位。如果各测量点标准偏差最大值为 S_j，则重复定位精度 $R=6S_{j\max}$。

7. 数控回转工作台的失动量

数控回转工作台的失动量，又称数控回转工作台的反向差，测量方法与回转工作台的定位精度测量方法一样。如果正向位置平均偏差为 $\overline{Q}_j\uparrow$，反向位置平均偏差为 $\overline{Q}_j\downarrow$，则反向偏差 $B=|(\overline{Q}_j\uparrow - \overline{Q}_j\downarrow)|_{\max}$。

8. 回转工作台的原点复归精度

回转工作台原点复归的作用同直线运动原点复归的作用一样。复归时，从 7 个任意位置分别进行一次原点复归，测定其停止位置的数值，以测定值与理论值的最大差值为原点复归精度。

6.3.4 数控系统的检测

完整的数控系统应包括各功能模块、CRT 显示器、系统操作面板、机床操作面板、电气控制柜（强电柜）、主轴驱动装置和主轴电动机、进给驱动装置和进给伺服电动机、位置检测装置及各种连接电缆等。

1. 数控系统外观检查

检查系统操作面板、机床操作面板、CRT 显示器、位置检测装置、电源、伺服驱动装置等部件是否有破损，电缆捆扎处是否有破损现象，特别是对安装有脉冲编码器的伺服电动机，要检查电动机外壳的相应部分有无磕碰的痕迹。

2. 控制柜内元器件的紧固检查

控制柜内元器件的线路连接有三种形式：一是针型插座；二是接线端子；三是航空插头。特别是接线端子，适用于各种按钮、变压器、接地板、伺服装置、接线排端子、继电器、接触器及熔断器等元器件的接线，应检查它们接线端子的紧固螺钉是否都已拧紧。在电气设备中，一些电气元件上可能会存在一些空余的接线端子，常见的有交流接触器的辅助触头和中间继电器多余触头的接线端子等，对这些端子上的压线垫圈及螺钉若处置不当，在运行中遇到振动会使其脱落，就可能造成电气元件的机件卡死或电气短路等故障。因此，对于空余端子上的螺钉，一定要将其紧固，在没有备用必要时，只要不影响其他功能，也可将其拆除。紧固检查虽然麻烦，但一定要认真仔细，由此引起的故障，往往很难判别，为此要做好这项基础性的工作，防患于未然。

3. 输入电源电压、相序的确认

数控系统对电压要求较高，所以要检查电压波动范围是否在数控系统所要求的范围内。如 FANUC 数控系统所用电源是 200V、50Hz，电压波动范围应在-15%～+10%以内。对晶闸管控制线路用的电源，一定要检查相序。相序错误会烧毁驱动装置上的熔体。相序测量有两种方法，一是用相序表测量，相序接法正确时，相序表按顺时针方向旋转；二是用双线示波器观察 R-S 和 T-S 间的波形，测量方法及波形如图 6-2 所示。

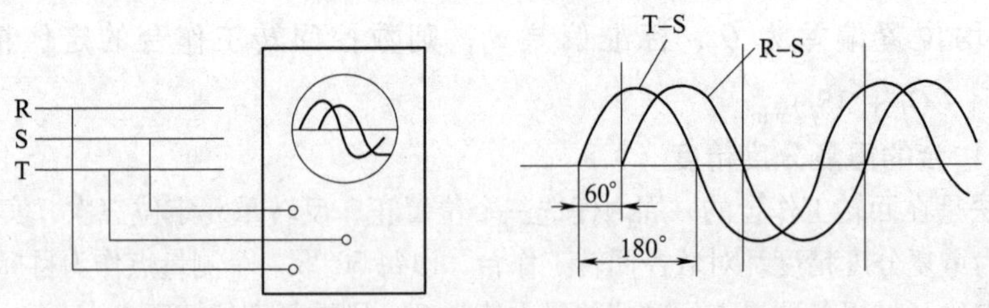

图 6-2 相序测量方法及其波形

4. 检查直流电流输出

数控系统中的 I/O 单元、电气控制中的中间继电器和电磁制动器线圈等均靠直流+24V 供电。用万用表测量稳压装置的输出端对地电阻值，以确认输出的+24V 电压是否在允许范围内及对地短路。

5. 确认数控系统与机床侧的接口

现代数控系统均具备自诊断功能，在CRT显示器上可显示数控系统与机床接口之间的状态。如SIEMENS数控系统通过自诊断界面（DIAGNOSIS），就可确认接口信号IB（输入字节）、OB（输出字节）的状态。FANUC数控系统通过DGN（诊断参数）数据号可显示状态信息，如图6-3所示。

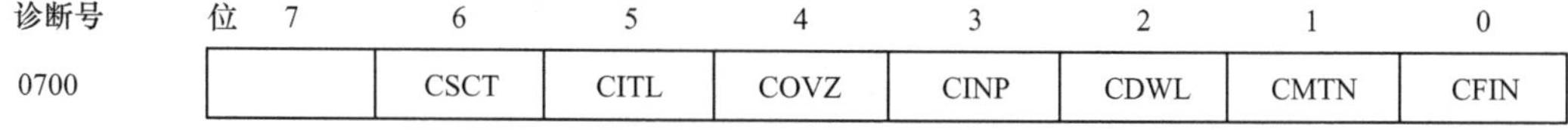

诊断号	位 7	6	5	4	3	2	1	0
0700		CSCT	CITL	COVZ	CINP	CDWL	CMTN	CFIN

图6-3　系统接口状态信息

图6-3中，CFIN为“1”表示正在执行M、S、T功能；CMTN为“1”表示正在执行自动运行；CDWL为“1”表示正在执行暂停；CINP为“1”表示正在进行到位检测；COVZ为“1”表示倍率为0%；CITL为“1”表示互锁信号接通；CSCT为“1”表示等待主轴速度到达信号接通。

6. 确认数控系统各参数的设定

设定系统参数的目的是使机床具有最佳的工作性能。随机附带的参数表是机床重要的技术资料，对故障诊断和维修有很大帮助。如FANUC系统通过操作MDI/CRT面板上的“PARAM”键和“PAGE”键可显示已存入系统内存的参数，显示的参数内容应与参数表一致。

7. 接通电源检查机床状态

系统工作正常时，应无任何报警。通过多次接通、断开电源或按下急停按钮的操作来确认系统是否正常。

8. 用手轮进给检查各轴运转情况

用手轮进给操作，使机床各坐标轴连续运动，通过CRT显示器显示的坐标值来检查机床移动部件的方向和距离是否正确；另外，用手轮进给低速移动机床各坐标轴，并使移动的轴碰到限位开关，用以检查超程限位是否有效、机床是否准确停止、数控系统是否在超程时发生报警；用点动或手动快速移动机床各坐标轴，观察在最大进给速度时，是否发生误差过大报警。

9. 用准停功能检查主轴的定位情况

加工中心主轴准停功能的好坏，关系到能否正确换刀及精镗孔的退刀问题，用准停指令（M19）来确认主轴的定位性能是否良好。

任务实践

1. 根据机床厂合格证上提供的各项指标，让学生了解其检测方法及注意事项。
2. 借助于实训车间的数控机床，让学生进行必要的精度检测，提高学生学习的兴趣，提升学生对所学内容的理解。

6.4 数控机床的维护与检修

知识导图

数控设备的正确操作和维护保养是正确使用数控设备的关键因素之一。正确的操作使用

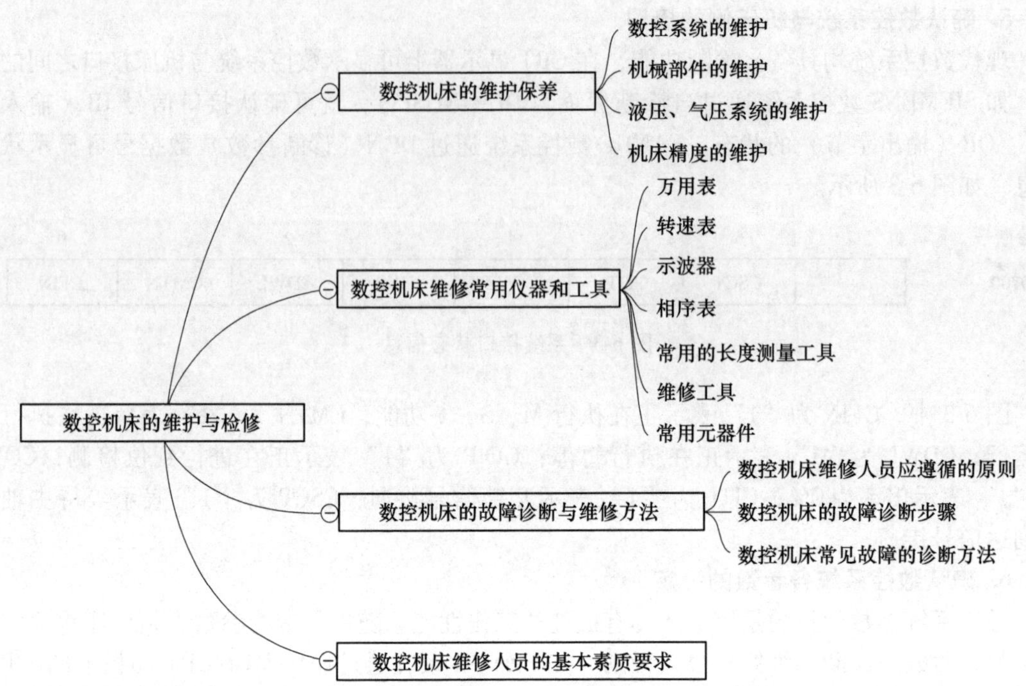

能够防止机床非正常磨损，避免突发故障；可使设备保持良好的技术状态，延缓劣化进程，及时发现和消灭故障隐患，从而保证安全运行。

6.4.1 数控机床的维护保养

数控机床种类多，各类数控机床因其功能、结构及系统的不同，各具不同的特性，其维护保养的内容和规则也各有其特色，具体应根据其机床种类、型号及实际使用情况，并参照机床使用说明书要求，制订和建立必要的定期、定级保养制度。下面是一些常见、通用的日常维护保养要点。

1. 数控系统的维护

（1）严格遵守操作规程和日常维护制度　数控设备操作人员要严格遵守操作规程和日常维护制度，操作人员的技术业务素质的优劣是影响故障发生频率的重要因素。当机床发生故障时，操作者要注意保留现场，并向维修人员如实说明出现故障前后的情况，以利于分析、诊断出故障的原因，及时排除。

（2）防止灰尘污物进入数控装置内部　在机加工车间的空气中一般都会有油雾、灰尘甚至金属粉末，一旦它们落在数控系统内的电路板或电子元器件上，容易引起元器件间绝缘电阻下降，甚至导致元器件及电路板损坏。有的用户在夏天为了使数控系统能超负荷长期工作，采取打开数控柜门来散热的方法，这是一种极不可取的方法，其最终将导致数控系统的加速损坏，应该尽量少打开数控柜和强电柜的门。

（3）防止系统过热　应该检查数控柜上的各个冷却风扇工作是否正常。每半年或每季度检查一次风道过滤器是否有堵塞现象，若过滤网上灰尘积聚过多而不及时清理，会引起数控柜内温度过高。

（4）数控系统的输入/输出装置的定期维护　20 世纪 80 年代末以前生产的数控机床，大多带有光电式纸带阅读机，如果读纸带部分被污染，将导致读入信息出错。为此，必须按规定对光电阅读机进行维护。

（5）直流电动机电刷的定期检查和更换　直流电动机电刷的过度磨损会影响电动机的性能，甚至造成电动机损坏。为此，应对电动机电刷进行定期检查和更换。数控车床、数控铣床、加工中心等应每年检查一次。

（6）定期检查和更换存储用电池　一般数控系统内对 CMOS RAM 存储器件设有可充电电池维护电路，以保证系统不通电期间能保持其存储器的内容。在一般情况下，即使尚未失效，也应每年更换一次，以确保系统正常工作。电池的更换应在数控系统供电状态下进行，以防更换时 CMOS RAM 内信息丢失。

（7）备用电路板的维护　备用的印制电路板长期不用时，应定期装到数控系统中通电运行一段时间，以防损坏。

2. 机械部件的维护

（1）主传动链的维护　定期调整主轴驱动带的松紧程度，防止因带打滑造成的丢转现象；检查主轴润滑的恒温油箱、调节温度范围，及时补充油量，并清洗过滤器；主轴中刀具夹紧装置长时间使用后，会产生间隙，影响刀具的夹紧，需及时调整液压缸活塞的位移量。

（2）滚珠丝杠副的维护　定期检查、调整丝杠副的轴向间隙，保证反向传动精度和轴向刚度；定期检查丝杠与床身的连接是否有松动；丝杠防护装置有损坏要及时更换，以防灰尘或切屑进入。

（3）刀库及换刀机械手的维护　严禁把超重、超长的刀具装入刀库，以避免机械手换刀时掉刀或刀具与工件、夹具发生碰撞；经常检查刀库的回零位置是否正确，检查机床主轴回换刀点位置是否到位，并及时调整；开机时，应使刀库和机械手空运行，检查各部分工作是否正常，特别是各行程开关和电磁阀能否正常动作；检查刀具在机械手上锁紧是否可靠，发现不正常应及时处理。

3. 液压、气压系统的维护

定期对各润滑、液压、气压系统的过滤器或分滤网进行清洗或更换；定期对液压系统进行油质化验检查、添加和更换液压油；定期对气压系统分水滤气器放水。

4. 机床精度的维护

定期进行机床水平和机械精度检查并校正。机械精度的校正方法有软、硬两种。其中，软方法主要是通过系统参数补偿，如丝杠反向间隙补偿、各坐标定位精度定点补偿、机床回参考点位置校正等；硬方法一般要在机床大修时进行，如进行导轨修刮、滚珠丝杠副预紧调整反向间隙等。

表 6-2 为某加工中心日常维护保养的内容，可供制订有关保养制度时参考。

表 6-2　某加工中心日常维护保养的内容

序号	检查周期	检查部位	检查要求
1	每天	导轨润滑油箱	检查油量，及时添加润滑油，润滑泵是否定时起动输油及停止
2	每天	主轴润滑恒温油箱	工作正常，油量是否充足，温度范围是否合适
3	每天	机床液压系统	油箱油泵有无异常噪声，工作油面是否合适，压力表指示是否正常，管路及各接头有无泄漏
4	每天	压缩空气气源压力	气动控制系统压力是否在正常范围之内
5	每天	气源自动分水滤气器，自动空气干燥器	及时清理分水器中滤出的水分，保证自动空气干燥器工作正常

（续）

序号	检查周期	检查部位	检查要求
6	每天	气液转换器和增压器油面	油量不够时要及时补足
7	每天	*X*、*Y*、*Z* 轴导轨面	清除切屑和脏物，检查导轨面有无划伤损坏，润滑油是否充足
8	每天	液压平衡系统	平衡压力指示正常，快速移动时平衡阀工作正常
9	每天	CNC 输入/输出单元	如光电阅读机的清洁，机械润滑是否良好
10	每天	各防护装置	导轨、机床防护罩等是否齐全有效
11	每天	电气柜各散热通风装置	各电气柜中散热风扇是否工作正常，风道过滤网有无堵塞，及时清洗过滤器
12	每周	各电气柜过滤网	清洗黏附的尘土
13	不定期	冷却油箱、水箱	随时检查液面高度，及时添加油（或水），太脏时需更换清洗油箱（水箱）和过滤器
14	不定期	废油池	及时取走存积的废油，避免溢出
15	不定期	排屑器	经常清理切屑，检查有无卡住等现象
16	半年	检查主轴驱动带	按机床说明书要求调整带的松紧程度
17	半年	各轴导轨上的镶条、压紧滚轮	按机床说明书要求调整松紧状态
18	一年	检查或更换直流伺服电动机碳刷	检查换向器表面，去除毛刺，吹净碳粉，及时更换磨损过度的碳刷
19	一年	液压油路	清洗溢流阀、减压阀、过滤器、油箱，过滤或更换液压油
20	一年	主轴润滑恒温油箱	清洗过滤器、油箱，更换润滑油
21	一年	润滑油泵，过滤器	清洗润滑油池
22	一年	滚珠丝杠	清洗丝杠上旧的润滑脂，涂上新油脂

6.4.2 数控机床维修常用仪器和工具

数控机床是精密设备，它对各方面的要求较普通机床高，合格的维修仪器和工具是进行数控机床维修的必备条件。不同的故障所需要的维修仪器和工具不尽相同，作为数控机床常用的维修仪器和工具，主要有以下几种。

1. 万用表

万用表（图 6-4）是数控机床最常用的检测工具之一，可用于大部分电气参数的准确测量，如交直流电压值、交直流电流值、电阻值、电容值等，万用表数控设备的维修涉及弱电和强电，万用表不但要用于测量电压、电流、电阻值，还需要用于判断二极管、晶体管、晶闸管、电解电容等元器件的好坏，并测量晶体管的放大倍数和电容值。

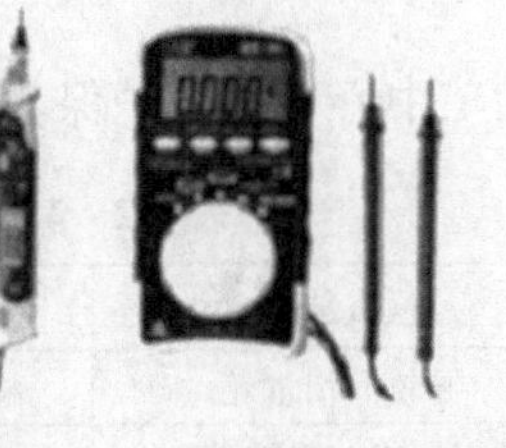

图 6-4　万用表

2. 转速表

转速表用于测量与调整主轴的转速，通过测量主轴实际转速以及调整系统及驱动器的参数，可以使编程的主轴理论转速值与实际转速值相符，它是主轴维修与调整的测量工具之一。转速表一般分为接触式、非接触式和复合式三种类型，如图6-5所示。

a) 接触式转速表

b) 非接触式转速表

c) 复合式转速表

图6-5 转速表

3. 示波器

示波器用于检测信号的动态波形，如脉冲编码器、测速机、光栅的输出波形，伺服驱动、主轴驱动单元的各级输入、输出波形等，还可以用于检测开关电源显示器的竖直、水平振荡与扫描电路的波形等。数控机床维修用的示波器通常选用频带宽为10~100MHz的双通道示波器。示波器的类型如图6-6所示。

4. 相序表

相序表主要用于测量三相电源的相序，它是直流伺服驱动、主轴驱动维修的必要测量工具之一。相序表的常用类型如图6-7所示。

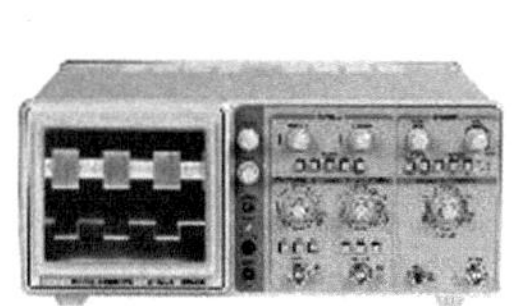
a) 模拟式示波器

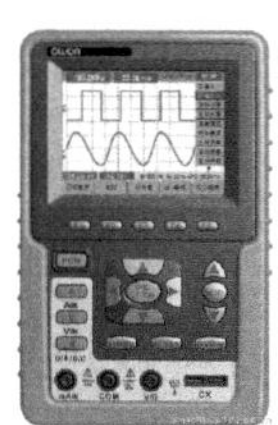
b) 数字式示波器

图6-6 示波器的类型

a) 普通相序表

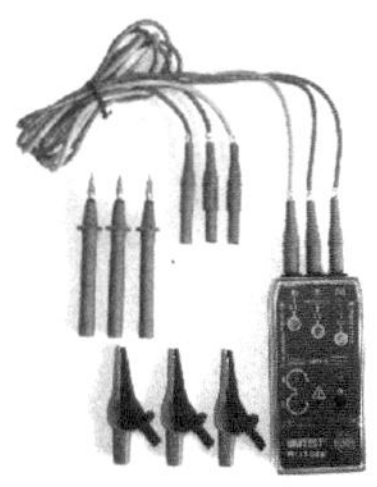
b) 感应式相序表

图6-7 相序表的常用类型

相序表通过LED和蜂鸣器指示正相、反相和缺相。其使用方法如下：

1）将三根带夹引入线分别接入三相电路。

2）按下开关，指示灯亮，转盘起动。如果三相完好，则三只指示灯亮；如果三只指示灯中有一只不亮，则说明该路断相。

3）根据转盘的转向确定相序，如果按箭头所示方向顺时针转动，说明三相电源相序与接入的带夹引入线所示相序相同，为顺相序；反之，为逆相序。

4）检查结束后松开按钮开关。

5）操作时，应按照技术性能要求的时间执行，否则将因过热而损坏仪表。

5. 常用的长度测量工具

长度测量工具用于测量机床移动距离、反向间隙值等，如游标卡尺、千分尺、百分表等，如图6-8所示。通过测量，可以大致判断机床的定位精度、重复定位精度、加工精度等。根据测量值可以调整数控系统的电子齿轮比、反向间隙等主要参数，以恢复机床精度。长度测量工具是机械部件维修测量的主要检测工具之一。

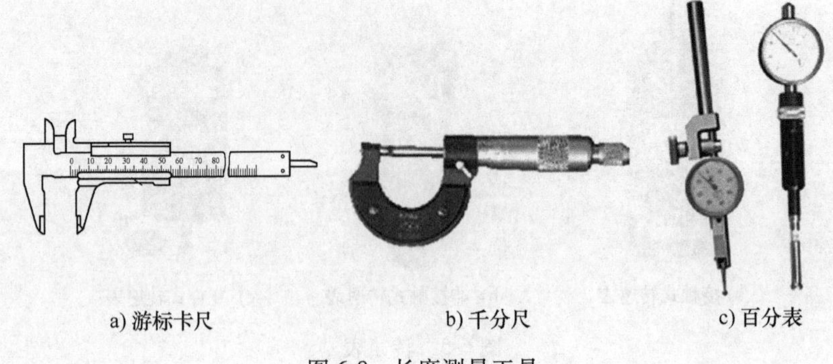

a) 游标卡尺　　b) 千分尺　　c) 百分表

图 6-8　长度测量工具

6. 维修工具

数控机床常用的维修工具包括机械维修工具和电器维修工具，一般包括以下几种：

（1）电烙铁　它是最常用的焊接工具，一般应采用 30W 左右的尖头、带接地保护线的内铁式电烙铁，最好使用恒温式电烙铁。

（2）吸锡器　常用的是便携式手动吸锡器，也可采用电动吸锡器。

（3）旋具　规格齐全的一字槽螺钉旋具与十字槽螺钉旋具各一套，旋具以采用树脂或塑料手柄为宜，为了进行伺服驱动器的调整与装卸，还应配备无感螺钉旋具与梅花形六角旋具各一套。

（4）钳类工具　各种规格的斜口钳、尖嘴钳、剥线钳、镊子、压线钳等。

（5）扳手类　各种规格的米制、英制内、外六角扳手各一套。

（6）其他　剪刀、吹尘器、卷尺、焊锡丝、松香、乙醇溶液、刷子等。

7. 常用元器件

数控机床的维修所涉及的元器件、零件众多，备用的元器件不可能全部准备充分、齐全，但是，若维修人员能准备一些最为常见的易损元器件，则可以给维修带来很大的方便，有助于迅速处理解决问题。常用的元器件如下：

1）常用的二极管类，如 IN4007、IN1004、IN4148、IS953。

2）各种规格的电阻（规格应齐全），如常用的电位器（1kΩ、2kΩ、10kΩ、47kΩ 等）。

3）常用的晶体管类，如 2S719、2SC1983、2SA6395、2SC1152、BCY59 等。

4）常用的集成电路，主要有：①功率放大类，如 LM319、LM339、LM311、LM248、LM301、LM308、LM158、LM324、LM393、RC455、RC747、μA747、LF353、4858、1458、NE5514、NE5512、TLC374 等；②集成稳压源类，如 7805、7812、7815、7915、LM317、LM337、14315、17815 等；③光耦器件类，如 TLP521、TLP500、TLP512、SFH6001、SFH610、4N26、4N37、PC601、PC401 等；④线驱动放大器/接收器类，如 75113、75115、75116、55114、54125、74125、74125、54265、MC3487 等；⑤D/A 转换器类，如 AD767、BA17008、DAC0800、DAC707、DAC767、DAC1020 等；⑥输出驱动类，如 ULN2803、ULN2003、ULN2002、FT5461、DIA050000 等；⑦模拟开关类，如 DG200、DG201、DG211 等。

由于以上元器件与系统的外部输入/输出电路、电源等易损部件有关，在连接不当、外部短路等情况下，比较容易引起损坏，对于专业维修人员一般均应准备一部分，以便随时进行更换。

6.4.3　数控机床的故障诊断与维修方法

1. 数控机床维修人员应遵循的原则

数控机床发生故障时，为了进行故障诊断，找出产生故障的根本原因，维修人员应遵循以下两个原则：

1）充分调查故障现场，这是维修人员取得维修第一手材料的一个重要手段。调查故障现场，首先要查看故障记录单；同时应向操作者调查、询问出现故障的全过程，充分了解发生的故障现象，以及采取过的措施等。此外，维修人员还应对现场做细致的检查，观察系统的外观、内部各部分是否有异常之处，在确认数控系统通电无危险的情况下方可通电，通电后再观察系统有何异常，CRT 显示器显示的报警内容是什么等。

2）认真分析故障的原因。数控系统虽有各种报警指示灯或自诊断程序，但不可能诊断出发生故障的确切部位，而且同一故障、同一报警可以有多种起因，在分析故障的起因时，一定要开阔思路，尽可能考虑各种因素。

分析故障时，维修人员也不应局限于数控部分，而是要对机床电气、机械、液压、气动等方面都做详细的检查，并进行综合判断，达到确定故障和最终排除故障的目的。

2. 数控机床的故障诊断步骤

数控机床的故障诊断一般包括三个步骤：①故障检测；②故障判定及隔离；③故障定位。

3. 数控机床常见故障的诊断方法

数控机床的故障种类繁多，如电气、机械、液压、气动等部分的故障，产生的原因也比较复杂。以下是维修人员在实践基础上总结出的查找故障方法，供检修参考。

（1）直观法　这是一种最基本也是首先使用的方法，利用人体的感觉器官，注意发生故障时的光、声、味等异常现象，往往可使故障缩小到一个模块或一块印制电路板上。有些故障采用这种直观法可以直接找出故障原因，而采用其他方法则一时找不到原因。

（2）自诊断功能法　现在的数控机床自诊断功能越来越强，机床一旦发生异常，立即显示报警信息或用发光二极管指示故障的大致起因。利用自诊断功能，也能显示出系统与主机之间接口信号的状态，从而判断是机械部分还是数控系统发生故障，并指示出故障的大致部位，目前，这是维修数控机床最为有效的一种方法。

（3）参数检查法　数控系统的参数是经过一系列的试验、调整而获得的重要数据。参数通常是存在于由电池保持的 RAM 中，一旦电池电压不足或系统长期不通电或受外部干扰，会使参数丢失或混乱，从而使系统不能正常工作，此时，通过核对、修正参数就能将故障排除。当机床长期闲置或无故而出现不正常现象或有故障而不报警时，就应根据故障特征，检查和纠正参数。

（4）交换法　在数控机床中，常有型号完全相同的电路板、模板、集成电路和其他零部件，将相同部分互相交换，观察故障转移情况，就能快速确定故障的位置，这种方法常用于伺服进给驱动装置的检查。

（5）备板置换法　利用备用电路板、模块、集成电路芯片及其他元件替换有疑点的部位，是一种快速而简便找出故障的方法。

（6）隔离法　有些故障，如轴抖动、爬行，一时难以确定是数控部分还是伺服系统或机械部分故障，就可以采用隔离法，将机电分离，伺服和数控分离，或将位置闭环做开环处理，这样就可以化整为零，将复杂问题简化，尽快找出故障原因。

（7）敲击法　数控机床数控系统是由多块印制电路板组成的，每块印制电路板上又有许多焊点，板间或模块间又通过插接件和电缆连接，因此，任何虚焊和接触不良都可能引起故障。当用绝缘物轻轻敲击虚焊和接触不良的疑点时，故障肯定会重复出现。此时，再根据故障可能所在的部位进一步仔细检查，重新焊接，故障就能排除。

（8）对比法　数控系统生产厂在设计印制电路板时，为了调整维修的便利，在印制电路板上设计了多个检测用端子，利用万用表、示波器等仪器仪表，通过这些端子检查到的电平或波形，将正常值与故障值比较，可以分析出故障的原因及故障所在的位置。

（9）原理分析法　原理分析法是根据机床数控系统的组成原理，从逻辑上分析各点的逻辑电平和特征参数，然后用万用表、逻辑笔、示波器或逻辑分析仪进行测量、分析和比较，从而对故障定位。

6.4.4　数控机床维修人员的基本素质要求

数控机床维修人员的素质直接决定了维修效率和效果。为了迅速、准确判断故障原因，并进行及时、有效的处理，恢复数控机床的动作、功能和精度，维修人员应满足以下四方面的基本素质要求。

1）数控机床维修人员应熟练掌握数控机床的操作技能，数控编程语言，以及数控系统的基本结构及工作原理，以便快速准确地判断由于操作不当或编程不当造成的简单故障。

2）数控机床维修人员应熟练掌握传统仪器仪表的使用技能，此外应加强智能仪器的应用，如多通道示波器、逻辑分析仪和频谱分析仪等，借助仪器仪表高效率诊断并排除数控机床故障。

3）数控机床维修人员应广泛阅读数控机床的相关说明书，了解有关规格、操作说明、维修说明，以及系统的性能结构图、电缆连接、电气原理图和机床梯形图（PLC 程序）等，实地观察数控机床的运行状态，使实物和资料相对应，以便根据故障时的机床运行状态判断出具体故障。

4）数控机床维修人员应做好故障诊断及维护的详细记录，分析故障产生的原因及排除故障的方法，归类存档，为以后的故障诊断提供技术数据。

任务实践

1. 以实训车间的数控机床为例，向学生直观展示并讲解，在数控机床的日常使用中，维修人员应该做到哪些必要的维护与保养。

2. 借助于实训车间的维修设备，让学生观察并使用数控机床维修的常用仪器，通过实际动手操作，继而掌握必要的故障诊断与维修方法。

学习情境小结

本学习情境系统讲解了数控机床的选择、数控机床的安装与调试、数控机床的检测以及数控机床的维护与检修，为充分发挥数控设备的高效、安全、精度高的特点打下了良好基础。

思考与练习

1. 数控机床选择的依据有哪些？
2. 数控机床的安装主要有哪些工作？
3. 数控机床的几何精度和定位精度的检测内容有哪些？
4. 数控机床常用的故障分析方法有哪些？
5. 数控机床的日常保养主要包括哪几个方面？
6. 简述数控机床维修常用的仪器和工具。
7. 数控机床故障诊断的原则是什么？
8. 数控机床故障诊断的步骤有哪些？

学习情境 7　特种加工数控机床

情境导入

随着科技与生产的发展，一些高强度、高硬度的新材料不断出现（如硬质合金等难于加工材料，陶瓷、人造金刚石、硅片等非金属材料），以及特殊、复杂结构的型面加工（如薄壁、小孔、窄缝），都对机械加工提出了挑战。

图 7-1 所示是对超硬质刀具进行端面切削加工，由于刀具自身材料很坚硬，很难采用传统的机械切削去加工，原因是机械力会让加工表面产生应力，达不到要求的表面粗糙度。一般刀具的材料硬度还没有被加工刀具的材料硬度高。那么应当选择怎样的加工工艺去解决这个问题呢?

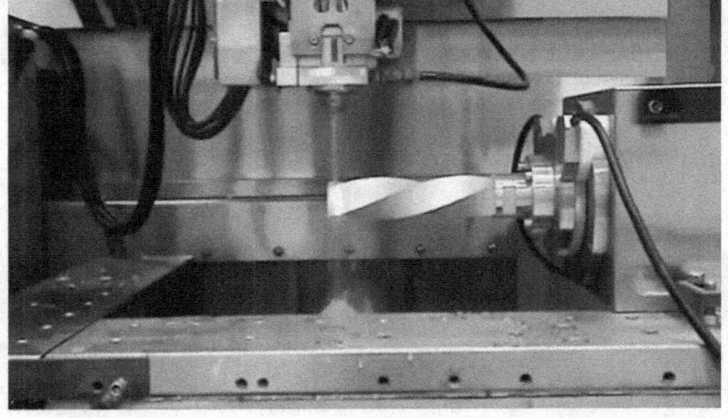

图 7-1　特种加工数控机床的加工过程

情境解析

显然，传统的机械加工很难解决上述问题，有些甚至无法加工。特种加工正是在这种新形势下迅速发展起来的。

所谓特种加工，是直接利用电能、声能、光能、化学能和电化学能等能量形式进行加工的一类方法的总称。特种加工的方法很多，常用的有电火花成形穿孔加工、电火花线切割加工、超声波加工、激光加工和电解加工等。与传统的切削加工相比，特种加工有如下特点：

1）工具材料的硬度可大大低于工件材料的硬度。因为特种加工的工具与加工零件基本不接触，故可加工超硬材料和精密微细零件。

2）加工主要用电能、声能、光能、化学能和电化学能等能量，因此不存在切削力。

3）加工机理不同于一般金属切削加工，不产生宏观切屑，不产生强烈的弹、塑性变形，故可获得很小的表面粗糙度值，其残余应力冷作硬化等远比一般金属加工小。

4）加工能量易于控制和转换，故加工范围广、适应性强。

学习目标

序号	学习内容	知识目标	技能目标	创新目标
1	数控电火花成形机床	√	√	
2	数控电火花线切割机床	√	√	
3	其他特种加工数控机床	√		√

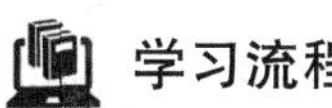

学习流程

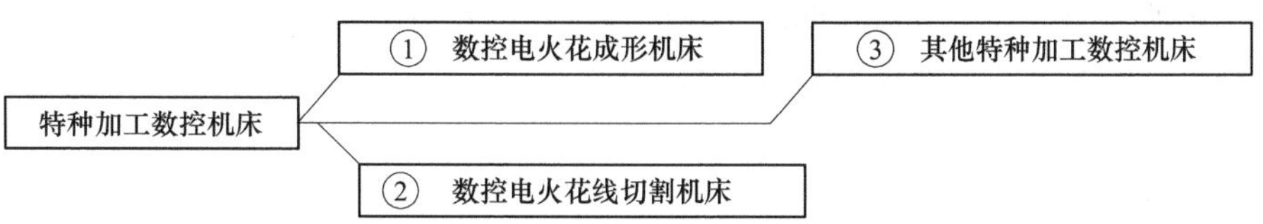

7.1 数控电火花成形机床

知识导图

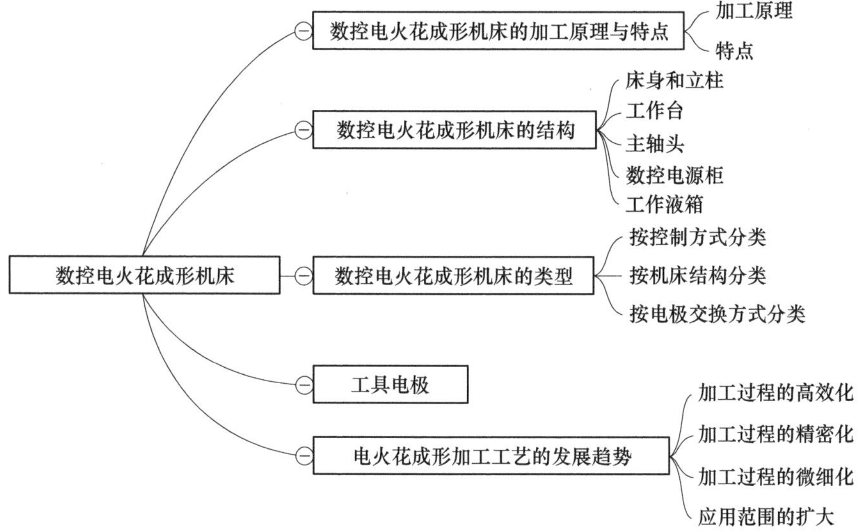

电火花加工又称为放电加工（Electrical Discharge Machining，EDM），是直接利用电能和热能进行加工的新工艺。电火花加工是在一定介质中，利用两极之间脉冲性火花放电时的电腐蚀现象对材料进行加工，以使零件的尺寸、形状和表面质量达到预定要求的加工方法。

7.1.1 数控电火花成形机床的加工原理与特点

1. 加工原理

电火花加工是与机械加工完全不同的一种新工艺。数控电火花成形机床的加工原理如图 7-2 所示，被加工的工件作为工件电极，石墨或者纯铜作为工具电极。脉冲电源发出一连串的脉冲电压，加到工件和工具电极上，此时工具电极和工件均淹没于具有一定绝缘性能的工作液中。在自动进给调节装置的控制下，当工具电极与工件的距离小到一定程度时，在脉冲电压的作用下，两极间最近处的工作液被击穿，工具电极与工件之间形成瞬时放电通道，产生瞬时高温，电火花放电产生的瞬时局部高温使工件和工具电极表面金属局部熔化甚至汽化而被蚀除下来，形成局部的电蚀凹坑，如图 7-3 所示。其中，图 7-3a 表示一次脉冲放电后工件和工具上的电蚀坑，图 7-3b 表示多次脉冲放电后工件和工具电极上的电蚀坑。放电结束后，工作液恢复绝缘，下一个脉冲又在工具电极和工件表面之间重复上述过程。这样随着高频率连续不断地重复放电，工具电极不断地向工件进给，就可以将工具电极的形状复制到工件上，加工出所需要的和工具形状凹凸相反的零件。工具电极虽然也会被电蚀，但其速度远小于工件被电蚀的速度，这种现象称为“极效应”。

在保持工具电极与工件之间恒定放电间隙的条件下，一边蚀除工件金属，一边使工具电极不断地向工件进给，最后便加工出与工具电极形状相对应的形状来。因此，只要改变工具电极的形状和工具电极与工件之间的相对运动方式，就能加工出各种复杂的型面。

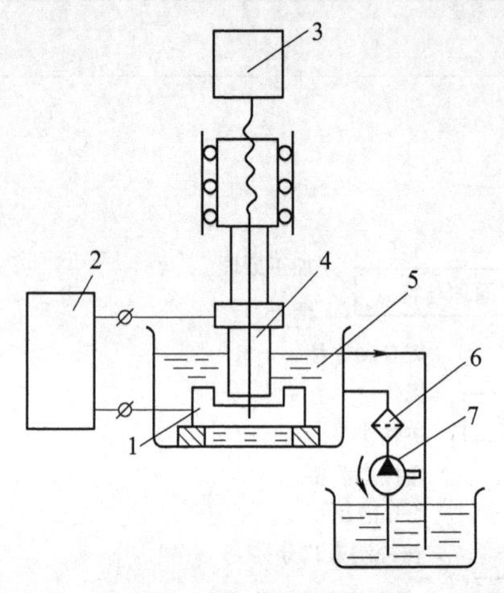

图 7-2 数控电火花成形机床的加工原理

1—工件 2—脉冲电源 3—自动进给调节装置 4—工具电极 5—工作液 6—过滤器 7—工作液泵

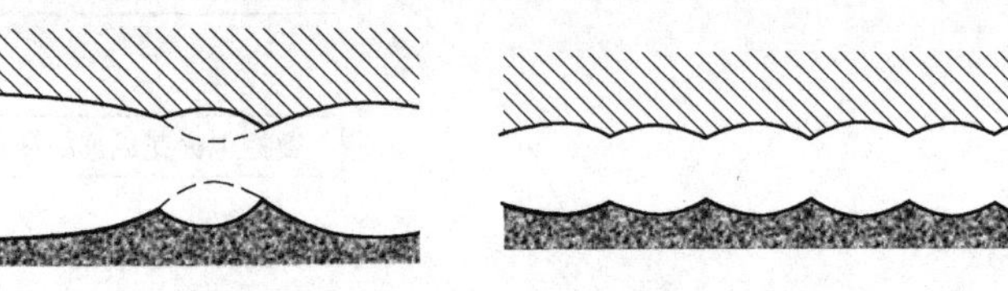

图 7-3 电火花加工表面局部放大图

2. 特点

(1) 优点 电火花加工能加工高熔点、高硬度、高强度、高纯度、高韧性的各种材料，而其加工原理与切削方法完全不同，具有以下优点。

1）适合于难切削导电材料的加工。由于脉冲放电的能量高度集中，放电区域产生的高温可以熔化、汽化任何导电材料，因此能加工各种金属材料，甚至可以加工聚晶金刚石、立方氮化硼等超硬材料，如果具备一定条件还可以加工半导体和非半导体材料。

2）可以加工特殊及复杂形状的零件。由于放电加工过程中工具电极与工件不直接接触，两者宏观作用力很小，没有机械加工的切削力。因此，可以加工低刚度工件及进行微细加工。由于可以简单地将工具电极的形状复制到工件上，因此特别适用于复杂表面形状工件的加工，如复杂型腔模具的加工等。另外，采用数控技术，使用简单的工具电极并配合数控轨迹运动，可以加工出复杂形状的零件，如航天、航空领域的众多发动机零件、蜂窝密封结构件、深窄槽及狭缝的加工等。脉冲放电持续时间极短，放电时产生的热量传导扩散范围小，材料受热影响范围小。

3）加工时，工具电极与工件材料不接触，两者之间宏观作用力极小。工具电极材料无需比工件材料硬，因此，工具电极制造容易。

4）直接利用电能加工，便于实现加工过程的自动化，简化加工工艺，提高工件使用寿命，降低工人劳动强度。

5）可以改进结构设计，改善结构的工艺性。例如可以将拼镶结构的硬质合金冲模，改为用电火花加工的整体结构，减少了加工工时和装配工时，延长了使用寿命。又如喷气发动机中的叶轮，采用电火花加工后可以将拼镶、焊接结构式叶轮改为整体式叶轮，既提高了工作可靠度，又减少了体积和质量。

（2）局限性　电火花加工的局限性有以下几个方面。

1）只能加工金属等导电材料。但最近研究表明，在一定条件下也可以加工半导体和聚晶金刚石等非导体超硬材料。

2）两极间必须有介质，通常使用煤油或去离子水作为工作液。

3）输送到两极间的脉冲能量密度应足够大，一般为 $10^5 \sim 10^6 A/cm^2$。

4）必须是短时间的脉冲放电，一般放电时间为 0.001～1ms。

5）最小角部半径有限制。一般电火花加工能得到的最小角部半径等于加工间隙（通常为 0.02～0.3mm），若工具电极有损耗或采用平动头加工，则角部半径还要增大。但近年来的多轴数控电火花成形机床，采用 X、Y、Z 轴数控摇动加工，可以加工出方孔、窄槽的侧壁和底面。

7.1.2　数控电火花成形机床的结构

数控电火花成形机床由床身和立柱、主轴头、数控电源柜和工作液箱等部分组成，如图 7-4 所示。

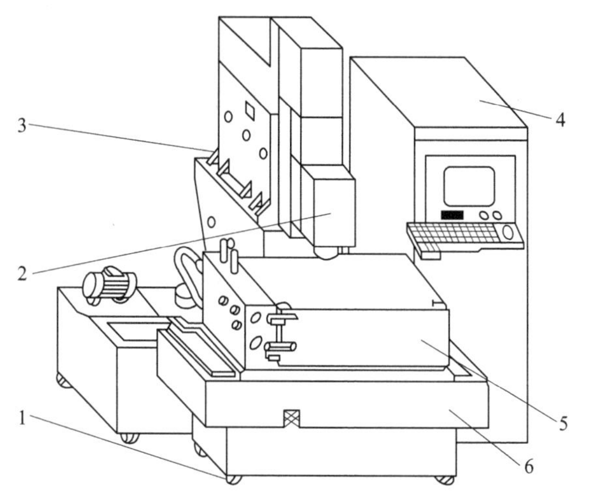

图 7-4　数控电火花成形机床

1—床身　2—主轴头　3—立柱　4—数控电源柜　5—工作液箱　6—工作台

1. 床身和立柱

床身和立柱是基础结构，由它们确保工具电极与工作台、工件之间的相互位置，位置精度的高低对加工有直接的影响，如果机床的精度不高，加工精度也难以保证。因此，不但床身和立柱的结构应该合理，有较高的刚度，能承受主轴负重和运动部件突然加速运动的惯性力，还应该能减少温度变化引起的变形。

2. 工作台

工作台主要用来支承和装夹工件。在实际加工中，通过转动纵、横向丝杠来改变工具电极与工件的相对位置。工作台上装有工作液箱，用以容纳工作液，使工具电极和工件浸泡在工作液中，起到冷却和排屑作用。工作台是操作者装夹找正时经常移动的部件，通过移动上下滑板，改变纵横向位置，达到工具电极与工件间所要求的相对位置。

3. 主轴头

主轴头是电火花成形机床的一个关键部件，它一方面在下部对工具电极进行紧固、安装和按所需要求进行找正；另一方面还能自动调整工具电极的进给速度，使之随着工件蚀除而不断进行补偿进给，保持一定的放电间隙，从而进行持续的火花放电加工。主轴头采用电-液压伺服系统，由一个液压泵装置供油，轴头体的结构是上端装有活塞杆自动悬挂机构、配油板和电-机械转换器，中端是液压执行环节和导向防扭机构，最下端装有工具电极夹具和平动夹具。在结构上由伺服进给机构、导向和防扭机构、辅助调节机构三部组成。

（1）主轴伺服进给机构　随着各种步进电动机、直流伺服电动机、交流伺服电动机和微电子元器件、单片机、计算机等性能的提高、价格的降低，液压伺服进给系统一般采用伺服进给机构。小型机床采用步进电动机，中型机床采用直流伺服电动机或交流伺服电动机，大型机床则常采用力矩更大的交流伺服电动机。

（2）主轴导向与防扭机构　主轴头的主轴导向与防扭机构有滑动导向及防扭机构和滚动导向及防扭机构两种类型。滑动导向及防扭机构虽然结构简单，但导向和防扭精度不高，现在较少采用。滚动导向及防扭机构尽管结构较复杂，但摩擦力小，导向精度高且防扭性能好，得到了普遍应用。主轴截面常采用方形或 V 形结构，防扭性能较好。一般采用滚珠和保持架导向，质量好的机床采用直线滚动导轨。

（3）主轴头的辅助调节机构　这主要是指深度控制装置，常用百分表、量块、微动开关来控制加工深度。这种深度控制装置结构简单，但精度稍差。国内外先进的主轴头，已采用数字控制。只要用按键输入所需深度尺寸数据，主轴到达预定位置即会自行停止，不再往下加工。因此，其精度很高，操作方便。作为过渡方案，可以在主轴头上加装磁尺、光栅等数显装置。

4. 数控电源柜

数控电源柜包括电火花成形机床的脉冲电源和伺服进给两个功能部分。

脉冲电源的作用是把工频交流电转换成供给火花放电加工所需要的能量来蚀除金属。脉冲电源对电火花加工的生产率、表面质量、加工速度、加工过程的稳定性和工具电极损耗等技术经济指标有很大的影响。现在普及型的电火花成形机床都采用高低压复合的晶体管脉冲电源，中、高档的电火花成形机床都采用微机数字化控制的脉冲电源，而且内部存有电火花加工规准数据库，可以通过微机设置并调用各档粗、中、精加工规准参数。

电火花加工与切削加工不同，属于“不接触加工”。正常电火花加工时，工具电极和工件间有一放电间隙 S。如果间隙过大，脉冲电压击不穿间隙间的绝缘工作液，则不会产生火花放电，必须使工具电极向下进给，直到间隙 S 等于或小于某一值，才能击穿并产生火花放电。在正常的电火花加工时，工件以 ω 的速度不断蚀除，间隙 S 将逐渐扩大，必须使工具电极以速度 d 补偿进给，以维持所需的放电间隙。如果进给量 d 大于工件的蚀除速度 ω，则间隙 S 将逐渐变小，甚至等于零，形成短路。当间隙过小时，必须减小进给速度 d。如果工具电极、工件间一旦短路（$S=0$），则必须使工具电极以较大的速度 d 反向快速退回，消除短路状态，随后再重新向下进给，调节到所需的放电间隙。

5. 工作液箱

数控电火花成形机床工作液箱中的工作液和循环过滤系统，为电火花加工提供了必要且有利的工作条件，是数控电火花成形机床必不可少的结构部件。

电火花加工工作液的作用有以下几方面：

1）放电结束后恢复放电间隙的绝缘状态（消除电离），以便下一个脉冲电压再次形成火花放电。为此，要求工作液有一定的绝缘强度。

2）使电蚀产物较易从放电间隙中悬浮、排泄出去，避免放电间隙严重污染，导致火花放电点不分散而形成有害的电弧放电。

3）冷却工具电极和降低工件表面瞬时放电产生的局部高温，否则表面会因局部过热而产生结炭、烧伤并形成电弧放电。

4）工作液还可压缩火花放电通道，增加通道中压缩气体、等离子体的膨胀及爆炸力，以抛出更多熔化和汽化了的金属，增加蚀除量。目前采用煤油作为电火花成形的工作液，因为新煤油的电阻率为 $10^6\Omega/cm$，而使用中在 $10^4 \sim 10^5\Omega/cm$ 之间，且比较稳定，其黏度、密度、表面张力等性能也全面符合电火花加工的要求。不过煤油易燃，因此当粗规准加工时，应使用机油或掺机油的工作液。常用的工作液主要是煤油或电火花加工专用油。

7.1.3　数控电火花成形机床的类型

数控电火花成形机床有多种不同的分类方式。

1. 按控制方式分类

按控制方式分为普通数显电火花成形机床（图 7-5）、单轴数控电火花成形机床（图 7-6）和多轴数控电火花成形机床（图 7-7）。普通数显电火花成形机床是在普通机床上加以改进而成的，它只能显示运动部件的位置，而不能控制运动。单轴数控电火花成形机床只能控制单个轴的运动，精度低，加工范围小。多轴数控电火花成形机床能同时控制多轴运动，精度高，加工范围广。

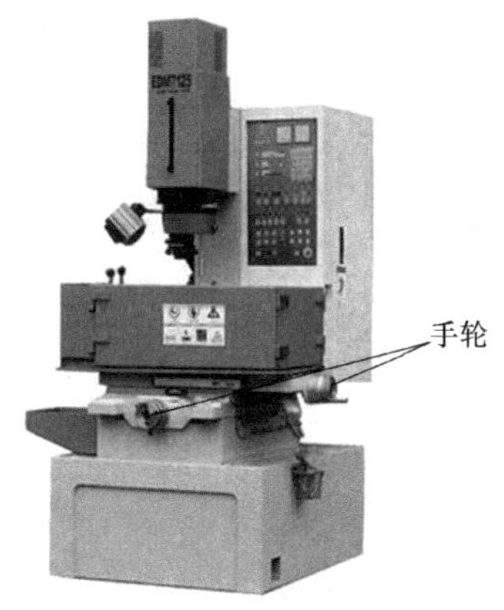

图 7-5　普通数显电火花成形机床

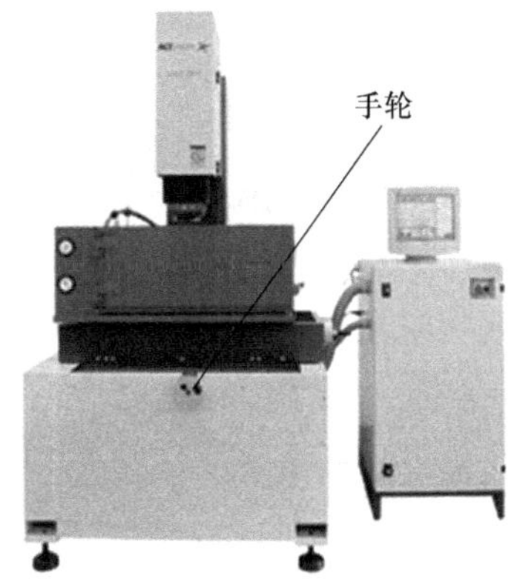

图 7-6　单轴数控电火花成形机床

2. 按机床结构分类

按机床结构分为固定立柱式数控电火花成形机床、滑枕式数控电火花成形机床（图 7-8）及龙门式数控电火花成形机床（图 7-9）。固定立柱式数控电火花成形机床结构简单，一般用于中小型零件加工。滑枕式数控电火花成形机床结构紧凑，刚性好，一般只用于小型零件加工。龙门式数控电火花成形机床结构较复杂，应用范围广，常用于大中型零件加工。

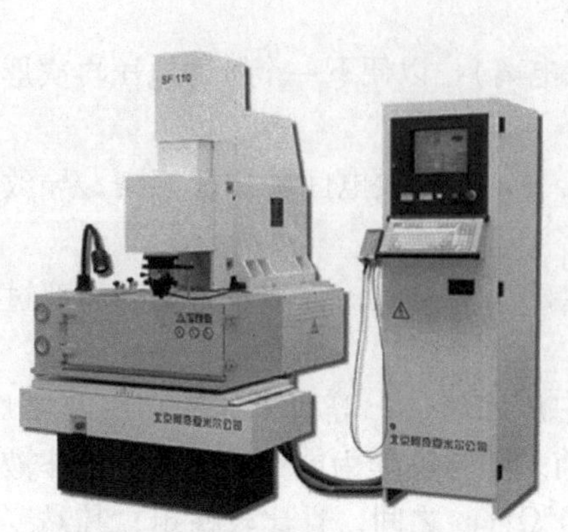

图 7-7 多轴数控电火花成形机床

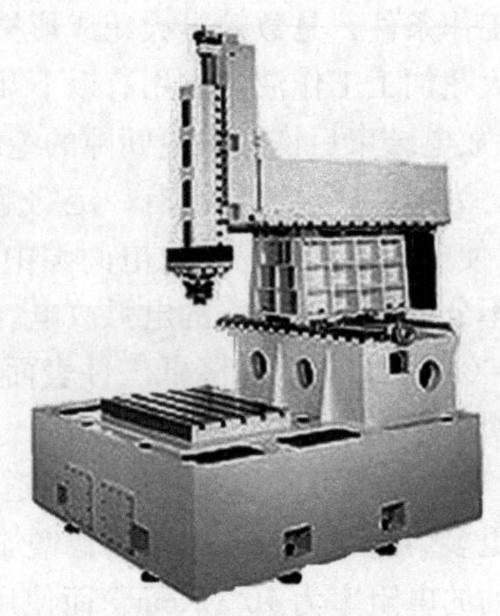
图 7-8 滑枕式数控电火花成形机床

3. 按电极交换方式分类

按电极交换方式分手动式数控电火花成形机床和自动式数控电火花成形机床。手动式数控电火花成形机床即普通数控电火花成形机床，结构简单，价格低，工作效率低。自动式数控电火花成形机床即电火花加工中心（图 7-10），结构复杂，价格高，工作效率高。

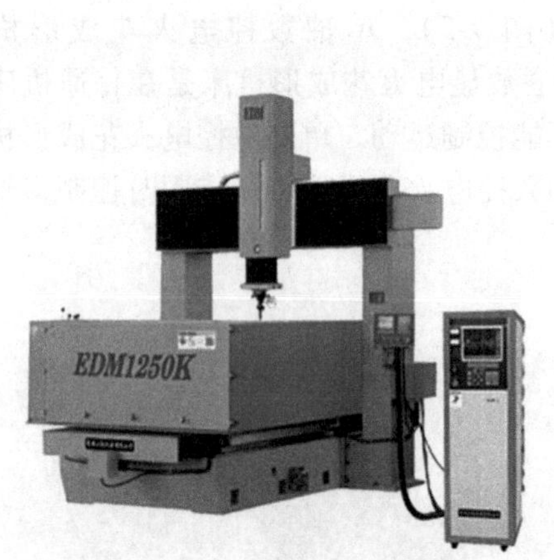

图 7-9 龙门式数控电火花成形机床

图 7-10 电火花加工中心

7.1.4 工具电极

电火花成形加工生产中已经广泛使用的工具电极材料主要有石墨、铜及铜合金、钢、铸铁等。电极设计的主要内容是选择电极材料，确定结构形式和尺寸等。电火花加工用的工具电极材料必须导电性能好、损耗小，应满足高熔点、低热胀系数、良好的导电导热性能和力学性能要求，并且容易进行机械加工，具有放电加工时稳定性好、生产率高、工件表面质量好等特点，当然最好是材料来源丰富、价格低廉，以便降低制造成本。石墨电极具有良好的导电导热性、密度小且具有可加工性，是电火花加工中广泛使用的工具电极材料，但它在采用宽脉冲大电流加工时容易起弧烧伤。一般选用颗粒小而均匀、气孔率低、抗弯强度高和电阻率低的石墨材料。纯铜的组织致密、韧性强，用来加工形状复杂、轮廓清晰、精度高和表面粗糙度值小的型腔，但纯铜的可加工性差，密度大，价格较高，不适宜做大中型电极。铜钨合金和银钨合金是较理想的型腔加工电极材料，但价格昂贵，只在特殊情况下采用。

7.1.5　电火花成形加工工艺的发展趋势

通过对电火花成形加工机理的研究，进一步揭示放电过程的内在规律，并以此为指导，推动电火花成形加工工艺向高效率、高精度、低损耗方向发展，同时还应注意微细化加工方面的发展。

1. 加工过程的高效化

加工过程的高效化不仅体现在通过改进电火花加工伺服系统、控制系统、工作液系统、机床结构等，减少上述因素对电火花成形加工效率的影响，在保证加工精度的前提下提高粗、精加工效率，同时还应尽量减少辅助时间（如编程时间、工具电极与工件定位时间、维修时间等），这就需要增强机床的自动编程功能，扩展机床的在线后台编程能力，改进和开发适用的工具电极与工件定位装置；在机床维护方面，应增强机床的多媒体功能和在线帮助功能，对于常见故障，操作人员可直接根据计算机提示实现故障排除，同时这也有利于增强机床的可操作性和操作人员的操作技能。

2. 加工过程的精密化

通过采用一系列先进加工技术和工艺方法，目前电火花成形加工精度已有全面提高，有的已可达到镜面加工水平。但从总体来看，先进技术在实际生产中的应用还不够成熟和广泛，因此有必要全面推动已有先进技术的进一步完善及向产业化方向发展。在保证加工速度、加工成本的前提下，使电火花成形加工的精度水平进一步提高，使电火花成形加工成为一些主要零件、关键零件的最终加工方式。同时，对加工精度的衡量不能仅仅局限于工件的尺寸精度和表面粗糙度，还应包括型面的几何精度、变质层厚度以及微观裂纹、氧化、锈蚀等。

3. 加工过程的微细化

电火花成形加工的一个重要应用领域是窄槽、深腔、微细零件的加工，因此加工过程的微细化是今后一个重要的发展方向。电火花微细加工原理与常规电火花成形加工相同，但有自身的工艺特点：每个脉冲的放电能量很小，工作液循环困难，稳定的放电间隙范围小等。基于这些工艺特点，微细电火花成形加工的加工装置、工作液循环系统、工具电极制备等必然与常规电火花成形加工有很大区别。因此，需要重点研究非机械作用力及其干扰对加工过程的影响等，进一步提高加工效率、加工精度及加工过程的稳定性。

4. 应用范围的扩大

目前，电火花成形加工不仅可加工各种导电金属材料和复杂型腔，还能实现对半导体材料、非导电材料的加工，并取得了较好的加工效果。同时，电极材料的种类也不断增多。这方面的主要发展趋势为：进一步研究半导体材料、非导电材料的放电加工机理，促进其加工效率、加工精度、加工过程稳定性的提高，扩大可加工材料的范围；除加工复杂型腔外，进一步实现对三维型腔、复杂型面的加工；研制性能优越的新型电极材料。

任务实践

1. 由复杂型面的零件加工引入电火花成形机床，让学生观察并掌握电火花成形机床的结构特点及工作原理。

2. 借助于实训车间，让学生进行实际加工操作，通过讲练相结合提高学生学习的兴趣，加深学生对所学内容的理解。

3. 让学生通过查阅相关资料，进一步了解电火花成形加工的国内外发展现状与发展趋势。

7.2 数控电火花线切割机床

知识导图

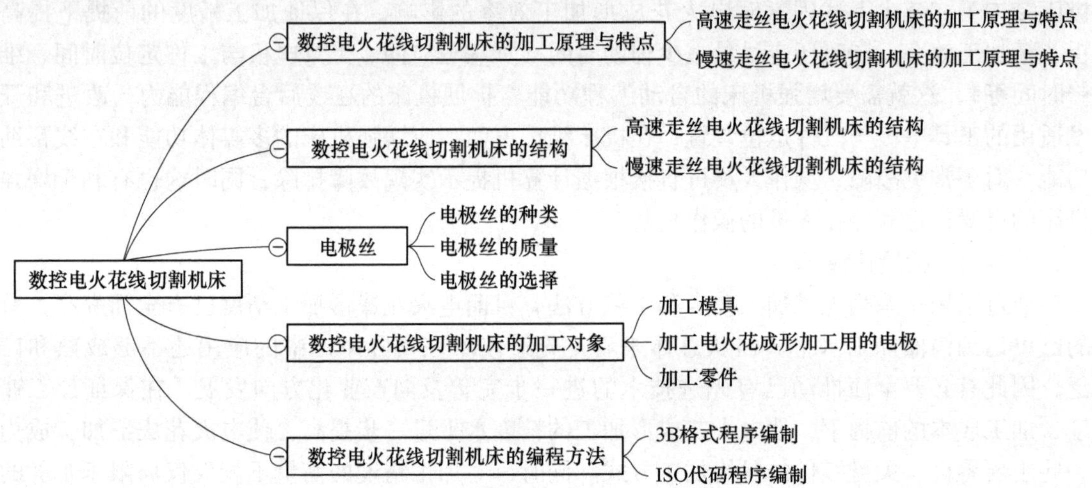

电火花线切割加工（Wire Cut Electrical Discharge Maching，WEDM）是用线状电极（钼丝或铜丝等）靠火花放电对工件进行切割加工的，故称为电火花线切割，有时简称线切割。目前国内外的线切割机床已占电加工机床的 60%以上，线切割是一种高精度和高自动化的加工方法，在模具、各种难加工材料、成形刀具和复杂表面零件的加工等方面得到了广泛应用。

7.2.1 数控电火花线切割机床的加工原理与特点

电火花线切割加工与电火花成形加工的基本原理一样，都是基于电极间脉冲放电时的电火花腐蚀原理实现工件的加工。所不同的是电火花线切割加工不需要制造复杂的成形电极，而是利用移动的细金属丝作为工具电极，工件按照预定的轨迹运动，“切割”出所需的各种尺寸和形状。

根据电极丝的运行速度，电火花线切割机床分为两类：高速走丝（或称快速走丝）电火花线切割机床和低速走丝（或称慢速走丝）电火花线切割机床。

1. 高速走丝电火花线切割机床的加工原理与特点

图 7-11 所示为高速走丝电火花线切割机床的加工原理，这类机床的电极丝（钼丝）做高速往复运动，一般走丝速度为 8~10m/s。利用细钼丝 4 作为工具电极进行切割，钼丝穿过工件上预先钻好的小孔，经导向轮 5 由储丝筒 7 带动钼丝做正反向交替移动，加工能源由脉冲电源 3 供给。工件安装在工作台上，由数控装置按加工要求发出指令，控制两台步进电动机带动工作台在水平 X、Y 两个坐标方向移动从而合成各种曲线轨迹，把工件切割成形。在

加工时，由喷嘴将工作液以一定的压力喷向加工区，当脉冲电压击穿电极丝和工件之间的放电间隙时，两极之间即产生火花放电而蚀除工件。

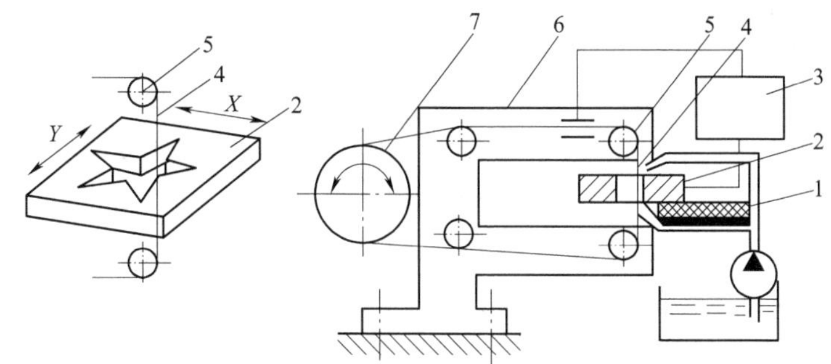

图 7-11　高速走丝电火花线切割机床的加工原理

1—绝缘底板　2—工件　3—脉冲电源　4—钼丝　5—导向轮　6—支架　7—储丝筒

这类机床的电极丝运行速度快，而且是双向往返循环地运行，即成千上万次地反复通过加工间隙，一直使用到断线为止。电极丝主要是钼丝（直径为 0.1~0.2mm），工作液通常采用乳化液，也可采用矿物油、去离子水等。由于电极丝的快速运动能将工作液带进狭窄的加工间隙，以保持加工间隙的“清洁”状态，有利于切割速度的提高。相对来说高速走丝电火花线切割机床结构比较简单，价格便宜。但是由于它的运丝速度快，机床的振动较大，电极丝的振动也大，导向轮的损耗大，给提高加工精度带来较大的困难。目前我国国内制造和使用的电火花线切割机床大多为高速走丝电火花线切割机床。

高速走丝电火花线切割机床的特点如下：

1）不需要成形电极，工件材料预加工量小。

2）由于采用移动的长电极丝进行加工，单位长度电极丝损耗较少，对加工精度影响小。

3）电极丝材料不必比工件材料硬，可以加工难以切削的材料，如淬火钢、硬质合金，而非导电材料则无法加工。

4）由于电极丝很细，能够方便加工复杂形状、微细异形孔、窄缝等零件，又由于切缝很窄，零件切除量少，材料损耗小，可节省贵重材料，成本低。

5）由于加工过程中，电极丝不直接接触工件，故对工件几乎无切削力，适宜加工低刚度工件和细小工件。

6）直接利用电、热能加工，可以方便地对影响加工精度的参数（脉冲宽度、间隔、电流等）进行调整；有利于加工精度的提高，操作方便，加工周期短；便于实现加工过程中的自动化。

2. 慢速走丝电火花线切割机床的加工原理与特点

慢速走丝电火花线切割机床是利用铜丝作为电极丝，靠火花放电对工件进行切割的，其加工原理如图 7-12 所示。在加工中，走丝速度为 2~8m/s，电极丝一方面相对工件 2 不断做上（下）单向移动，另一方面，安装工件的工作台 7，由数控伺服 *X* 轴电动机 8、*Y* 轴电动机 10 驱动，在 *X*、*Y* 轴方向实现切割进给，使电极丝沿加工图形的轨迹对工件进行加工。在电极丝和工件之间加上脉冲电源 1，可控制完成工件的尺寸加工，同时在电极丝和工件之间浇注去离子水工作液，不断产生火花放电，使工件不断被电蚀。

慢速走丝电火花线切割机床的特点如下：

1）不需要制造成形电极，工件材料预加工量小。

2）电极丝张力均匀恒定，运行平稳，重复定位精度高，可进行二次或多次切削，从而提高加工效率，降低表面粗糙度值，尺寸精度大为提高。

3）可使用多种规格的金属丝进行切削加工，尤其是贵重金属的线切割加工，采用直径较细的电极丝，可节约金属。

4）采用去离子水冷却，避免火灾隐患，还有自动穿丝、自动切断电极丝运行等功能，有利于实现无人加工。

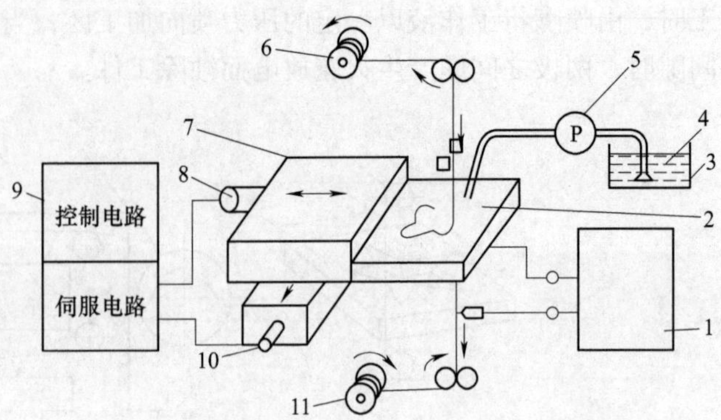

图 7-12　慢速走丝电火花线切割机床的加工原理

1—脉冲电源　2—工件　3—工作液箱　4—去离子水　5—泵　6—储丝筒　7—工作台　8—X 轴电动机　9—数控装置　10—Y 轴电动机　11—收丝筒

5）配用的脉冲电源峰值电流很大，特别适用于微细超精密工件的切割加工。

6）单向运丝使得电极丝损耗对加工精度几乎无影响。

7）加工精度稳定性高，切割锥度表面平整、光滑。

7.2.2　数控电火花线切割机床的结构

1. 高速走丝电火花线切割机床的结构

高速走丝电火花线切割机床主要由床身、工作台、丝架、储丝筒、紧丝电动机、数控柜、工作液循环系统等组成，如图 7-13 所示。

（1）床身　床身一般为铸件，是坐标工作台、绕丝机构及丝架的支承和固定基础。通常采用箱式结构，应有足够的强度和刚度。床身内部安置电源和工作液箱，考虑电源的发热和工作液泵的振动，有些机床将电源和工作液箱移出床身外另行安放。

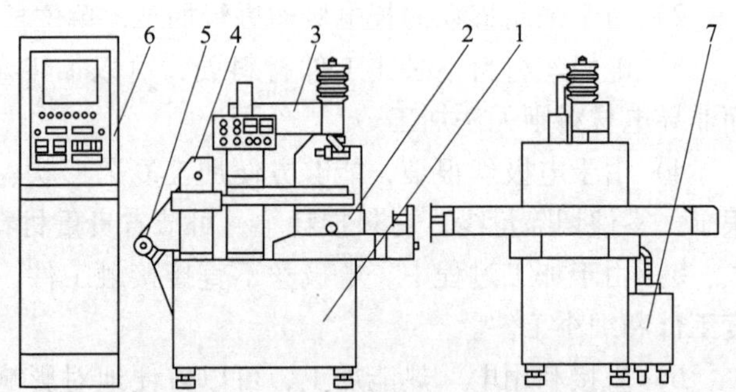

图 7-13　高速走丝电火花线切割机床的结构

1—床身　2—工作台　3—丝架　4—储丝筒　5—紧丝电动机　6—数控柜　7—工作液循环系统

（2）工作台　电火花线切割机床最终都是通过工作台与电极丝的相对运动来完成对零件的切割加工的。为保证机床精度，对导轨的精度、刚度和耐磨性有较高的要求。一般都采用“十”字滑板滚动导轨和丝杠传动副将电动机的旋转运动变为工作台的直线运动。通过两个坐标方向各自的进给移动，可合成获得各种平面图形曲线轨迹。为保证工作台的定位精度和灵敏度，传动丝杠和螺母之间必须消除间隙。

（3）紧丝电动机　紧丝电动机使得电极丝在按照一定的线速度进行加工的同时，可在加工区域保持张力的均匀一致。

（4）工作液循环系统　工作液循环系统保证线切割放电工作区域正常稳定工作，及时带走加工区域的电蚀物及放电产生的热量。

（5）走丝系统　走丝系统使电极丝以一定的速度运动并保持一定的张力。在高速走丝电火花线切割机床上，一定长度的电极丝平整地卷绕在卷丝筒上，切割精度与电极丝的张力或排绕时的拉紧力有关（可通过恒张力装置调整拉紧力），卷丝筒通过联轴器与驱动电动机相连。为了重复使用该段电极丝，电动机由专门的换向装置控制其做正反向交替运转。走丝速度等于卷丝筒周边的线速度，通常为 8~10m/s。在运动过程中，电极丝由丝架支承，并依靠导轮及排丝轮保持电极丝与工作台垂直或倾斜一定的几何角度（锥度切割时），导电块用来进电，如图 7-14 所示。

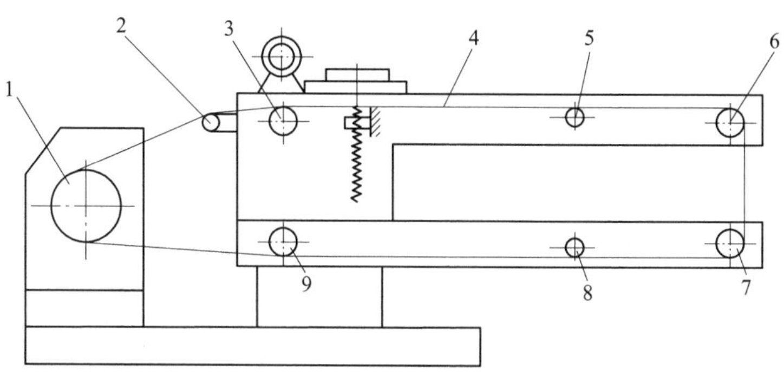

图 7-14　高速走丝系统

1—卷丝筒　2—排丝轮　3—上排丝轮　4—电极丝　5—上导电块　6—上导轮　7—下导轮　8—下导电块　9—下排丝轮

2. 慢速走丝电火花线切割机床的结构

慢速走丝电火花线切割机床主要由主机、工作液循环系统、脉冲电源、数控系统等组成，如图 7-15 所示。

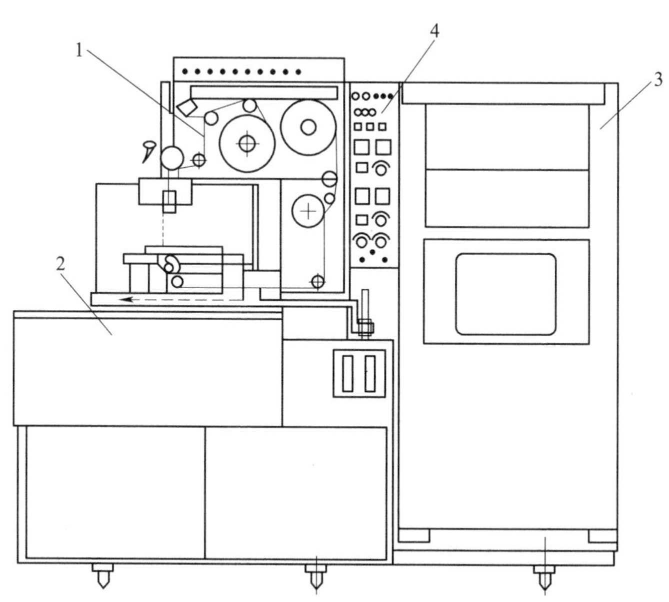

图 7-15　慢速走丝电火花线切割机床的结构

1—主机　2—工作液循环系统　3—脉冲电源　4—数控系统

（1）主机　主机由床身、立柱、工作台、走丝系统、丝架、自动传丝接线机构、上部导向器、锥度切割装置、控制系统、夹具和附件等部分组成。

慢速走丝电火花线切割机床的走丝系统主要包括卷丝轮、电极丝自动卷绕电极、储丝筒、拉丝模、预张力电动机、电极丝张力调节轴、退火装置、导向器等，其走丝系统如图 7-16 所示。储丝筒 2（绕有 1~3kg 金属丝）靠卷丝轮 1 使金属丝以较低的速度（通常 0.2m/s 以下）移动。为了提供一定的张力（2~25N），在走丝系统中装有预张力电动机 4 和电极丝张力调节轴 5。为实现断丝时能自动停车并报警，走丝系统中通常还装有断丝检测微动开关。用过的电极丝卷绕到废丝储丝筒上，最终送到专门的收集器中。

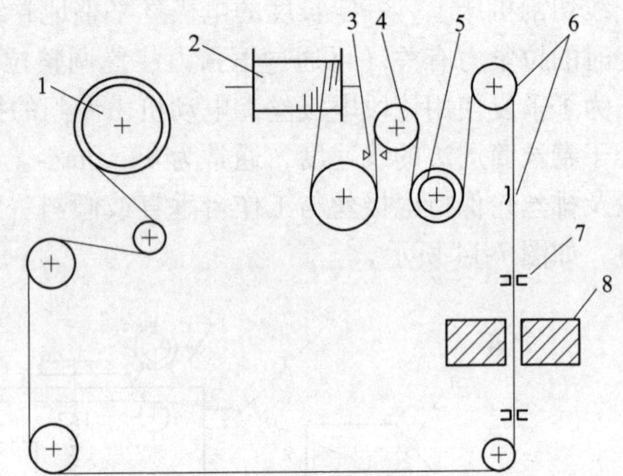

图 7-16 慢速走丝电火花线切割机床的走丝系统

1—卷丝轮 2—储丝筒 3—拉丝模 4—预张力电动机 5—电极丝张力调节轴 6—退火装置 7—导向器 8—工件

为了减轻电极丝的振动，应使其跨度尽可能小（按工件厚度调整），通常在工件的上下采用蓝宝石 V 形导向器或圆孔金刚石模块导向器，其附近装有引电部分，工作液一般通过引电区和导向器再进入加工区，可使全部电极丝的通电部分冷却。近代的机床上还装有靠高压水射流冲刷引导的自动穿丝机构，能使电极丝经一个导向器穿过工件上的穿丝孔而被传送到另一个导向器，在必要时也能自动切断并再穿丝，为无人连续切割创造了条件。

（2）数控系统 慢速走丝电火花线切割机床的数控系统结构基本与高档电火花成形机床的数控系统相同，大都采用交流伺服电动机半闭环系统，以提高加工精度。

（3）脉冲电源 慢速走丝电火花线切割加工时排出电蚀产物比较困难，为了满足加工条件和工艺指标的需要，对脉冲电源又有一定要求，需采用并联电容式脉冲电源，易于控制。

（4）工作液循环系统 慢速走丝电火花线切割机床采用去离子水作为工作液，通过离子交换树脂净化器来保持恒定的电阻率。

7.2.3 电极丝

随着线切割机床朝自动化、精密化方向不断发展，对电极丝（线电极）的质量要求也越来越严格。电极丝一般要求加工速度要快；容易达到加工精度；价格要低廉。

线切割加工时，并非只是追求提高加工速度，更重要的是追求有效地提高加工质量。提高加工精度，不仅需要电极丝的细丝化，同时还要求电极丝张力高、材质均匀、丝表面平滑以及无挠曲。

1. 电极丝的种类

（1）黄铜系电极丝 黄铜系电极丝是最普及的一种电极丝，生产效率高，切割加工过程比较稳定；但其抗拉强度较低，易断丝，常用于慢速走丝。

（2）添加元素的黄铜电极丝 把作为第三种元素的铬等元素加到黄铜中，可改善电极丝在高温条件下的抗拉强度。由于提高了放电加工时的张力，所以被加工工件的表面精度也获得了提高。

（3）复合电极丝 最普及的复合电极丝是在黄铜丝上镀覆锌层的电极丝，它与黄铜电极丝相比，能提高加工速度及加工精度，但是价格较高，因此需要从加工速度所产生的效率与价格两个方面来计算成本是否合算。

（4）钨、钼电极丝　因钨、钼电极丝拥有较高的抗拉强度及优异的耐热性能，所以可以作为极细的电极丝材料（ϕ0.1mm 以下）。由于切割时不容易断丝，多用于快速走丝。

电极丝的直径一般为 ϕ0.1~ϕ0.25mm，电极丝的直径对切割速度影响较大，直径越大切割加工速度越快，增大直径对切割大厚度的工件越有利。

2. 电极丝的质量

线切割加工是一种非接触的加工方法。但是，放电通道压力的反作用力将导致电极丝产生振动并造成进给方向的反向挠曲。这种挠曲现象给加工精度和加工速度带来一定的影响。电极丝的抗拉强度取决于电极丝拉制时拉丝模拉丝时的加工率（断面减小率）。加工率越大，抗拉强度就越大。

在进行锥度加工时，电极丝的抗拉强度越高越容易产生挠曲现象，从而难于达到加工精度，因此应尽量采取软质材料的电极丝。

电极丝通常采用“铸造→挤压→轧制→回火→拉丝→回火→精拉→卷绕→包装→出厂”的制造方法生产电极丝，如果在精拉阶段产生误差，主要是材料回火不匀和拉丝模出入角的设计误差，以及电极丝的振动及拉丝模的磨损等原因造成的，特别是精拉模的出入角对直线性影响最大。为进一步去除电极丝材料内部的残余应力，应该实施低温回火，这样有利于提供高质量的稳定产品。

3. 电极丝的选择

（1）加工工件厚度与电极丝直径　线切割加工时，电极丝的切缝宽度为电极丝的直径加上两倍的加工放电间隙尺寸。在加工内拐角时，根部圆角半径 R 值为切缝宽的 1/2，为使 R 减小，则应采用直径小的电极丝。但是，直径小的电极丝因通电电流客观存在受到一定限制，对提高加工速度不利。因此，应按不同板厚选择适当的电极丝直径。选择电极丝直径的顺序如下：加工板厚→所需要的拐角 R 大小→加工速度。

在可以满足内拐角 R 值的精加工的情况下，应尽量优先考虑加工速度，因为这样选择有利于达到高效的加工。

（2）电极丝材质和加工速度　电极丝的材质对加工速度有较大影响。最能提高加工速度的是导电性好的黄铜或在黄铜丝上涂覆能提高放电性能的锌复合丝，这种材料的电极丝曾使加工速度提高 30%。但是为取得这一效果，不仅要使用大电流加工，还必须使用高压冲液改善加工间隙条件。与硬质材料的电极丝相比，这种电极丝材料的相对抗拉强度较低，加工厚度大的工件或中空工件时，较容易断丝。因此，为了兼顾加工精度或不同加工形状的工件，以分别采用硬质黄铜材料的电极丝或钢芯材料的复合电极丝为宜。

（3）电极丝直径与加工速度　不同直径的电极丝加工电流的承受力有很大差异。电极丝直径越大，越有利于提高加工速度。由于存在拐角 R 和加工表面粗糙度的关系，使得使用的电极丝直径受到一定限制。一般情况下，板厚的工件，在进行一次切割（粗切）时，最好使用直径大的电极丝。

（4）加工精度　线切割加工时，因受电极丝直径的影响，使加工的最小拐角 R 受到一定限制。R 小时必须采用细丝。一般要求采用与内拐角 R 相应直径的电极丝。加工时电极丝半径接近 R 时放电间隙很小，放电的稳定性就会降低，这不仅对加工速度不利，还难以获得良好的加工精度和表面粗糙度。众所周知，线切割的加工精度受到加工稳定性的影响，尤其对鼓状变形的影响最大，所以应选取兼顾拐角 R 和加工稳定性的电极丝直径。

7.2.4 数控电火花线切割机床的加工对象

线切割加工为新产品试制、精密零件加工及模具制造开辟了一条新的工艺途径，主要适用于以下几个方面。

1. 加工模具

线切割适用于加工各种形状的冲模、注塑模、挤压模、粉末冶金模、弯曲模等。调整不同的间隙补偿量，只需一次编程就可以切割凸模、凸模固定板、凹模及卸料板等。

2. 加工电火花成形加工用的电极

由于线切割加工过程中金属的去除量小，所以适用于加工一般穿孔加工用的电极以及带锥度型腔加工用的电极，以及铜钨、银钨合金之类的电极材料，用线切割加工特别经济，同时也适用于加工微细复杂形状的电极。

3. 加工零件

在零件制造方面，可用于加工品种多、数量少的零件，形状特殊和难加工材料的零件，材料试样试验样件，各种型孔、型面特殊齿轮、凸轮、样板、成形刀具，还可进行新产品的试制、微细加工、异形槽和人工标准缺陷的窄缝加工等，同时适用于多个零件叠加起来加工，可以获得一致的尺寸。

慢速走丝电火花线切割较高速走丝线切割加工精度稳定性更高，广泛应用于精密冲模、粉末冶金压模、样板、成形刀具及特殊的精密零件的加工。

7.2.5 数控电火花线切割机床的编程方法

数控电火花线切割机床的控制系统是按照人的“命令”去控制机床加工的，因此必须事先把要切割的图形，用机器所能接受的“语言”编排好“命令”，并告诉控制系统。这项工作叫作数控电火花线切割编程。

为了便于机器接受“命令”，必须按照一定的格式来编制电火花线切割机床的数控程序。目前高速走丝线切割机床一般采用 3B（个别扩充为 4B 或 5B）格式，而低速走丝线切割机床通常采用国际上通用的 ISO（国际标准化组织）或 EIA（美国电子工业协会）格式。为了便于国际交流和标准化，电加工学会和特种加工行业协会建议我国生产的线切割控制系统逐步采用国际上通用的 ISO 代码。

1. 3B 格式程序编制

3B 程序格式见表 7-1。

表 7-1 3B 程序格式

N	B	X	B	Y	B	J	G	Z
序号	分隔符	X 轴坐标值	分隔符	Y 轴坐标值	分隔符	计数长度	计数方向	加工指令

（1）平面坐标系和坐标值 X、Y 的确定　平面坐标系的规定：面对机床工作台，工作台平面为坐标平面；左右方向为 X 轴，且向左为正；前后方向为 Y 轴，且向前为正。

坐标系的原点随程序段的不同而变化：加工直线时，以该直线的起点为坐标系的原点，把直线终点的坐标值作为 X、Y，均取绝对值，单位为 μm；加工圆弧时，以该圆弧的圆心为坐标系的原点，圆弧起点的坐标值作为 X、Y，均取绝对值，单位为 μm。

（2）计数方向 G 的确定　不管是加工直线还是圆弧，计数方向均按终点的位置来确定。具体确定的原则如下：

1）加工直线时，计数方向取与直线终点投影较长的那个坐标轴。例如，在图 7-17 中，加工直线 OA，计数方向取 X 轴，记作 GX；加工直线 OB，计数方向取 Y 轴，记作 GY；加工直线 OC，计数方向取 X 轴、Y 轴均可，记作 GX 或 GY。

2）加工圆弧时，计数方向取与该圆弧终点时走向较平行的轴向作为计数方向，或取终点坐标中绝对值较小的轴向作为计数方向（与直线相反），目的是减少编程和加工误差。例如在图 7-18 中，加工圆弧 AB，计数方向应取 X 轴，记作 GX；加工圆弧 MN，计数方向应取 Y 轴，记作 GY；加工圆弧 PQ，计数方向取 X 轴、Y 轴均可，记作 GX 或 GY。

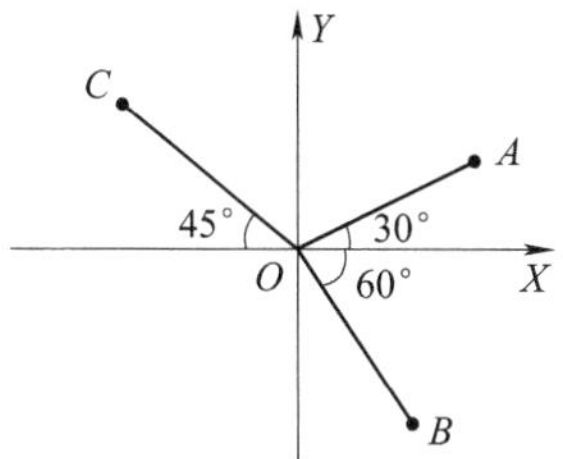

图 7-17　直线计数方向确定

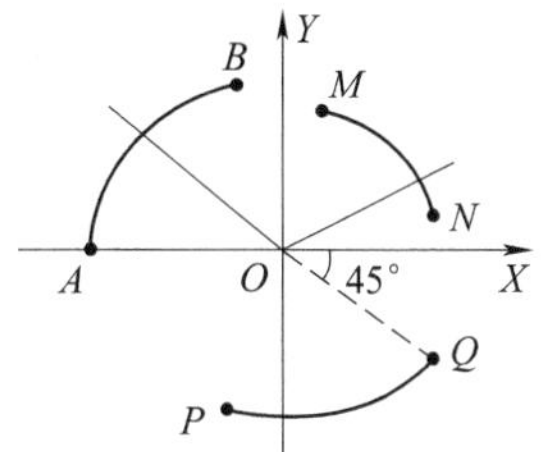

图 7-18　圆弧计数方向确定

（3）计数长度 J 的确定　计数长度在计数方向的基础上确定，是被加工的直线或圆弧在计数方向的坐标轴上投影的绝对值总和，单位为 μm。注意圆弧可能跨几个象限，要正确求出所有在计数方向上的投影总和，如图 7-19 所示。

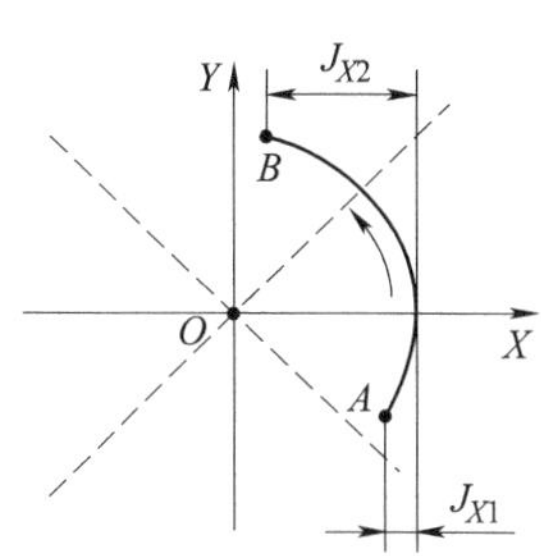

a) 取GX为计数方向，计数长度$J=J_{X1}+J_{X2}$

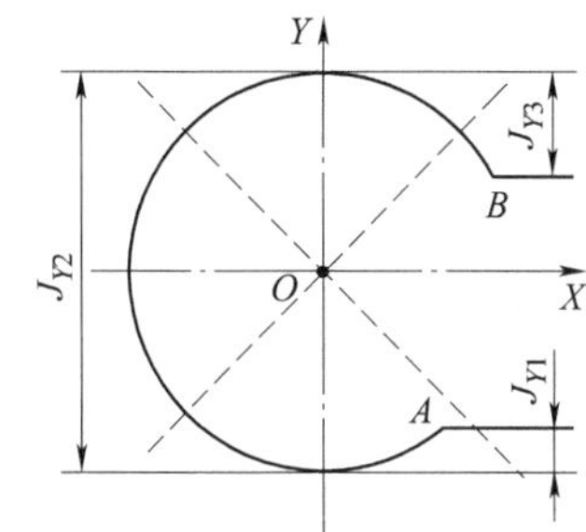

b) 取GY为计数方向，计数长度$J=J_{Y1}+J_{Y2}+J_{Y3}$

图 7-19　计数长度计算

（4）加工指令　直线（包括与坐标轴重合的直线）的加工指令有 4 种，如图 7-20 所示。圆弧的加工指令有 8 种，包括顺时针切割（顺圆）$SR_1\sim SR_4$，逆时针切割（逆圆）$NR_1\sim NR_4$，如图 7-21 所示。

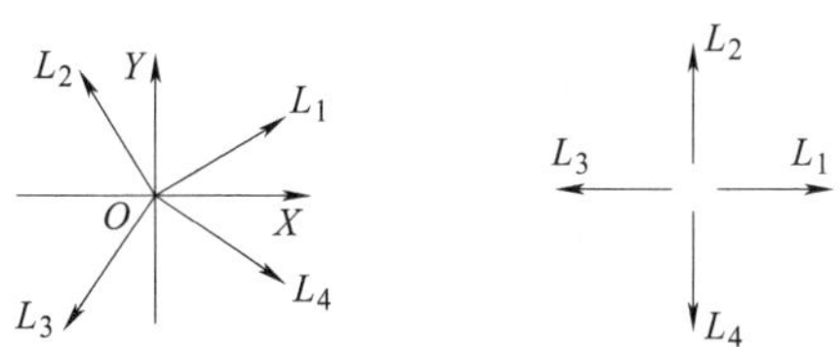

图 7-20　直线加工指令

（5）切割轨迹偏移距离 f　数控线切割加工时，控制系统所控制程序轨迹实际是电极丝中心移动的轨迹，如图 7-22 中虚线所示。加工凸模时，电极丝中心轨迹应在所加工图形的外侧；加工凹模时，电极丝中心轨迹应在所加工图形的内侧。所加工工件图形与电极丝中心轨迹间的距离，在圆弧的半径方向、在线段的垂直方向都应考虑

一个偏移距离 f。偏移距离有正偏移和负偏移。

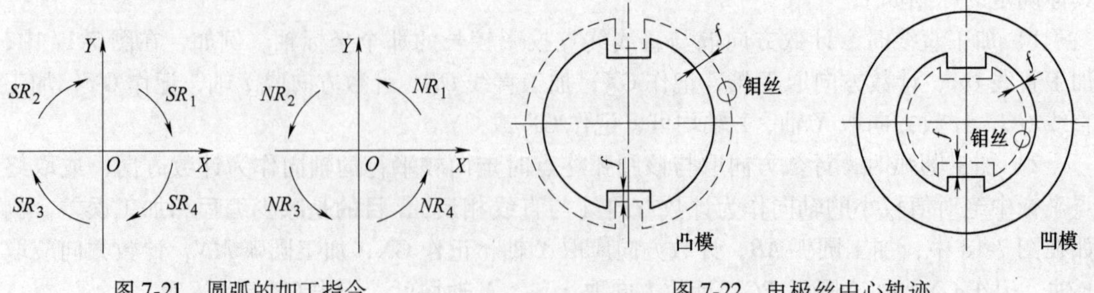

图 7-21 圆弧的加工指令　　图 7-22 电极丝中心轨迹

切割轨迹偏移距离的正负可根据在电极丝中心轨迹图形中圆弧半径及直线段法线长度的变化情况来确定（图 7-23）。$\pm f$ 对圆弧是用于修正圆弧半径，对直线段是用于修正其法线长度 p。对于圆弧，当考虑电极丝中心轨迹后，其圆弧半径比原图形半径增大时取 $+f$，减小时取 $-f$；对于直线段，当考虑电极丝中心轨迹后，使该直线段的法线长度 p 增加时取 $+f$，减小时则取 $-f$。

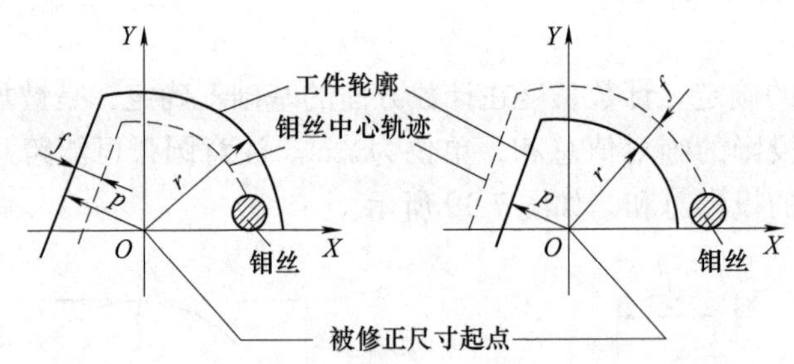

图 7-23 间隙补偿量的符号判别

（6）偏移距离 f 的计算　加工冲模的凸、凹模，应该考虑电极丝半径 $r_{丝}$、电极丝和工件之间的单面放电间隙 $\delta_{电}$ 及凸模和凹模间的单面配合间隙 $\delta_{配}$。

当加工冲孔模时（要求保证工件孔的尺寸），这时凸模尺寸由孔的尺寸确定。若凸模和凹模基本尺寸相同，凸模的偏移距离 $f_{凸}=r_{丝}+\delta_{电}$，凹模的偏移距离 $f_{凹}=r_{丝}+\delta_{电}+\delta_{配}$。

当加工落料模时（要求保证工件外形尺寸），此时凹模由工件外形尺寸确定，若凹模和凸模基本尺寸相同，凹模的偏移距离 $f_{凹}=r_{丝}+\delta_{电}$，凸模的偏移距离 $f_{凸}=r_{丝}+\delta_{电}-\delta_{配}$。

2. ISO 代码程序编制

（1）ISO 代码编程时常用的地址字符　表 7-2 是数控线切割机床编程时常用的地址字符表，字是组成程序段的基本单元，一般都是由一个英文字母加若干位 10 进制数字组成的（如 X8000），这个英文字母称为地址字符。不同的地址字符表示的功能也不一样。

表 7-2　地址字符表

地址	功能	含义
N	顺序号	程序段号
G	准备功能	指令动作方式

（续）

地址	功能	含义
X，Y，Z	尺寸字	坐标轴移动指令
A，B，C，U，V		附加轴移动指令
I，J，K		圆弧中心坐标
W，H，S	锥度参数字	锥度参数指令
F	进给速度	进给速度指令
T	刀具功能	刀具编号指令
M	辅助功能	机床开/关及程序调用指令
D	补偿字	间隙及电极丝补偿指令

顺序号 N 位于程序段之首，表示程序段的序号，后续数字 2~4 位，如 N03、N0020。

准备功能 G 简称 G 功能，是建立机床或控制系统工作方式的一种指令，其后续有两位正整数，即 G00~G99。

尺寸字　在程序段中主要是用来指示电极丝运动到达的坐标位置。电火花线切割加工常用的尺寸字有 X、Y、U、V、A、I、J 等。尺寸字的后续数字在要求代数符号时应加正负号，单位为 μm。

辅助功能 M 由 M 功能指令及后续的两位数字组成，即 M00~M99，用来指令机床辅助装置的接通或断开。

（2）ISO 代码程序段的格式　线切割加工时，采用 ISO 代码程序段的格式为：

N__G__X__Y__

一个完整的加工程序由程序名、程序的主体和程序结束指示组成，如

```
W10
N 01    G92   X0      Y0
N 02    G01   X5000   Y5000
N 03    G01   X2500   Y5000
N 04    G01   X2500   Y2500
N 05    G01   X0      Y0
N 06    M02
```

程序名由文件名和扩展名组成。程序的文件名可以用字母和数字表示，最多可用 8 个字符，如 W10，但文件名不能重复。扩展名最多用 3 个字母表示，如 W10. CUT。

程序的主体由若干程序段组成，如上面加工程序中 N01~N05 段。在程序的主体中又可分为主程序和子程序。将一段重复出现的、单独组成的程序，称为子程序。子程序取出命名后单独储存，即可重复调用。子程序常应用在某个工件上有几个相同型面的加工中。调用子程序所用的程序，称为主程序。

程序结束指令 M02，该指令安排在程序的最后，单列一段。当数控系统执行到 M02 程序段时，就会自动停止进给并使数控系统复位。

（3）ISO 代码及其编程　表 7-3 是电火花线切割数控机床常用 ISO 代码。

表 7-3 电火花线切割数控机床常用 ISO 代码

代码	功能	代码	功能
G00	快速定位	G55	加工坐标系 2
G01	直线插补	G56	加工坐标系 3
G02	顺圆插补	G57	加工坐标系 4
G03	逆圆插补	G58	加工坐标系 5
G05	*X* 轴镜像	G59	加工坐标系 6
G06	*Y* 轴镜像	G80	接触感知
G07	*X*、*Y* 轴交换	G82	半程移动
G08	*X* 轴镜像，*Y* 轴镜像	G84	微弱放电找正
G09	*X* 轴镜像，*X*、*Y* 轴交换	G90	绝对尺寸
G10	*Y* 轴镜像，*X*、*Y* 轴交换	G91	增量尺寸
G11	*Y* 轴镜像，*X* 轴镜像，*X*、*Y* 轴交换	G92	定起点
G12	消除镜像	M00	程序暂停
G40	取消偏移补偿	M02	程序结束
G41	左偏移补偿	M05	接触感知解除
G42	右偏移补偿	M96	主程序调用文件程序
G50	消除锥度	M97	主程序调用文件结束
G51	锥度左偏	W	下导轮到工作台面高度
G52	锥度右偏	H	工件厚度
G54	加工坐标系 1	S	工作台面到上导轮高度

任务实践

1 带学生参观数控电火花线切割机床，向学生讲述机床的基本组成以及各个功能按键的作用。

2. 通过分析数控电火花线切割机床的特点，让学生理解数控电火花线切割机床的应用领域。

3. 借助于实训车间，让学生进行简单的编程与加工，通过讲练相结合提高学生学习的兴趣，提升学生对所学内容的理解。

7.3 其他特种加工数控机床

知识导图

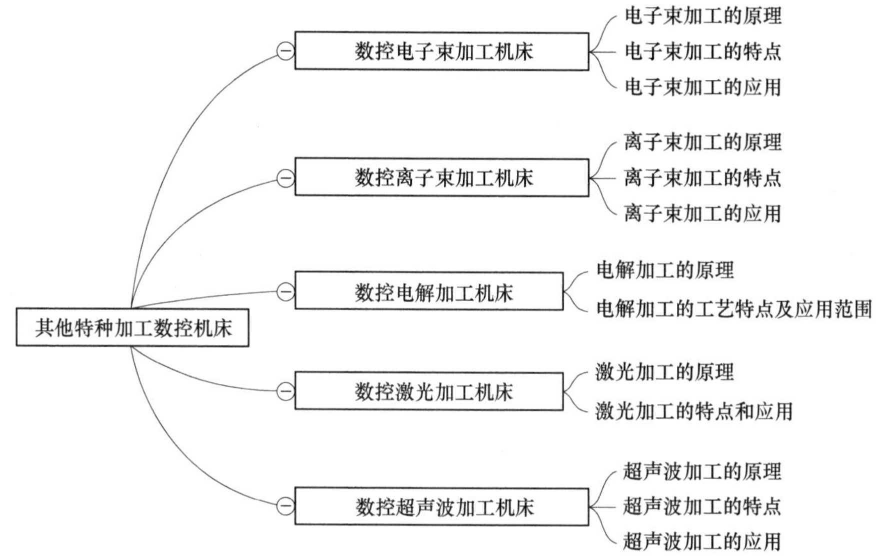

7.3.1 数控电子束加工机床

1. 电子束加工的原理

电子束加工是利用高能电子束流轰击材料，使其产生热效应或辐照化学和物理效应，以达到预定的工艺目的。电子束加工根据其所产生的效应可分为电子束热加工和电子束非热加工两类。

图 7-24 所示为电子束加工的原理。通过加热发射材料产生电子，在热发射效应下，电子飞离材料表面。在强电场作用下，热发射电子经过加速和聚焦，沿电场相反方向运动，形成高速电子束流。电子束通过一级或多级汇聚便可形成高能束流，当它冲击工件表面时，电子的动能瞬间大部分转变为热能。由于光斑直径极小（其直径可达微米级或亚微米级），电子束具有极高的功率密度，可使材料的被冲击部位温度在几分之一微秒时间内升高到几千摄氏度，其局部材料快速汽化、蒸发，从而实现加工的目的。这种利用电子束热效应的加工方法，称之为电子束热加工。

2. 电子束加工的特点

1）能量密度高，聚集点范围小，适合于加工精微深孔和窄缝等。加工速度快，效率高。

2）工件变形小。电子束加工是一种热加工，主要靠瞬时蒸发，工件很少产生应力和变形，而且不存在工具损耗等。它适合于加工脆性、韧性、导体、半导体、非导体以及热敏性材料。

3）加工点上化学纯度高。因为整个电子束加工是在真空室进行的，所以熔化时可以防止由于空气的氧化作用所产生的杂质缺陷。它适合于加工易氧化的金属及合金材料，特别是要求纯度极高的半导体材料。

4）可控性好。电子束的强度和位置，均可由电、磁的方法直接控制，便于实现自动化生产。

3. 电子束加工的应用

（1）电子束打孔　电子束可用来加工不锈钢、耐热钢、宝石、陶瓷、玻璃等各种材料上的小孔、深孔，最小加工直径可达 0.003mm，最大深径比可达 10mm。像机翼吸附屏的孔、喷气发动机套上的冷却孔，此类孔数量巨大（高达数百万），且孔径微小，密度连续分布而孔径也有变化，非常适合采用电子束打孔；另外还可用电子束在塑料和人造革上打许多微孔，令其像真皮一样具有透气性。一些合成纤维为增加透气性和弹性，其喷丝头型孔往往制成异形孔截面，可利用脉冲电子束对图形扫描制出。除此之外，还可凭借偏转磁场的变化使电子束在工件内偏转方向加工出弯曲的孔。

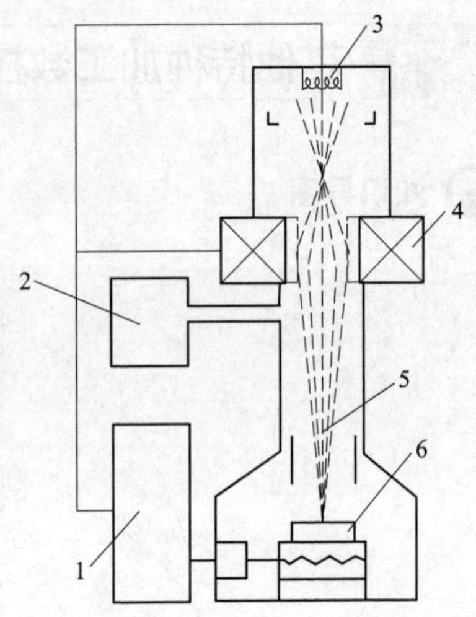

图 7-24　电子束加工的原理
1—电源及控制系统　2—抽真空系统
3—电子枪系统　4—聚焦系统
5—电子束　6—工件

（2）电子束切割　电子束可对各种材料进行切割，切口宽度仅有 3~6μm。利用电子束再配合工件的相对运动，可加工所需要的曲面。

（3）光刻　当使用低能量密度的电子束照射高分子材料时，将使材料分子链被切断或重新组合，引起分子量的变化即产生潜像，再将其浸入溶剂中将潜像显影出来。把这种方法与其他处理工艺结合使用，可实现在金属掩膜或材料表面上刻槽。

7.3.2　数控离子束加工机床

1. 离子束加工的原理

离子束加工的原理和电子束加工基本类似，也是在真空条件下，将离子源产生的离子束经过加速聚焦，使之具有高的动能，轰击工件表面，利用离子的微观机械撞击实现对材料的加工。离子束加工的物理基础是离子束射到材料表面时所发生的撞击效应、溅射效应和注入效应。图 7-25 所示为离子碰撞过程。当入射离子碰到工件表面时，撞击原子、分子发生能量交换。离子失去的部分能量传递给工件表面上的原子、分子，当达到足够的能量时，这些原子、离子便从基体材料中分离出来，产生溅射，其余的能量则转换为材料晶格的振动。如图 7-25 所示，入射离子与原子、分子碰撞进行能量交换，可以产生一次碰撞或多次碰撞。

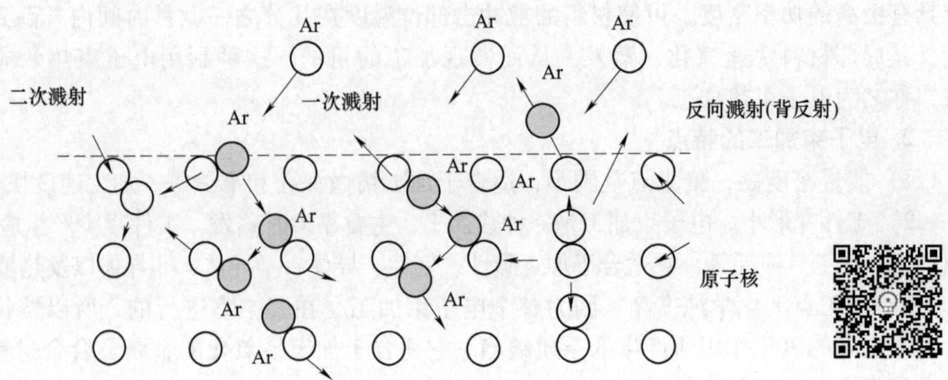

图 7-25　离子碰撞过程

2. 离子束加工的特点

离子束加工作为一种微细加工手段出现，成为制造技术的一个补充，随着微电子工业和微机械的发展获得成功的应用，其特点如下。

1）易于精确控制。离子束可以通过离子光学系统进行聚焦扫描，其聚焦光斑可控制在1μm以内，因而可以精确控制尺寸范围。由于离子束密度及离子的能量可以精确控制，在溅射加工时，可以将其表面原子逐个剥离，从而加工出极为光整的表面，实现微精加工。而在注入加工时，能精确地控制离子注入的深度和浓度。

2）加工时污染少。加工在较高真空中进行，特别适合于加工易氧化的金属、合金及半导体材料。

3）应力小，变形小，对材料适应性强。离子束加工是一个原子级或分子级的微细加工，其宏观力很小，故对脆性材料、半导体材料、高分子材料都可以加工，而且表面质量好。

3. 离子束加工的应用

（1）刻蚀加工　离子束刻蚀是从工件上去除材料，是一个撞击溅射过程。当离子束轰击工件，入射离子与靶原子碰撞时将动能传递给靶原子，使其获得的能量超过原子的结合能，导致靶原子发生溅射，从工件表面溅射出来，以达到刻蚀的目的。离子束刻蚀用于加工陀螺仪空气轴承和液压马达上的沟槽；用于刻蚀集成电路、光电器件等高精度电子学器件；还应用于减薄材料，制作穿透式电子显微镜试片。

（2）镀膜加工　离子镀可镀材料范围广泛，不论金属、非金属表面上均可镀制金属或非金属薄膜，各种合金、化合物或某些合成材料、半导体材料、高熔点材料也均可镀覆。离子束镀膜技术可用于镀制润滑膜、耐热膜、耐磨膜、装饰膜和电气膜等。

（3）离子注入加工　离子注入加工既不从加工表面去除基体材料，也不在表面以外添加镀层，仅仅通过改变基体表面层的成分和组织结构，从而造成表面性能变化，以达到材料的使用要求。可以在硅片中进行掺杂；向铁中注入铬、镍、铝等可以提高其耐蚀性；向含铬的铁基和镍基合金中注入钇离子或稀土元素离子，可提高其表面的抗高温氧化性能。

7.3.3　数控电解加工机床

1. 电解加工的原理

电解加工是利用金属在电解液中受到电化学阳极溶解的原理，将工件加工成形的。图7-26所示为电解加工原理示意图。图中工件接直流电源（10~20V）正极，工具接负极，加工时，两极之间保持一定的间隙（0.1~1mm），电解液（NaCl或$NaNO_3$溶液）以一定压力（0.5~2.5MPa）从两极间的间隙中高速（5~50m/s）流过，在电场作用下，工件表面金属产生阳极溶解，溶解产物被电解液带走，直到工件表面形成与工具表面相似的形状为止。图7-27a所示为加工开始的状态，工具与工件之间的间隙是不均匀的；图7-27b所示为加工结束的状态，工件表面被电解成与工具相同的形状，工具与工件间的间隙是均匀的。

下面以NaCl水溶液作为电解液加工铁质工件为例说明阳极溶解的过程。在电场作用下，工件表面上铁原子失去电子成为铁的正离子Fe^{2+}后进入电解液，它与电解液中的Na^+、Cl^-、H^+、OH^-离子发生下列化学反应

$$Fe^{2+} + 2(OH)^- \longrightarrow Fe(OH)_2 \downarrow$$

$$Fe^{2+} + 2Cl^- \longrightarrow FeCl_2$$

氢氧化亚铁在水溶液中溶解度极小，将在电解液中沉淀下来；$FeCl_2$能溶于水，又电离分

解为铁离子和氯离子。经电解，工件表面上的材料不断被溶解蚀除，最终被加工成具有规定尺寸和形状的零件。

2. 电解加工的工艺特点及应用范围

电解加工的生产效率极高，为电火花加工的5~10倍；电解加工可以加工形状复杂的型面（例如汽轮机叶片）或型腔（例如模具）；电解加工中工具不和工件直接接触，加工中无切削力作用，加工表面无冷作硬化，无残余应力，加工表面周边无毛刺，能获得较高的加工精度和表面质量，表面粗糙度 Ra 可达0.2~1.25μm，工件的尺寸误差可控制在±0.1mm范围内；电解加工中工具电极无损耗，可长期使用。

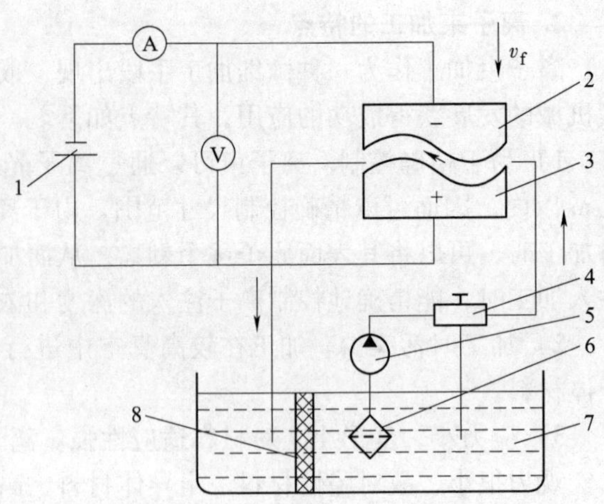

图7-26 电解加工原理示意图

1—直流电源 2—工具 3—工件 4—调压阀 5—电解液泵 6—过滤器 7—电解液 8—过滤网

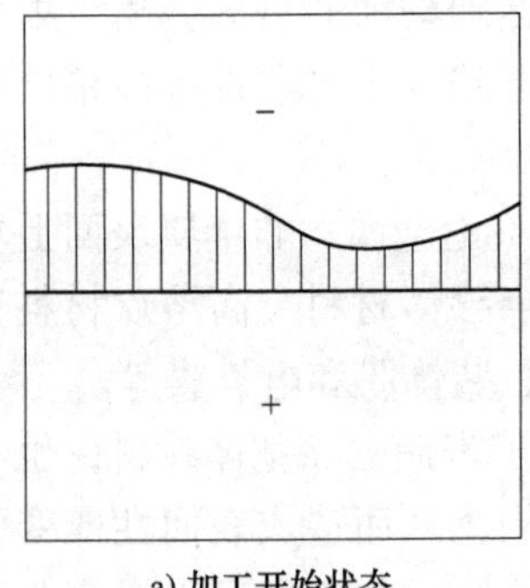

a) 加工开始状态

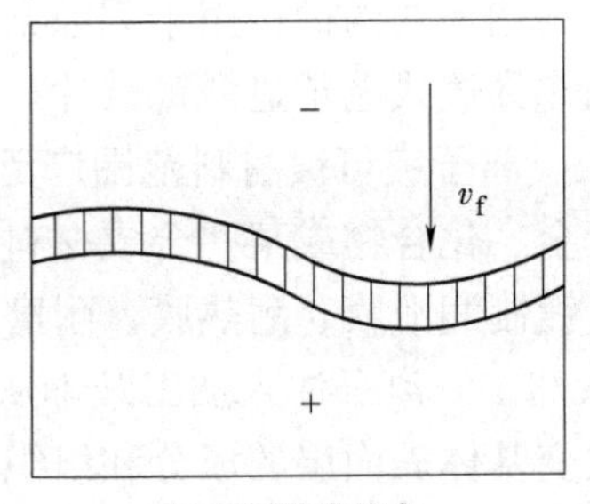

b) 加工结束状态

图7-27 电解加工成形原理

电解加工存在的主要问题是：

1）电解液过滤、循环装置庞大，占地面积大。

2）电解液具有腐蚀性，要对机床设备采取周密的防腐措施。

电解加工广泛应用于加工型孔、型面、型腔、炮筒膛线等，并常用于倒角和去毛刺。另外，电解加工与切削加工相结合（例如电解磨削、电解珩磨、电解研磨等），往往可以取得很好的加工效果。

7.3.4 数控激光加工机床

1. 激光加工的原理

激光的亮度极高，方向性极好，波长的变化范围小，可以通过光学系统把激光聚集成一个极小的光束，其能量密度可达10^8~10^{10}W/cm^2（金属达到沸点所需的能量密度为10^5~10^6W/cm^2）。激光照射在工件表面上，光能被加工表面吸收，并转换成热能，使工件材料被瞬间熔化、汽化去除。

激光加工设备由电源、激光发生器、光学系统和机械系统等组成，其结构原理如图7-28所示，激光发生器将电能转化为光能，产生激光束，经光学系统聚焦后照射在工件表面上进行加工；工件固定在可移动的工作台上，工作台由数控系统控制和驱动。

2. 激光加工的特点和应用

1）由于激光加工的功率密度高，几乎可以加工任何金属材料和非金属材料，例如硬质合金、陶瓷、石英、金刚石等。

2）激光束可调焦到微米级，其输出功率可以调节，因此，激光可用于精细加工，如加工金刚石拉丝模、宝石轴承、发动机喷油嘴、航空发动机叶片上的小孔。

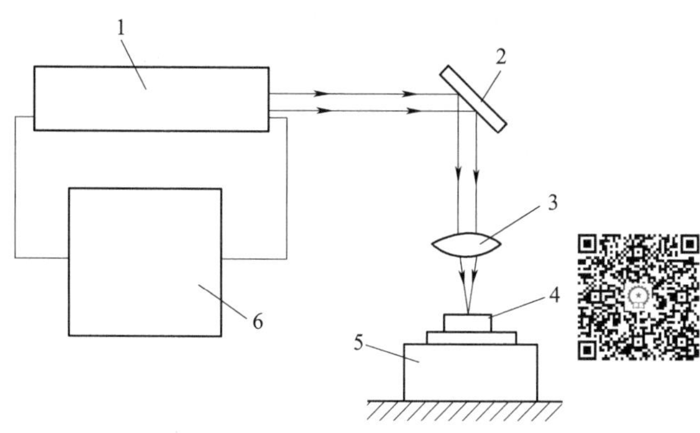

图 7-28　激光加工结构原理示意图
1—激光发生器　2—反射镜　3—聚焦镜
4—工件　5—工作台　6—电源

3）激光加工属非接触式加工，无明显机械切削力，因而具有无工具损耗、加工速度快、热影响区小、热变形和加工变形小、易实现自动化等优点。

4）能透过透视窗孔对隔离室或真空室内的零件进行加工。

7.3.5　数控超声波加工机床

1. 超声波加工的原理

超声波加工是利用工具端面的超声频振动（振动频率为 19000~25000Hz），驱动工作液中的悬浮磨料撞击加工表面的加工方法，其原理如图 7-29 所示。加工时，液体（通常为水或煤油）和微细磨料混合的悬浮液被送入工件与工具之间。超声波发生器将工频交流电转变为具有一定功率输出的超声频电振荡，再由换能器转换成超声纵向机械振动，然后由变幅杆把振幅放大到 0.05~0.1mm，驱动工具端面做超声振动迫使悬浮液中的磨料以很大的速度撞击被加工表面，将加工区域的材料撞击成很细的微粒，并被悬浮液带走；随着工具的不断进给，工具的形状便被复印在工件上。工具材料可用较软的材料制造，例如黄铜、20 钢、45 钢等。悬浮液中的磨料为氧化铝、碳化硅、碳化硼等，粗加工选用粒度为 F200~F400 的磨粒，精加工选用粒度为 F600~F1000 的磨粒。

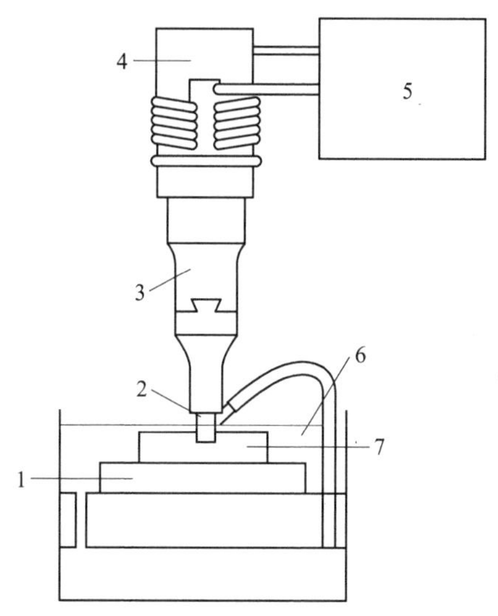

图 7-29　超声波加工原理示意图
1—工作台　2—工具　3—变幅杆　4—换能器
5—超声波发生器　6—悬浮液　7—工件

2. 超声波加工的特点

1）超声波能传递很大的能量。

2）当超声波在液态介质中传播时，在介质中连续形成压缩和稀疏区域，产生压力正负交变的液压冲击和空化现象。

3）超声波通过不同介质时，在界面上发生波速突变，产生波的反射和折射。

4）超声波在一定条件下，会产生波的干涉和共振现象。

3. 超声波加工的应用

1）超声波加工既能加工导电材料，也能加工绝缘体和半导体材料，例如玻璃、陶瓷、石英、锗、硅、玛瑙、宝石、金刚石等。超声波加工机床的结构相对简单，操作维修方便。超声波加工存在的主要问题是生产效率相对较低。

2）超声波加工适于加工脆硬材料，尤其适于加工不导电的非金属硬脆材料，例如玻璃、陶瓷等。

3）为提高生产效率，降低工具损耗，在加工难切削材料时，常将超声振动和其他加工方法相结合进行复合加工，例如超声波切削、超声波磨削、超声波电解加工、超声波线切割等。

任务实践

快速原型与制造技术

1. 让学生自主查阅其他特种加工数控机床，并分享特种加工数控机床的加工原理、加工特点及适用的场合。

2. 借助于实训车间或者视频资源，让学生了解更多的特种加工数控机床，提高学生学习的兴趣，提升学生对所学内容的理解。

3. 通过课程学习和查阅相关资料，让学生了解我国先进原型技术在国际上所具有的优势。

学习情境小结

本学习情境介绍了数控电加工以及特种加工机床的类型、原理、特点及应用。数控电火花成形和数控电火花线切割加工均是通过火花放电的方式，在局部形成高温，以熔化金属来达到加工工件的目的。而电子束加工机床、离子束加工机床、激光加工机床、超声波加工机床和快速成型与制造技术均属于特种加工机床的范围，通过学习了解特种加工机床的原理及特点，理解与传统加工机床的差别。

思考与练习

1. 电火花成形机床与电火花线切割机床的基本原理和特点有何异同？
2. 高速走丝电火花线切割与慢速走丝线切割加工有何不同？
3. 简述激光束加工和电子束加工的原理与加工范围。
4. 简述离子束加工的原理和特点。
5. 什么频率范围内的波称为超声波？超声波加工有何特点？

参 考 文 献

［1］杨仙．数控机床［M］．北京：机械工业出版社，2012.

［2］徐晓风．数控机床机械结构与装调工艺［M］．北京：机械工业出版社，2018.

［3］李恩林．数控技术原理及应用［M］．北京：国防工业出版社，2006.

［4］龚煌辉，石金艳，杨文．产业升级背景下高职院校数控技术专业人才需求探析［J］．湖北农机化，2019（20）：40.

［5］张小丽．一种数控机床刀塔的油水气降温冷却装置：201921010945.6［P］．2019-07-02.

［6］石一翔．基于1+X证书制度的数控车铣加工课程改革［D］．长春：长春师范大学，2021.

［7］林志辉．《数控机床故障诊断与维修》课程教学的研究［D］．长沙：湖南师范大学，2013.

［8］南子元．高职院校混合式教学模式实践：以数控机床故障诊断与维修课程为例［J］．现代企业，2020（11）：144-145.

［9］王振成．设备管理故障诊断与维修［M］．重庆：重庆大学出版社，2020.

［10］郭检平，夏源渊．数控机床编程与仿真加工［M］．北京：机械工业出版社，2019.

［11］刘宏利，李红，刘光定，等．数控机床故障诊断与维修［M］．3版．重庆：重庆大学出版社，2021.

［12］娄锐．数控机床［M］．5版．大连：大连理工大学出版社，2018.

［13］胡宗政．数控原理与数控系统［M］．大连：大连理工大学出版社，2014.

［14］李桂云，王晓霞．数控编程及加工技术［M］．3版．大连：大连理工大学出版社，2018.

［15］李莉芳，周克媛，黄伟．数控技术及应用［M］．北京：清华大学出版社，2012.

［16］肖潇，郑兴睿．数控机床原理与结构［M］．北京：清华大学出版社，2017.

［17］邓和平．数控机床编程与操作［M］．重庆：重庆大学出版社，2010.

［18］于涛，武洪恩．数控技术与数控机床［M］．北京：清华大学出版社，2019.

［19］商苏成．数控机床滚珠丝杠副寿命预测建模及其影响因素分析［D］．南京：南京航空航天大学，2019.

［20］马金平，冯利．数控加工工艺项目化教程［M］．3版．大连：大连理工大学出版社，2018.

参考文献